U0226863

全国优秀数学教师专著系列

数贝偶拾——初等数学研究

To Discover the Mathematical Essence With Inspiration
——Elementary Mathematics Study

● 蒋明斌 著

HITP

哈尔滨工业大学出版社
HARBIN INSTITUTE OF TECHNOLOGY PRESS

# 内 容 简 介

本书汇集了涉及函数、数列、不等式、圆锥曲线等初等数学方面的研究论文 54 篇.本书内容借鉴最新初等数学研究方面的理论与实践成果,在阐述理论内容的同时,结合中学数学内容,特别是近几年高考、各种竞赛的试题等,给出了具体的例子,并做了详细地解答.

本书适合于高中师生及广大数学爱好者参考使用.

**图书在版编目(CIP)数据**

初等数学研究/蒋明斌著. —哈尔滨:哈尔滨工业
大学出版社,2014.4
（数贝偶拾）
ISBN 978 - 7 - 5603 - 4556 - 7


Ⅰ.①初… Ⅱ.①蒋… Ⅲ.①初等数学-研究
Ⅳ.①O12

中国版本图书馆 CIP 数据核字(2013)第 309938 号


策划编辑 刘培杰 张永芹
责任编辑 张永芹 刘家琳
封面设计 孙茵艾
出版发行 哈尔滨工业大学出版社
社　　址 哈尔滨市南岗区复华四道街 10 号　邮编 150006
传　　真 0451-86414749
网　　址 http://hitpress.hit.edu.cn
印　　刷 哈尔滨市石桥印务有限公司
开　　本 787mm×1092mm　1/16　印张 14.75　字数 295 千字
版　　次 2014 年 4 月第 1 版　2014 年 4 月第 1 次印刷
书　　号 ISBN 978 - 7 - 5603 - 4556 - 7
定　　价 38.00 元

中国社会科学院农村研究所研究员党国英认为：

冯小刚的电影《1942》触动了国人的神经. 直到今天，集体饥饿的记忆还在严重地影响着国人的职业选择行为. 人们把找工作叫找饭碗，把失业叫饭碗砸了. 最好的工作不是自己认为最有趣的工作，而是最有保障的工作. 相反，在农产品相对成本低，食物相对便宜的国家，例如美国，人们把吃饭不当一回事，便把兴趣作为职业选择的第一决定因素，如此创新潜力也就被更大地开发出来.

教师这个职业是一个相当古老的职业. 这个职业中的很多人都是把它当作一个饭碗，但本书的作者蒋先生显然不是，他是把这项职业当成了一项事业来做，而且是很神圣的事业. 微信中一位老农说得好：如果一件事，你今天做，明天还得做，那是工作；如果一件事，你今天做，明天还想做，那它就是事业. 蒋先生做中学数学教育这件事，一做就是近30年，没有热爱，不视其为事业是很难坚持的.

在近 30 年的教学实践中,蒋先生边干边钻研发表了 200 多篇论文,而且大多发表在所谓的"核心期刊"上.如北师大的《数学通报》,华中师大的《数学通讯》,华东师大的《数学教学》,天津师大的《中等数学》.当然有些杂志现在早已停刊,如湖南教育出版社主办的由欧阳维城老先生担任主编的《数学竞赛》杂志,它是我国迄今为止,唯一一本专门刊登数学竞赛高端文章的杂志,因故停刊,着实可惜.

作家于坚曾说过:

> 专业首先要有量.如果到今天还是"一本书主义",这一百年就白过了.专业精神正是资本主义最基本的一种精神.这不是你愿不愿意接受的问题,它是你的命运,如果你不是一个工匠式专业的写作,那你的写作会被淘汰.

对于初等数学论文的写作来说:质和量缺一不可,没有一定的量就不会达到一定的质.值得耐人寻味的是,如此高产的作者的知名度并不大,且仅限于圈内.

歌手朴树的父亲是北大教授叫濮祖荫,前些年他去做一次空间物理的讲座,主办方介绍,"这是朴树的爸爸."下面二三十位研究生齐刷刷鼓掌.这种事不只一次发生.

空间物理界的同行说:你现在没有你儿子出名了.其实朴树的学历仅是高中毕业.

这就是中国目前的现状,中国年青人对周杰伦的喜爱和熟悉程度远远超过了华罗庚、陈省身、丘成桐.虽然在大多数人的眼中这再正常不过了,但这绝对是中国的不幸.不过对于热爱初数研究的蒋先生来说这可能倒是一件幸事.在没有关注的环境中往往能研究出一点真正有价值的东西,自己认为自己成功就可以,或圈内同行认可就够了,何必再苛求社会的认可.

高晓松在 2011 年 3 月 27 日 21:55 发了一条微博:

> 其实没几个孩子长大真成功了,而且成功是命,无法教育.所以最需要最实用的教育是:如何在没能成功的人生里随遇而安,心安理得地混过漫长的岁月而不怨天尤人.这时候,那些"没用"的东西就变得弥足珍贵.

高晓松这里所说的"没用"的东西当然是指音乐,亦或还包括文学和艺术,对于痴迷数学的人来说,也包括数学(非应试类).

蒋先生的初数研究面很宽,题材很多,但笔者认为不等式是其中的精华,不等式的本质是排序.相信许多人都听到过这样的说法:泼洗澡水时不要把婴儿一起泼了出去(Don't throw the baby out with the bath water).老实讲我们最初听到这种表述时,就觉得疑点甚多.婴儿怎么会如此之脏? 洗澡水会混浊得连孩子在里面也看不清吗？天下竟有这么粗心大意的家长？留美经济学博士，中央电视台女播音员李瑞英之夫张宇燕研究员给出了一个专业解释，他认为：此"典"不仅有出处，而且从"逻辑上"推测，恐怕还有相当多的经验基础呢！

据说在1 500年以前，绝大多数的英国人一年之中只是在5月洗一次澡。那时候洗澡这项相当奢侈的"服务"，是一家人在盛满热水的大盆里按"长幼尊卑"的顺序共同享用的。入浴时家中的男性长者为先，其次是成年男子，接下来为妇女，然后才轮到孩子们。依此次序，最后一位洗澡的应是家中年龄最小的成员，而且很可能就是一两岁的婴儿。当时的欧洲家庭规模都不小，经过一年时间人的肮脏程度不难想象，根据分工给婴儿洗澡的活儿大多由妇女承担，而倒水这样的重体力活则由家中的壮劳力干。"能见度"很低的洗澡水恰好又赶上天色较暗，即使不太粗心的父亲或叔伯，都完全有可能在泼洗澡水时"犯错误"。

不等式的研究属于顶天立地型，下可接中学数学之地气，上可攀世界现代数学研究之高峰。

本书的文章发表的时间跨度很大，早期的发表于20世纪80年代，近期的发表于近几年。笔者也是从那时开始数学论文写作的，那个时代中学数学教学研究十分红火。上海教育出版社还专门出版了一套《初等数学论丛》丛书，像莫绍奎、常庚哲、单墫、蒋生、苏淳等大家都积极投稿，但后来也夭折了。

20世纪80年代理想主义的盛行，除了压抑后的政治清明，还有"现代化"这么一个让人兴奋的东西。它似乎言之凿凿地会在未来的某个时候出现。其在政治、社会、经济方面的伟大抱负，给了人们明确的心理预期。不需要心理防御，活在这种魅化的理想中，人是幸福的，人能够超越世俗生活，是因为既可以赋予现在的生活以意义，又可以相信会有更好的生活。

但它很快烟消云散。20世纪90年代，马上对这种理想主义进行了祛魅。被确定的未来，其确定性开始暗淡，而"现代化"被还原成世俗的物质主义，以及阶层的博弈进程。这样的政治社会背景，不再适合20世纪80年代的那种理想的存在，它已显得是多么的天真可笑。

此后的社会演化过程，不过是加剧了20世纪90年代露出历史地表的那些东西：越来越物质主义；越来越功利、浮躁；越来越短视。

蒋先生早年在农村学校，那种耕读生活令人向往。据浙大的一位生物学家回忆：1940年，浙大理学院迁至离遵义75公里的湄潭县，苏步青老师一家十口（那时他还带着一位从平阳家乡来的女亲戚，他家里人都称她为表姐）住在湄潭南门外的破庙中（朝贺寺）。庙很小，搬走了四大天王和弥勒佛等一批神像才能入住。苏先生对这位生物学家说：

　　白天忙着教课和家务，里里外外，马不停蹄，夜里先要张罗家务，等到一家人陆续入睡后，夜阑人静，万籁俱寂，他才开始专心写研究论文。钢笔在纸上写着算式,笔尖接触白纸,发出一些微动的声响,好像音弦演奏的乐曲,对自己既是一种陶冶,也是一种慰籍,心情也十分舒畅了.

在山水之间耕读,是一种有着高度文化抱负和理想追求的农耕生活方式,是中国传统文化的价值取向,是士阶层的精神寄托.清高、怀远、超脱,淡然是士人格的理想境界.古代士人的山水情怀与耕读生活的结合,士人的精神移民与士人的大同理想的文化移植,造就了一个农业文明中充满诗意的乡村自治的文化形态.

近日有一本叫《自由》的小说热卖,它的作者是美国一个当红的作家叫乔纳森·弗兰岑,他应该40多岁,为了写作,他从闹市搬到一个悬崖旁边住,写作的时候把自己的耳朵捂上,眼睛也蒙上,在完全的寂静和黑暗当中写作,他写的《自由》这本书有600多页.中国美女作家蒋方舟评价说:我个人觉得最理想的写作环境应该是平静,能够拒绝得了诱惑的.

本书的书名是笔者给起的,源自于笔者中学时读过的一本秦牧的《艺海拾贝》印象深刻,颇觉贴切,但愿作者和读者都能接受!

刘培杰
2013 年 12 月 17 日
于哈工大

# 前言

20世纪80年代第四个年头,作者从四川一所师范学院数学系毕业,分配到一所农村中学任教,为了尽快熟悉中学数学教学工作,作者阅读了大量的参考书,订阅了十多种数学期刊.通过研读,结合自己的教学,尝试着将一些研究成果撰写成论文,投稿到有关刊物,自1985年第一篇论文在《中学理科参考》上发表,至今二十多年中,在《数学通报》、《数学教学》、《中等数学》、《数学通讯》、《中学数学》、《中学教研》、《中学数学研究》、《数学传播》(中国台湾)、《数学教育》(中国香港)、《数学竞赛》、《数学奥林匹克与数学文化》等书刊上发表了论文200多篇,现从中选出120篇编成本书.

本书包括奥数题研究、高考数学题研究和初等数学研究共三卷,第一卷收录了对奥数题的解法、背景、推广、加强等方面研究的论文41篇;第二卷收录了对高考数学题的解法、背景、推广等方面研究的论文25篇;第三卷收录了涉及函数、数列、不等式、圆锥曲线等初等数学研究论文54篇.这些都是作者随机研究的成果,所谓随机研究就是从教学中自己找问题进行研究.教师天天在课堂,天天和学生打交道,可供研究的问题很多,只要我们处处留心,多思善想,定会发现问题,再想办法解决问题,这一过程就是研究.新课程理念中有一个观点就是教师要做研究者,把教学过程作为研究过程,教师在教学及研究过程中实现自我发展.在第三卷书末有一篇作者的体会"谈谈如何撰写数学教研论文"可供参考.研究初等数学也是作者的业余爱好,这些成果是作者在数学大海中偶尔拾得的几个小小贝壳.作者原打算将"奥数题.高考题.初等数学研究"作为书名,刘培杰先生建议将三卷书名分别改为"数贝偶拾——奥数题研究、数贝偶拾——高考数学题研究、数贝偶拾——初等数学研究",作者正暗合此意,欣然采纳.

值本书出版之际,作者对多年来在教学及初等数学研究中给予支持关心的领导、老师及同行表示衷心的感谢!特别要感谢我的老师——西华师范大学康纪权教授的帮助与鼓励,感谢天津宝坻的杨世明先生的指导,还要感谢哈尔滨工业大学出版社的刘培杰先生和其他编辑们,刘培杰先生为本书的出版付出了很多心血,百忙之中为本书作序,其他编辑老师,为本书的出版也付出了辛勤的劳动.

因本人水平有限,书中可能有许多错误与不足,敬请同行不吝赐教,有关意见或建议发至 scpajmb@tom.com.

蒋明斌
2011 年 10 月

# 目录

# 关于函数周期性的一个猜想的完善、推广及应用

作者在 1991 年初提出如下的猜想：

**猜想**[1] 设 $\lambda$ 为非零常数，$a,b$ 为实常数，$b \neq 0$，函数 $f(x)$ 满足

$$f(x + \lambda) = af(x) + bf(x - \lambda) \tag{1}$$

则 $f(x)$ 为周期函数当且仅当 $b = -1$ 且 $a = \cos\dfrac{2k\pi}{m}(k, m \in \mathbf{N}^*, k < m)$，且此时周期为 $m\lambda$.

首先指出，猜想提出不久（文[1]发表之前），作者就发现，当 $a = 0, b = -1$ 时，满足式（1）的任一 $f(x)$ 都是以 $2\lambda$ 为周期的函数，因而必要性不成立，且必要性应理解为式（1）的任一解 $f(x)$ 均为周期函数.

在寻求充分性的证明过程中，作者又发现，当 $b = -1$ 且 $a = \cos\dfrac{2k\pi}{m}(k, m \in \mathbf{N}^*, k < m)$ 时，存在满足式（1）的 $f(x)$ 不为周期函数，如 $f(x) = (-1)^x(x \in \mathbf{N}^*)$. 因而充分性不成立，需加上"$(k, m) = 1, m > 2$"这一条件，充分性才成立.

本文完善了这一猜想，并给出了证明，然后作若干推广，并应用有关结果解决了文[3]中的 whc113.

为了便于推广，将式（1）改写成

$$f(x + 2\lambda) = af(x + \lambda) + bf(x) \tag{2}$$

并称方程

$$x^2 = ax + b \tag{3}$$

为式（2）的特征方程.

对 $\alpha \in \mathbf{C}$，若存在最小正整数 $m$，使 $\alpha^m = 1$，则称 $\alpha$ 为 $m$ 次单位根.

当 $b = -1$ 且 $a = \cos\dfrac{2k\pi}{m}(k, m \in \mathbf{N}^*, k < m, (k, m) = 1, m > 2)$ 时，方程（3）的两根 $\cos\dfrac{2k\pi}{m} \pm \mathrm{i}\sin\dfrac{2k\pi}{m}$ 为不同的 $m$ 次单位根；当 $a = 0, b = -1$ 时，方程（3）的两根 $\pm 1$ 为不同的二次单位根. 因此，我们将猜想修正为：

**定理 1** 方程（2）的任一解 $f(x)$ 为周期函数的充要条件为其特征方程（3）有相异根，且均为 $m$ 次单位根，此时周期为 $m\lambda$. 也就是或 $a = 0, b = -1$，此时周期为 $2\lambda$；或 $b = -1$ 且 $a = \cos\dfrac{2k\pi}{m}(k, m \in \mathbf{N}^*, k < m, (k, m) = 1, m > 2)$，此时

周期为 $m\lambda$.

**证明** 必要性,不妨设 $\lambda > 0$,式(2)的任一解均为周期函数,对方程(3)的任一根 $\alpha$,若 $\alpha \in \mathbf{R}$,可取式(2)的一特解 $f(x)$,使对任何 $n \in \mathbf{Z}$,当 $x \in [n\lambda, (n+1)\lambda)$ 时,$f(x) = \alpha^n$. 易知 $f(0) = 1$,由 $f(0) = 1$ 及 $f(x)$ 为周期函数,必有 $m(m \in \mathbf{Z}^+)$ 使 $\alpha^m = 1$;

若 $\alpha = r(\cos\theta + i\sin\theta)(r > 0)$ 为虚数,可取式(2)的一特解 $f(x)$,使对任何 $n \in \mathbf{Z}$,当 $x \in [n\lambda, (n+1)\lambda)$ 时,$f(x) = \alpha^n f(x) = r^n\cos n\theta$. 易知 $f(0) = 1$,由 $f(0) = 1$ 及 $f(x)$ 为周期函数可得 $r = 1$(否则,若 $0 < \alpha < 1$,则当 $n \to \infty$ 时,$f(x) \to 0$;若 $\alpha > 1$,则当 $n \to \infty$ 时,$|f(x)| \to +\infty$. 两种情形都不可能有无穷多个 $f(x) = 1$). 再由周期性,必有 $m(m \in \mathbf{Z}^+)$ 使 $\cos n\theta = 1$ 即 $\alpha^m = 1$.

以上两种情形均有 $\alpha$ 为单位根. 若方程(3)的单位根 $\alpha$ 为重根,显然 $\alpha = \pm 1$,可取式(2)的特解 $f(x)$,使对任何 $n \in \mathbf{Z}$,当 $x \in [n\lambda, (n+1)\lambda)$ 时,$f(x) = nx^n$,显然不是周期函数,因此方程(3)的单位根不可能为重根.

显然,方程(3)的相异单位根同为 $m$ 次单位根.

充分性,设方程(3)有相异单位根 $\alpha_1, \alpha_2$,且均为 $m$ 次单位根,$\alpha_1^m = 1, \alpha_2^m = 1(m \in \mathbf{N}^*)$,对每一个 $x_0 \in \mathbf{R}$,令 $x_n = x_0 + n\lambda(n \in \mathbf{N}^*)$,由式(2)可知,$f(x_n) = c_1\alpha_1^n + c_2\alpha_2^n$,其中 $c_1, c_2$ 为常数,由 $f(x_0), f(x_1)$ 所确定,于是 $f(x_m) = c_1\alpha_1^m + c_2\alpha_2^m = c_1 + c_2 = f(x_0)$,即 $f(x_0 + m\lambda) = f(x_0)$,故 $f(x)$ 为周期函数,且以 $m\lambda$ 为周期. 证毕.

**注** 充分性另证:

当 $a = 0, b = -1$ 时,满足式(2)的 $f(x)$ 显然为周期函数,周期为 $2\lambda$;

当 $b = -1$ 且 $a = \cos\dfrac{2k\pi}{m}(k, m \in \mathbf{N}^*, k < m, (k, m) = 1, m > 2)$ 时,方程 $t^2 = \left(2\cos\dfrac{2k\pi}{m}\right)t - 1$ 的两根为

$$\alpha = \cos\frac{2k\pi}{m} + i\sin\frac{2k\pi}{m}, \beta = \cos\frac{2k\pi}{m} - i\sin\frac{2k\pi}{m}$$

显然 $\alpha \neq \beta, \alpha^m = 1, \beta^m = 1, \alpha + \beta = 2\cos\dfrac{2k\pi}{m}, \alpha\beta = 1$,由式(1)有

$$f[x + (m+1)\lambda] = \left(2\cos\frac{2k\pi}{m}\right)f(x + m\lambda) - f[x + (m-1)\lambda] =$$
$$(\alpha + \beta)f(x + m\lambda) - \alpha\beta f[x + (m-1)\lambda]$$
$$f[x + (m+1)\lambda] - \alpha f(x + m\lambda) =$$
$$\beta\{f(x + m\lambda) - \alpha f[x + (m-1)\lambda]\} =$$
$$\beta^2\{f[x + (m-1)\lambda] - \alpha f[x + (m-2)\lambda]\} = \cdots =$$
$$\beta^m[f(x + \lambda) - \alpha f(x)] =$$

$$f(x + \lambda) - \alpha f(x)$$

即

$$f[x + (m + 1)\lambda] - \alpha f(x + m\lambda) = f(x + \lambda) - \alpha f(x)$$

同理,有

$$f[x + (m + 1)\lambda] - \beta f(x + m\lambda) = f(x + \lambda) - \beta f(x)$$

两式相减,并注意到 $\alpha \neq \beta$,得

$$(\alpha - \beta)f(x + m\lambda) = (\alpha - \beta)f(x) \Leftrightarrow f(x + m\lambda) = f(x)$$

即 $f(x)$ 为周期函数,$m\lambda$ 为其一个周期.

**推论 1**　设 $a, b, \lambda$ 同定理 1,$c$ 为实常数,$a + b \neq 1$,则

$$f(x + 2\lambda) = af(x + \lambda) + bf(x) + c \quad (a, b \text{ 为实常数},b \neq 0) \qquad (4)$$

的任一解均为周期函数的充要条件是方程(3)有相异根,且均为 $m$ 次单位根,此时周期为 $m\lambda$.

**证明**　令 $g(x) = f(x) + \dfrac{c}{1 - a - b}$,由式(4)有 $g(x + 2\lambda) = ag(x + \lambda) + bg(x)$,由定理 1 知推论 1 成立.

定理 1 可以推广为:

**定理 2**　设 $\lambda$ 为非零常数,函数 $f(x)$ 满足

$$f(x + k\lambda) = a_1 f[x + (k - 1)\lambda] + a_2 f[x + (k - 2)\lambda] + \cdots + a_k f(x) \qquad (5)$$

其中 $a_i(i = 1, 2, \cdots, k)$ 为实常数,$a_k \neq 0(k \in \mathbf{N}^*)$,则式(5)的任一解 $f(x)$ 为周期函数的充要条件是其特征方程

$$x^k = a_1 x^{k-1} + a_2 x^{k-2} + \cdots + a_{k-1} x + a_k \qquad (6)$$

的根 $\alpha_i(i = 1, 2, \cdots, k)$ 为相异单位根,若 $\alpha_i$ 为 $m_i$ 次单位根$(i = 1, 2, \cdots, k)$,$m$ 为 $m_1, m_2, \cdots, m_k$ 的最小公倍数,则此时 $f(x)$ 的周期为 $m\lambda$.

证明与定理 1 类似,这里从略.

**推论 2**　设 $\lambda, m, a_i(i = 1, 2, \cdots, k)$ 同定理 2,$c$ 为实常数,$a_1 + a_2 + \cdots + a_k \neq 1$,函数 $f(x)$ 满足

$$f(x + k\lambda) = a_1 f[x + (k - 1)\lambda] + a_2 f[x + (k - 2)\lambda] + \cdots + a_k f(x) + c \qquad (7)$$

则式(7)的任一解 $f(x)$ 为周期函数的充要条件是其方程(6)的根为相异单位根,此时的周期为 $m\lambda$.

**证明**　令 $g(x) = f(x) + \dfrac{c}{1 - a_1 - a_2 - \cdots - a_k}$,则

$$g(x + k\lambda) = a_1 g[x + (k - 1)\lambda] + a_2 g[x + (k - 2)\lambda] + \cdots + a_k g(x)$$

由定理 2 知,推论 2 成立.

在定理 2 及推论 2 中,取 $\lambda = 1, x = n \in \mathbf{N}^*, x_n = f(n + k)$,可得:

3

**推论 3** 设 $a_i(i=1,2,\cdots,k)$ 为实常数, $a_k \neq 0(k \in \mathbf{N}^*)$, 则由给定的 $k$ 个初值 $x_i(i=1,2,\cdots,k)$ 及递推关系

$$x_n = a_1 x_{n-1} + a_2 x_{n-2} + \cdots + a_k x_{n-k} \tag{8}$$

所确定任一数列 $\{x_n\}$ 均能为周期数列的充要条件是其特征方程(6) 有 $k$ 个不同的单位根,此时周期为 $m(m$ 同定理2).

**推论 4** 设 $a_i(i=1,2,\cdots,k)$, $m$ 同定理2, $c$ 为实常数, $a_1 + a_2 + \cdots + a_k \neq 1$, 满足

$$y_n = a_1 y_{n-1} + a_2 y_{n-2} + \cdots + a_k y_{n-k} + c \tag{9}$$

的任一数列 $\{y_n\}$ 均能为周期数列的充要条件是其特征方程(6) 有 $k$ 个不同的单位根,此时周期为 $m$.

由此,我们给出了 $k$ 阶常系数线性递归数列为周期数列的充要条件. 值得一提的是,文[2]给出的仅仅为充分条件,文[3]将其误认为充要条件.

另外,将方程(6) 变形为

$$F(x) = x^k - a_1 x^{k-1} - a_2 x^{k-2} - \cdots - a_{k-1} x - a_k \tag{10}$$

注意到式(10) 是实系数方程,易知, $F(x) = 0$ 有 $k$ 个不同的单位根当且仅当:

(1) $k$ 为奇数时

$$F(x) = (x+1) \prod_{i=1}^{\frac{k-1}{2}} \left[ x^2 - \left( 2\cos\frac{2k_i\pi}{m_i} \right) x + 1 \right] \tag{11}$$

或

$$F(x) = (x-1) \prod_{i=1}^{\frac{k-1}{2}} \left[ x^2 - \left( 2\cos\frac{2k_i\pi}{m_i} \right) x + 1 \right] \tag{12}$$

(2) $k$ 为偶数时

$$F(x) = (x^2 - 1) \prod_{i=1}^{\frac{k}{2}-1} \left[ x^2 - \left( 2\cos\frac{2k_i\pi}{m_i} \right) x + 1 \right] \tag{13}$$

或

$$F(x) = \prod_{i=1}^{\frac{k}{2}} \left[ x^2 - \left( 2\cos\frac{2k_i\pi}{m_i} \right) x + 1 \right] \tag{14}$$

其中 $k_i, m_i \in \mathbf{N}^*$, $(k_i, m_i) = 1$, $k_i < m_i$, $\cos\dfrac{2k_i\pi}{m_i}$ 互不相同, $m_i > 2(i=1,2,\cdots,$ $\dfrac{k-1}{2}$ 或 $\dfrac{k}{2})$.

由此,可对文[3]中的 whc113"是否不用特征根,仅据 $a_1, a_2, \cdots, a_k$ 直接判别 $k$ 阶常系数线性递归数列周期性方法(条件)?"作出肯定回答. 我们有:

**定理 3** 存在用 $a_1, a_2, \cdots, a_k$ 直接判别 $k$ 阶常系数线性递归数列周期性的条件.

**证明** 将上述式(11)～(14)展开成 $x$ 的 $k$ 次多项式,再与式(10)的左边比较同次项的系数即得 $a_1, a_2, \cdots, a_k$. 证毕.

定理3从理论上解决了 $a_i(i=1,2,\cdots,k)$ 的存在性,当 $k$ 较大时,要具体求出 $a_i(i=1,2,\cdots,k)$,则较为麻烦.

下面给出 $k=3,4$ 的结论.

**定理 4** 设 $a_i(i=1,2,3)$ 为实常数,$a_3 \neq 0$,则由给定的初值 $x_i(i=1,2,3)$ 及递推关系

$$x_n = a_1 x_{n-1} + a_2 x_{n-2} + a_3 x_{n-3} \qquad (15)$$

所确定的任一数列 $\{x_n\}$ 为周期数列的充要条件为

$$a_1 = 2\cos\frac{2k\pi}{m} - 1, a_2 = 2\cos\frac{2k\pi}{m} - 1, a_3 = -1$$

或

$$a_1 = 2\cos\frac{2k\pi}{m} + 1, a_2 = -\left(2\cos\frac{2k\pi}{m} + 1\right), a_3 = 1$$

($k, m$ 同定理1,此时周期为 $m$).

**证明** 在式(11),(12)中,取 $k=3$,则有

$$F(x) = (x+1)\left[x^2 - \left(2\cos\frac{2k\pi}{m}\right)x + 1\right] =$$

$$x^3 - \left(2\cos\frac{2k\pi}{m} - 1\right)x^2 - \left(2\cos\frac{2k\pi}{m} - 1\right)x + 1$$

或

$$F(x) = (x-1)\left[x^2 - \left(2\cos\frac{2k\pi}{m}\right)x + 1\right] =$$

$$x^3 - \left(2\cos\frac{2k\pi}{m} - 1\right)x^2 + \left(2\cos\frac{2k\pi}{m} + 1\right)x - 1$$

将它们分别与 $F(x) = x^3 - a_1 x^2 - a_2 x - a_3$ 比较 $x$ 的同次项系数即得.

**定理 5** 设 $a_i(i=1,2,3,4)$ 为实常数,$a_4 \neq 0$,则由给定的初值 $x_i(i=1,2,3,4)$ 及递推关系

$$x_n = a_1 x_{n-1} + a_2 x_{n-2} + a_3 x_{n-3} + a_4 x_{n-4} \qquad (16)$$

所确定的任一数列 $\{x_n\}$ 为周期数列的充要条件为

$$a_1 = 2\cos\frac{2k\pi}{m}, a_2 = 0, a_3 = -2\cos\frac{2k\pi}{m} - 1, a_4 = 1$$

$k, m$ 同定理1,此时周期为 $m$,或

$$a_1 = 2\left(\cos\frac{2k_1\pi}{m_1} + \cos\frac{2k_2\pi}{m_2}\right), a_2 = -\left(\cos\frac{2k_1\pi}{m_1} + \cos\frac{2k_2\pi}{m_2} + 1\right)$$

$$a_3 = 2\left(\cos\frac{2k_1\pi}{m_1} + \cos\frac{2k_2\pi}{m_2}\right), a_4 = -1$$

$$\left(k_i, m_i \in \mathbf{N}^*, k_i < m_i, (k_i, m_i) = 1, m_i > 2(i = 1, 2), \cos\frac{2k_1\pi}{m_1} \neq \cos\frac{2k_2\pi}{m_2}\right)$$

周期为 $m_1, m_2$ 的最小公倍数.

**证明** 在式(13),(14)中,取 $k = 4$,则有

$$F(x) = (x^2 - 1)\left[x^2 - \left(2\cos\frac{2k\pi}{m}\right)x + 1\right]$$

或

$$F(x) = \left[x^2 - \left(2\cos\frac{2k_1\pi}{m_1}\right)x + 1\right]\left[x^2 - \left(2\cos\frac{2k_2\pi}{m_2}\right)x + 1\right]$$

分别将它们展开与 $F(x) = x^4 - a_1x^3 - a_2x^2 - a_3x - a_4$ 比较 $x$ 的同次项系数即得.

## 参考文献

[1] 蒋明斌. 迭代. 递归. 一类函数的周期性[J]. 中学数学(湖北),1991(5).

[2] 黄闻宇. 常系数齐次或非齐次线性递归数列是周期数列的一个充分条件[J]. 数学通讯,1989(4).

[3] 杨之. 初等数学研究的问题与课题[M]. 湖南教育出版社,1993.

# 分式线性递推数列若干问题的统一处理

由给定的 $x_1$ 用递推关系

$$x_{n+1} = \frac{ax_n + b}{cx_n + d} \qquad (1)$$

确定的数列称为分式线性递推数列,文[1],[2]给出了其通项公式的两种求法,文[3],[4]分别讨论了 $\{x_n\}$ 的无穷存在性和周期性. 由于这几文中采用的方法不尽一致,这就为记忆和应用这些结果带来不便,此外,对 $\{x_n\}$ 的极限尚未见到完善的讨论. 本文统一地解决这类数列的无穷存在性、通项公式、周期性、极限等问题.

在下文中,总假设式(1)中 $a,b,c,d$ 为复常数,且 $c \neq 0, ad \neq bc$. 按通常习惯,称方程

$$x = \frac{ax + b}{cx + d} \qquad (2)$$

为分式线性递推数列 $\{x_n\}$ 的特征方程,设 $\alpha, \beta$ 为其两根,同数列 $\{x_n\}$ 的性态与 $\dfrac{a - c\beta}{a - c\alpha}$ 有关,所以:

**定义** 设 $\alpha, \beta$ 为数列 $\{x_n\}$ 的特征方程(2)的两根,则称 $\lambda = \dfrac{a - c\beta}{a - c\alpha}$ 为分式线性递推数列 $\{x_n\}$ 的特征值.

**引理1** 已知数列 $\{a_n\}$ 满足:$a_1 = b$,且

$$a_{n+1} = ca_n + d(c \neq 1, d \neq 0) \qquad (3)$$

则

$$a_n = \frac{bc^n + (d - b)c^{n-1} - d}{c - 1} \qquad (4)$$

显然式(4)可以改写为

$$a_n = \frac{d}{1 - c} + \left( a_1 - \frac{d}{1 - c} \right) c^{n-1} \qquad (5)$$

由于 $x_1 = \alpha$(或 $\beta$)时,只要 $c\alpha + d \neq 0$(或 $c\beta + d \neq 0$),则有 $x_n = \alpha$(或 $\beta$),这种情形比较简单,在下文中我们总假设 $x_1 \neq \alpha$ 且 $x_1 \neq \beta$.

**引理2** 已知数列 $\{x_n\}$ 满足式(1),$\alpha, \beta$ 是方程(2)的两根,$\lambda = \dfrac{a - c\beta}{a - c\alpha}$ 为特征值,则:

7

（1）当 $\lambda = 1$ 时

$$\frac{1}{x_{n+1} - \alpha} = \frac{1}{x_1 - \alpha} + \frac{c}{a - c\alpha}n \tag{6}$$

（2）当 $\lambda \neq 1$ 时

$$\frac{1}{x_{n+1} - \alpha} = \frac{1}{\beta - \alpha}\left(1 - \lambda^n \cdot \frac{x_1 - \beta}{x_1 - \alpha}\right) \tag{7}$$

**证明** 设 $x_n - x = y_n$（$x$ 为待定常数），则

$$y_{n+1} = x_{n+1} - x = \frac{ax_n + b}{cx_n + d} - x =$$

$$\frac{a(y_n + x) + b}{c(y_n + x) + d} - x =$$

$$\frac{(a - cx)y_n + ax + b - x(cx + d)}{cy_n + cx + d}$$

令 $ax + b - x(cx + d) = 0$，因 $ad \neq bc$，所以 $cx + d \neq 0$，则此式等价于 $x = \frac{ax + b}{cx + d}$（这就是特征方程（2）），设 $\alpha, \beta$ 为其两根，取 $y_n = x_n - \alpha$，则

$$y_{n+1} = \frac{(a - c\alpha)y_n}{cy_n + c\alpha + d}$$

即

$$\frac{1}{y_{n+1}} = \left(\frac{c\alpha + d}{a - c\alpha}\right)\frac{1}{y_n} + \frac{c}{a - c\alpha} \tag{8}$$

由于 $\alpha, \beta$ 是方程（2），即 $cx^2 + (d - a)x - b = 0$ 的两根，则 $\alpha + \beta = \frac{a - d}{c} \Leftrightarrow$

$d + c\alpha = a - c\beta$，所以 $\frac{c\alpha + d}{a - c\alpha} = \frac{a - c\beta}{a - c\alpha} = \lambda$（即特征值），则式（8）即

$$\frac{1}{y_{n+1}} = \lambda \cdot \frac{1}{y_n} + \frac{c}{a - c\alpha} \tag{9}$$

（1）当 $\lambda = 1$ 时，则

$$\frac{1}{y_{n+1}} = \frac{1}{y_n} + \frac{c}{a - c\alpha} \Rightarrow \frac{1}{y_{n+1}} = \frac{1}{y_1} + n \cdot \frac{c}{a - c\alpha}$$

即

$$\frac{1}{x_{n+1} - \alpha} = \frac{1}{x_1 - \alpha} + \frac{c}{a - c\alpha}n$$

（2）当 $\lambda \neq 1$ 时，显然 $\lambda \neq 0$，由引理 1 可得

$$\frac{1}{y_{n+1}} = \frac{1}{\beta - \alpha} + \lambda^n\left(\frac{1}{y_1} - \frac{1}{\beta - \alpha}\right)$$

即

$$\frac{1}{x_{n+1} - \alpha} = \frac{1}{\beta - \alpha}\left(1 - \lambda^n \cdot \frac{x_1 - \beta}{x_1 - \alpha}\right)$$

**定理 1** 设数列 $\{x_n\}$ 满足方程(1)，$\alpha,\beta$ 是方程(2)的两根，$\lambda = \dfrac{a-c\beta}{a-c\alpha}$ 为特征值，则：

（1）当 $\lambda = 1$ 时，数列 $\{x_n\}$ 为无穷数列的充要条件是 $\dfrac{c\alpha-a}{cx_1-c\alpha}$ 不为自然数.

（2）当 $\lambda \neq 1$ 时，数列 $\{x_n\}$ 为无穷数列的充要条件是关于 $t$ 的方程 $\lambda^t = \dfrac{x_1-\alpha}{x_1-\beta}$ 无自然数解.

**证明** （1）若 $\lambda = 1$，当 $\dfrac{c\alpha-a}{cx_1-c\alpha}$ 不为自然数时，记 $\dfrac{1}{x_1-\alpha} + \dfrac{c}{a-c\alpha}n = z_{n+1}$，则对任何自然数 $n$，均有 $z_{n+1} \neq 0$，由引理 2 有 $x_{n+1} = \alpha + \dfrac{1}{z_{n+1}}$，所以 $\{x_n\}$ 为无穷数列；

当 $\dfrac{c\alpha-a}{cx_1-c\alpha} = n_0$ 是自然数时

$$z_{n_0+1} = \frac{1}{x_1-\alpha} + \frac{c}{a-c\alpha}n_0 = \frac{1}{x_1-\alpha} + \frac{c}{a-c\alpha}\frac{c\alpha-a}{cx_1-c\alpha} = 0$$

此时 $$z_{n_0} = \frac{1}{x_1-\alpha} + \frac{c}{a-c\alpha}(n_0-1) = \frac{-c}{a-c\alpha} \neq 0$$

由引理 2，有

$$x_{n_0} = \alpha + \frac{1}{z_{n_0}} = \alpha - \frac{a-c\alpha}{c} = 2\alpha - \frac{a}{c} = -\frac{d}{c}$$

此时，数列 $\{x_n\}$ 为共有 $n_0$ 项的有穷数列.

故数列为无穷数列当且仅当 $\dfrac{c\alpha-a}{cx_1-c\alpha}$ 不为自然数.

（2）若 $\lambda \neq 1$，当方程 $\lambda^t = \dfrac{x_1-\alpha}{x_1-\beta}$ 无自然数解时，记 $1 - \lambda^n \cdot \dfrac{x_1-\beta}{x_1-\alpha} = T_{n+1}$，则对一切自然数 $n$，均有 $T_{n+1} \neq 0$，由引理 2 有 $x_{n+1} = \alpha + \dfrac{\beta-\alpha}{T_{n+1}}$，所以 $\{x_n\}$ 为无穷数列；

方程 $\lambda^t = \dfrac{x_1-\alpha}{x_1-\beta}$ 有最小自然数解 $n_0$ 时，$\lambda^{n_0} = \dfrac{x_1-\alpha}{x_1-\beta}$，则

$$T_{n_0+1} = 1 - \lambda^{n_0} \cdot \frac{x_1-\beta}{x_1-\alpha} = 1 - \frac{x_1-\alpha}{x_1-\beta} \cdot \frac{x_1-\beta}{x_1-\alpha} = 0$$

此时

$$T_{n_0} = 1 - \lambda^{n_0-1} \cdot \frac{x_1-\beta}{x_1-\alpha} =$$

9

$$1 - \lambda^{-1} \cdot \frac{x_1 - \alpha}{x_1 - \beta} \cdot \frac{x_1 - \beta}{x_1 - \alpha} =$$

$$1 - \frac{1}{\lambda} = \frac{c(\alpha - \beta)}{a - c\beta} \neq 0$$

所以

$$x_{n_0} = \alpha + \frac{\beta - \alpha}{T_{n_0}} = \alpha + (\beta - \alpha) \frac{a - c\beta}{c(\alpha - \beta)} =$$

$$\alpha + \beta - \frac{a}{c} = \frac{a - d}{c} - \frac{a}{c} = -\frac{d}{c}$$

此时,数列$\{x_n\}$为共有$n_0$项的有穷数列.

故数列$\{x_n\}$为无穷数列当且仅当关于$t$的方程$\lambda^t = \frac{x_1 - \alpha}{x_1 - \beta}$无自然数解.

**定理2** 设$\{x_n\}$满足方程(1),$x_1$给定且使$\{x_n\}$为无穷数列,$\alpha,\beta$是方程(2)的两根,$\lambda$为特征值,则:

(1)当$\lambda = 1$时

$$x_n = \alpha + \frac{1}{\frac{1}{x_1 - \alpha} + \frac{(n - 1)c}{a - c\alpha}} \tag{10}$$

(2)当$\lambda \neq 1$时

$$x_n = \alpha + \frac{\beta - \alpha}{1 - \lambda^{n-1} \cdot \frac{x_1 - \beta}{x_1 - \alpha}} \tag{11}$$

**证明** 由引理2即得.

**定理3** 在定理2的条件下,有:

(1)当$\lambda = 1$时,数列$\{x_n\}$为非周期数列;

(2)当$\lambda \neq 1$时,数列$\{x_n\}$为周期数列的充要条件为$|\lambda| = 1$且$\arg \lambda = \frac{2k\pi}{m}(k, m \in \mathbf{N}^*, k < m)$,此时周期为$m$.

**证明** (1)当$\lambda = 1$时,对任何大于1的自然数$m$,显然$\frac{nc}{a - c\alpha} \neq \frac{(n + m)c}{a - c\alpha}$,由式(11)知,$x_{n+1} \neq x_{n+1+m}$,故$\{x_n\}$为非周期数列.

(2)当$\lambda \neq 1$时,由式(11)知,$\{x_n\}$为周期数列当且仅当$\lambda^n = \lambda^{n+m}(m \in \mathbf{N}, m > 1, n = 1, 2, 3, \cdots)$,即$\lambda^m = 1$.

若$|\lambda| = 1$且$\arg \lambda = \frac{2k\pi}{m}(k, m \in \mathbf{N}^*, k < m)$,则$\lambda$是1的一个$m$次方根(虚根),所以$\lambda^m = 1$.

若 $\{x_n\}$ 为周期数列,则 $\lambda^m = 1$,即 $\lambda$ 是 1 的一个 $m$ 次方根,因此

$$|\lambda| = 1 \text{ 且 } \arg \lambda = \frac{2k\pi}{m}(k, m \in \mathbf{N}^*, k < m)$$

故 $\{x_n\}$ 为周期数列当且仅当 $|\lambda| = 1$ 且 $\arg \lambda = \frac{2k\pi}{m}(k, m \in \mathbf{N}^*, k < m)$,此时周期为 $m$.

**定理 4**   在定理 2 的条件下,有:

(1) 当 $\lambda = 1$ 时,$\lim\limits_{n\to\infty} x_n = \alpha = \beta$;

(2) 当 $\lambda \neq 1$ 时,若 $|\lambda| > 1$,则 $\lim\limits_{n\to\infty} x_n = \alpha$;若 $|\lambda| < 1$,则 $\lim\limits_{n\to\infty} x_n = \beta$;若 $|\lambda| = 1$,则 $\lim\limits_{n\to\infty} x_n$ 不存在.

**证明**   (1) 当 $\lambda = 1$ 时

$$\lim_{n\to\infty} x_n = \lim_{n\to\infty}\left[\alpha + \frac{1}{\dfrac{1}{x_1 - \alpha} + \dfrac{(n-1)c}{a - c\alpha}}\right] = \alpha = \beta = \lim_{n\to\infty} x_n = \alpha = \beta$$

(2) 当 $\lambda \neq 1$ 时,若 $|\lambda| > 1$,则

$$\lim_{n\to\infty} \frac{1}{\lambda^{n-1}} = 0, \lim_{n\to\infty} x_n = \lim_{n\to\infty}\left[\alpha + \frac{\beta - \alpha}{1 - \lambda^{n-1} \cdot \dfrac{x_1 - \beta}{x_1 - \alpha}}\right] = \alpha$$

若 $|\lambda| < 1$,则

$$\lim_{n\to\infty} \lambda^{n-1} = 0, \lim_{n\to\infty} x_n = \lim_{n\to\infty}\left[\alpha + \frac{\beta - \alpha}{1 - \lambda^{n-1} \cdot \dfrac{x_1 - \beta}{x_1 - \alpha}}\right] = \alpha + \beta - \alpha = \beta$$

若 $|\lambda| = 1$,设 $\arg \lambda = \theta$,由 $\lambda \neq 1$ 有 $0 < \theta < 2\pi$.

1) 当 $\theta = p\pi$($p$ 为有理数) 时,设 $p = \dfrac{2r}{m}(r, m \in \mathbf{N}^*, r < m)$,则 $\theta = \dfrac{2r\pi}{m}$,即 $\arg \lambda = \dfrac{2r\pi}{m}$,由定理 3 知,此时 $\{x_n\}$ 是周期为 $m(m > 1)$ 的周期数列,所以 $\lim\limits_{n\to\infty} x_n$ 不存在.

2) 当 $\theta = q\pi$($q$ 为有理数,$0 < q < 2$) 时,假设 $\lim\limits_{n\to\infty} x_n$ 存在,则 $\lim\limits_{n\to\infty} \lambda^n$ 存在或 $\lim\limits_{n\to\infty} \lambda^n = \infty$. 但 $|\lambda| = 1$,所以 $\lim\limits_{n\to\infty} \lambda^n \neq \infty$. 因此 $\lim\limits_{n\to\infty} \lambda^n$ 为有限数,由 $|\lambda| = 1$ 知,$\lim\limits_{n\to\infty} \lambda^n \neq 0$,所以 $\lim\limits_{n\to\infty} \lambda^{-n}$ 也存在. 而

$$\lambda^n = (\cos\theta + i\sin\theta)^n = \cos nq\pi + i\sin nq\pi$$
$$\lambda^{-n} = (\cos\theta + i\sin\theta)^{-n} = \cos nq\pi - i\sin nq\pi$$

则

$$\cos n\theta = \frac{\lambda^n + \lambda^{-n}}{2}, \sin n\theta = \frac{\lambda^n - \lambda^{-n}}{2i}$$

因此 $\lim\limits_{n\to\infty}\cos nq\pi, \lim\limits_{n\to\infty}\sin nq\pi$ 都存在,设 $\lim\limits_{n\to\infty}\cos nq\pi = A, \lim\limits_{n\to\infty}\sin nq\pi = B$,注意到

$$\sin(nq\pi) + \sin\big[(n+2)q\pi\big] = 2\sin\big[(n+1)q\pi\big]\cos(q\pi)$$
$$\sin\big[(n+1)q\pi\big] = \sin(nq\pi)\cos(q\pi) + \cos(nq\pi)\sin(q\pi)$$
$$\sin^2(nq\pi) + \cos^2(nq\pi) = 1$$

在以上三式,令 $n\to\infty$,有

$$\begin{cases} A + A = 2A\cos(q\pi) & (12) \\ A = A\cos(q\pi) + B\sin(q\pi) & (13) \\ A^2 + B^2 = 1 & (14) \end{cases}$$

注意到 $q$ 为无理数,有 $\sin(q\pi) \neq 1, \cos(q\pi) \neq 1$,由式(12),(13)可得 $A = B = 0$,代入式(14)得 $0 = 1$,矛盾. 故 $\lim\limits_{n\to\infty}x_n$ 不存在. 证毕.

## 参考文献

[1] 甘超一. 递推数列 $x_{n+1} = \dfrac{ax_n + b}{cx_n + d}$ 的通项的求法[J]. 数学通讯,1985(11).

[2] 蒋明斌. 递推数列 $a_{n+1} = \dfrac{Cx_n + D}{Ax_n + B}$ 的通项的一种求法[J]. 国内外中学数学,1986(3).

[3] 李作勋,等. 关于递推数列 $x_{n+1} = \dfrac{ax_n + b}{cx_n + d}$ 的周期性[J]. 数学通讯,1989(2).

[4] 陈定昌. 谈满足 $x_{n+1} = \dfrac{ax_n + b}{cx_n + d}$ 的无穷数列的存在性[J]. 数学通讯,1988(12).

# 分式线性递推数列通项的一种求法

《国内外中学数学》1984 年第三期 P3 卢辰康同志采用函数理论中关于不动点的思想给出了形如

$$a_{n+1} = \frac{Ca_n + D}{Aa_n + B} \tag{1}$$

的数列的通项公式[1]. 下面介绍一种求形如式(1) 的数列的通项公式的方法.（这里 $AD \neq BC, A \neq 0$,这两种情况是平凡的）

由式(1) 及 $A \neq 0$,有

$$a_{n+1} = \frac{\frac{C}{A}(Aa_n + B) + D - \frac{BC}{A}}{Aa_n + B} = \frac{C}{A} + \frac{D - \frac{BC}{A}}{Aa_n + B}$$

即

$$a_{n+1} - \frac{C}{A} = \frac{D - \frac{BC}{A}}{Aa_n + B}$$

作代换

$$b_{n+1} = a_{n+1} - \frac{C}{A} \left( b_1 = a_1 - \frac{C}{A}, b_2 = \frac{Ca_1 + D}{Aa_1 + B} - \frac{C}{A} \right) \tag{2}$$

则

$$b_{n+1} = \frac{D - \frac{BC}{A}}{Ab_n + B + C}$$

又作代换

$$b_n = \frac{x_{n-1}}{x_n} (n \geqslant 2), \ b_2 x_2 = x_1 \tag{3}$$

则

$$\frac{x_n}{x_{n+1}} = \frac{D - \frac{BC}{A}}{A\frac{x_{n-1}}{x_n} + B + C} = \frac{D - \frac{BC}{A}}{\frac{Ax_{n-1} + (B + C)x_n}{x_n}} = \frac{\left( D - \frac{BC}{A} \right) x_n}{Ax_{n-1} + (B + C)x_n} \Leftrightarrow$$

$$\frac{1}{x_{n+1}} = \frac{D - \frac{BC}{A}}{Ax_{n-1} + (B + C)x_n}$$

又

$$AD \neq BC \Rightarrow D - \frac{BC}{A} \neq 0$$

13

$$x_{n+1} = \frac{A(B+C)}{AD-BC}x_n + \frac{A^2}{AD-BC}x_{n-1} \qquad (4)$$

由此知，$\{x_n\}$ 是一个二阶线性递归数列，其通项容易求得（参阅文[2]）.

综合式(2)，(3) 知：作代换 $\dfrac{x_n}{x_{n+1}} = a_{n+1} - \dfrac{C}{A}$，由式(1) 可得式(4).

**例1** 求数列 $\{a_n\}$：$a_{n+1} = \dfrac{3a_n - 4}{a_n - 2}$，$a_1 = 3$ 的通项公式.

**解** 作代换 $\dfrac{x_n}{x_{n+1}} = a_{n+1} - 3 \left( \dfrac{x_1}{x_2} = a_2 - 3 = 2 \right)$. 则

$$x_{n+1} = \frac{1}{2}x_n + \frac{1}{2}x_{n-1}$$

两边同加 $-\lambda x_n$，则

$$x_{n+1} - \lambda x_n = \left( \frac{1}{2} - \lambda \right) \left[ x_n - \frac{1}{2\left( \lambda - \frac{1}{2} \right)} x_{n-1} \right]$$

令

$$\lambda = \frac{1}{2\left( \lambda - \frac{1}{2} \right)} \Leftrightarrow \lambda_1 = 1, \lambda_2 = -\frac{1}{2}$$

$$x_{n+1} - \lambda x_n = \left( \frac{1}{2} - \lambda \right)(x_n - \lambda x_{n-1})$$

即 $\{x_{n+1} - \lambda x_n\}$ 是等比数列，则

$$x_{n+1} - \lambda x_n = (x_2 - \lambda x_1) \left( \frac{1}{2} - \lambda \right)^{n-1}$$

将 $\lambda_1 = 1, \lambda_2 = -\dfrac{1}{2}$ 代入上式有（注意到，$x_1 = 2x_2$）

$$x_{n+1} - x_n = (x_2 - x_1) \left( -\frac{1}{2} \right)^{n-1} = -x_2 \left( -\frac{1}{2} \right)^{n-1}$$

$$x_{n+1} - \left( -\frac{1}{2} \right) x_n = \left[ x_2 - \left( -\frac{1}{2} \right) x_1 \right] \left[ \frac{1}{2} - \left( -\frac{1}{2} \right) \right]^{n-1} = 2x_2$$

解得

$$x_n = \frac{2}{3}x_2 \left[ 2 + \left( -\frac{1}{2} \right)^{n-1} \right]$$

再由 $a_n = \dfrac{x_{n-1}}{x_n} + 3$，求得 $a_n = \dfrac{2^{n+2} + (-1)^{n-1}}{2^n + (-1)^{n-1}}$.

**例2** 已知 $\{a_n\}$ 满足：数列 $a_1 = 2$，$a_{n+1} = \dfrac{a_n - 4}{4a_n - 7}$，求通项 $a_n$.

**解** 作代换

$$\frac{x_{n-1}}{x_n} = a_n - \frac{1}{4} \left( \frac{x_1}{x_2} = a_2 - \frac{1}{4} = -2 - \frac{1}{4} \Rightarrow x_1 = -\frac{9}{4}x_2 \right)$$

则

$$x_{n+1} = \frac{8}{3}x_n - \frac{16}{9}x_{n-1}$$

在此式两边同加 $-\lambda x_n(\lambda$ 为待定常数$)$,得

$$x_{n+1} - \lambda x_n = \left( \frac{8}{3} - \lambda \right) x_n - \frac{16}{9}x_{n-1} = \left( \frac{8}{3} - \lambda \right) \left[ x_n - \frac{16}{9} \cdot \frac{1}{\frac{8}{3} - \lambda} x_{n-1} \right]$$

令 $\lambda = \frac{16}{9} \dfrac{1}{\frac{8}{3} - \lambda}$,解得 $\lambda = \frac{4}{3}$,则

$$x_{n+1} - \lambda x_n = \left( \frac{8}{3} - \lambda \right)(x_n - \lambda x_{n-1})$$

即 $\{x_{n+1} - \lambda x_n\}$ 是等比数列,那么

$$x_{n+1} - \lambda x_n = (x_2 - \lambda x_1) \left( \frac{8}{3} - \lambda \right)^{n-1} \Rightarrow$$

$$x_{n+1} - \frac{4}{3}x_n = \left( x_2 - \frac{4}{3}x_1 \right) \left( \frac{4}{3} \right)^{n-1}$$

两边同除 $\left( \frac{4}{3} \right)^{n-1}$,得

$$\frac{x_{n+1}}{\left( \frac{4}{3} \right)^{n-1}} - \frac{x_n}{\left( \frac{4}{3} \right)^{n-2}} = \left( x_2 - \frac{4}{3}x_1 \right) = 4x_2$$

则 $\left\{ \dfrac{x_{n+1}}{\left( \frac{4}{3} \right)^{n-1}} \right\}$ 是等差数列. 于是

$$\frac{x_n}{\left( \frac{4}{3} \right)^{n-2}} = \frac{x_1}{\left( \frac{4}{3} \right)^{-1}} + (n-1) \cdot 4x_2 \Rightarrow$$

$$x_n = \left( -\frac{9x_2}{4} \right) \left( \frac{4}{3} \right)^{n-1} + 4x_2(n-1) \left( \frac{4}{3} \right)^{n-2}$$

再由 $a_n = \dfrac{x_{n-1}}{x_n} + \dfrac{1}{4}$,可求得 $a_n = \dfrac{4n - 10}{4n - 7}$.

## 参考文献

[1] 卢辰康. 数列 $a_{n+1} = \dfrac{Ca_n + D}{Aa_n + B}$ 通项公式[J]. 国内外中学数学,1984(5).

[2] 蒋明斌. 二阶线性递归数列通项公式的一种求法[J]. 中学理科教学, 1985(9).

# 三次递归数列通项可求的两种情形

文[1],[2]讨论了二次递推数列通项可求的两种情形,得到如下实事:

设 $x_{n+1} = ax_n^2 + bx_n + c\ (a \neq 0)$,给定 $x_1$,记 $\Delta = b^2 - 4ac$,则:

(1) 当 $\Delta - 2b = 0$ 时,$x_n = a^{2^{n-1}}\left(x_1 + \dfrac{b}{2a}\right)^{2^{n-1}} - \dfrac{b}{2a}$;

(2) 当 $\Delta - 2b = 8$ 时,$x_n = \dfrac{1}{a}(\alpha^{2^{n-1}} + \beta^{2^{n-1}}) - \dfrac{b}{2a}$.

其中 $\alpha,\beta$ 是方程 $t^2 + \left(ax_1 + \dfrac{b}{2}\right)t + 1 = 0$ 的两根.

本文给出两类三次递推数列通项可求的两种情形,并顺便给出另一类二次递推数列通项可求的两种情形.

**定理 1** 设数列 $\{x_n\}$ 满足:$x_1$ 给定,且
$$x_{n+1} = ax_n^3 + bx_n^2 + cx_n + d\ (a \neq 0) \tag{1}$$
记 $I_1 = \dfrac{b^2}{3a} - c,\ I_2 = \dfrac{b^3}{27a^2} - \dfrac{b}{3a} - d$,则:

(1) 当 $I_1 = I_2 = 0$ 时,其通项为
$$x_n = a^{\frac{3^{n-1}-1}{2}}\left(x_1 + \dfrac{b}{3a}\right)^{3^{n-1}} - \dfrac{b}{3a} \tag{2}$$

(2) 当 $I_1 = 3,\ I_2 = \dfrac{b}{a}$ 时,其通项为
$$x_n = \dfrac{1}{k}(\alpha^{3^{n-1}} + \beta^{3^{n-1}}) - \dfrac{b}{3a} \tag{3}$$

其中 $k^2 = a,\ \alpha,\beta$ 是方程 $t^2 - \left(kx_1 + \dfrac{b}{3k}\right)t + 1 = 0$ 的两根.

**证明** (1) 由 $I_1 = I_2 = 0$,得 $c = \dfrac{b^2}{3a},\ d = \dfrac{b^3}{27a^2} - \dfrac{b}{3a}$,代入递推式(1),并整理得

$$x_{n+1} + \dfrac{b}{3a} = a\left(x_n + \dfrac{b}{3a}\right)^3$$

令 $y_n = x_n + \dfrac{b}{3a}$,则 $y_{n+1} = ay_n^3,\ y_1 = x_1 + \dfrac{b}{3a}$,所以

$$y_n = ay_{n-1}^3 = a \cdot a^3 y_{n-2}^{3^2} = a \cdot a^3 \cdot a^{3^2} y_{n-3}^{3^3} = \cdots =$$
$$a \cdot a^3 \cdot a^{3^2} \cdot \cdots \cdot a^{3^{n-2}} y_1^{3^{n-1}} =$$

$$a^{1+3+3^3+\cdots+3^{n-2}}y_1^{3^{n-1}} = a^{\frac{3^{n-1}-1}{2}}y_1^{3^{n-1}}$$

故
$$x_n = y_n - \frac{b}{3a} = a^{\frac{3^{n-1}-1}{2}}\left(x_1 + \frac{b}{3a}\right)^{3^{n-1}} - \frac{b}{3a}$$

（2）由 $I_1 = 3, I_2 = \frac{b}{a}$，得 $c = \frac{b^2}{3a} - 3, d = \frac{b^3}{27a^2} - \frac{4b}{3a}$，并注意到 $k^2 = a$ 代入递推式（1），有

$$x_{n+1} = ax_n^3 + bx_n^2 + \left(\frac{b^2}{3a} - 3\right)x_n + \frac{b^3}{27a^2} - \frac{4b}{3a}$$

那么

$$kx_{n+1} + \frac{b}{3k} = k^3x_n^3 + bkx_n^2 + \frac{b^2}{3k} + \frac{b^3}{27k^3} - 3kx_n - \frac{3b}{3k} =$$
$$\left(kx_n + \frac{b}{3k}\right)^3 - 3\left(kx_n + \frac{b}{3k}\right)$$

令 $y_n = kx_n + \frac{b}{3k}$，则

$$y_{n+1} = y_n^3 - 3y_n, \ y_1 = kx_1 + \frac{b}{3k}$$

设 $y_1 = t + \frac{1}{t}$，即 $t$ 是方程 $t^2 - \left(kx_1 + \frac{b}{3k}\right)t + 1 = 0$ 的一个根，显然 $\frac{1}{t}$ 是此方程的另一根，记 $t = \alpha, \frac{1}{t} = \beta$，即 $\alpha, \beta$ 是方程 $t^2 - \left(kx_1 + \frac{b}{3k}\right)t + 1 = 0$ 的两根.

所以 $y_1 = \alpha + \beta$，由递推式，并注意到 $\alpha\beta = 1$ 有
$$y_2 = y_1^3 - 3y_1 = (\alpha + \beta)^3 - 3(\alpha + \beta) = \alpha^3 + \beta^3$$
$$y_3 = y_2^3 - 3y_2 = (\alpha^3 + \beta^3)^3 - 3(\alpha^3 + \beta^3) = \alpha^{3^2} + \beta^{3^2}$$

一般地，由数学归纳法可证 $y_n = \alpha^{3^{n-1}} + \beta^{3^{n-1}}$，故
$$x_n = \frac{1}{k}y_n - \frac{b}{3k^2} = \frac{1}{k}(\alpha^{3^{n-1}} + \beta^{3^{n-1}}) - \frac{b}{3a}$$

**定理 2** 设数列 $\{x_n\}$ 满足：$x_1$ 给定，且 $x_{n+1} = ax_n^3 + bx_n^2 + cx_n + d \ (a \neq 0)$，记 $I_1 = \frac{b^2}{3a} - c, I_2 = \frac{b^3}{27a^2} - \frac{b}{3a} - d$，则：

（1）当 $I_1 = I_2 = 0$ 时，其通项为
$$x_n = a^{\frac{3^{1-n}-1}{2}}\left(x_1 + \frac{b}{3a}\right)^{3^{1-n}} - \frac{b}{3a}$$

（2）当 $I_1 = 3, I_2 = \frac{b}{a}$ 时，其通项为
$$x_n = \frac{1}{k}(\alpha^{3^{1-n}} + \beta^{3^{1-n}}) - \frac{b}{3a}$$

其中 $k^2 = a$, 且 $\alpha, \beta$ 是方程 $t^2 - \left(kx_1 + \dfrac{b}{3k}\right)t + 1 = 0$ 的两根.

**证明** （1）当 $I_1 = I_2 = 0$ 时, 令 $y_n = x_n + \dfrac{b}{3a}$, 易得 $y_n = ay_{n+1}^3$, 即

$$y_{n+1} = a^{-\frac{1}{3}}y_n^{\frac{1}{3}} = Ay_n^{\frac{1}{3}}, y_1 = x_1 + \frac{b}{3a}$$

其中 $A = a^{-\frac{1}{3}}$, 所以

$$y_n = Ay_{n-1}^{\frac{1}{3}} = A \cdot A^{\frac{1}{3}}y_{n-2}^{\frac{1}{3^2}} = A \cdot A^{\frac{1}{3}} \cdot A^{\frac{1}{3^2}}y_{n-3}^{\frac{1}{3^3}} = \cdots =$$
$$A \cdot A^{\frac{1}{3}} \cdot A^{\frac{1}{3^2}} \cdot \cdots \cdot A^{\frac{1}{3^{n-2}}}y_1^{\frac{1}{3^{n-1}}} =$$
$$A^{1+\frac{1}{3}+\frac{1}{3^2}+\cdots+\frac{1}{3^{n-2}}} \cdot y_1^{\frac{1}{3^{n-1}}} = A^{\frac{3(1-3^{1-n})}{2}}y_1^{3^{1-n}} = a^{\frac{1-3^{1-n}}{2}}\left(x_1 + \frac{b}{3a}\right)^{3^{1-n}}$$

故
$$x_n = y_n - \frac{b}{3a} = a^{\frac{1-3^{1-n}}{2}}\left(x_1 + \frac{b}{3a}\right)^{3^{1-n}} - \frac{b}{3a}$$

（2）当 $I_1 = 3, I_2 = \dfrac{b}{a}$ 时, 令 $y_n = kx_n + \dfrac{b}{3k}$, 易得

$$y_n = y_{n+1}^3 - 3y_{n+1}, y_1 = kx_1 + \frac{b}{3k}$$

设 $y_n = z_n + \dfrac{1}{z_n}$, 则

$$z_n + \frac{1}{z_n} = \left(z_{n+1} + \frac{1}{z_{n+1}}\right)^3 - 3\left(z_{n+1} + \frac{1}{z_{n+1}}\right) = z_{n+1}^3 + \frac{1}{z_{n+1}^3}$$

所以

$$z_n = z_{n+1}^3 \text{ 或 } z_n = \frac{1}{z_{n+1}^3}$$

由于 $y_n = z_n + \dfrac{1}{z_n}$, 所以只取其一, 如 $z_n = z_{n+1}^3$, 即 $z_{n+1} = z_n^{\frac{1}{3}}$, 且 $z_1$ 满足 $z_1 + \dfrac{1}{z_1} = y_1 = kx_1 + \dfrac{b}{3k}$, 即 $z_1$ 为方程

$$t + \frac{1}{t} = kx_1 + \frac{b}{3k} \Leftrightarrow t^2 + \left(kx_1 + \frac{b}{3k}\right)t + 1 = 0$$

的两根, 设此方程两根为 $\alpha, \beta$, 显然 $\alpha\beta = 1$, 则

$$z_n = z_{n-1}^{\frac{1}{3}} = z_{n-2}^{\frac{1}{3^2}} = \cdots = z_1^{\frac{1}{3^{n-1}}} = \alpha^{3^{1-n}}$$

所以
$$y_n = z_n + \frac{1}{z_n} = \alpha^{3^{1-n}} + \frac{1}{\alpha^{3^{1-n}}}$$

故
$$x_n = \frac{1}{k}(\alpha^{3^{1-n}} + \beta^{3^{1-n}}) - \frac{b}{3a}$$

**定理** 3　设 $x_n = ax_{n+1}^2 + bx_{n+1} + c\ (a \neq 0)$，给定 $x_1$，记 $\Delta = b^2 - 4ac$，则：

（1）当 $\Delta - 2b = 0$ 时

$$x_n = a^{2^{1-n}}\left(x_1 + \frac{b}{2a}\right)^{2^{1-n}} - \frac{b}{2a}$$

（2）当 $\Delta - 2b = 8$ 时

$$x_n = \frac{1}{a}(\alpha^{2^{1-n}} + \beta^{2^{1-n}}) - \frac{b}{2a}$$

其中 $\alpha, \beta$ 是方程 $t^2 + \left(ax_1 + \frac{b}{2}\right)t + 1 = 0$ 的两根.

证明与定理 2 类似，这里从略.

## 参考文献

［1］潘康伯. 二次递推数列的通项［J］. 数学通讯，1988（9）.

［2］徐万里. 二次递推数列通项可求的另一情形［J］. 数学通讯，1989（7）.

# 二次分式递归数列通项可求的情形

本文给出递推式为

$$a_{n+1} = \frac{Da_n^2 + Ea_n + F}{Aa_n^2 + Ba_n + C}(A,B \text{ 不同时为 } 0) \qquad (*)$$

的数列通项可求的一种情形.

**定理** 设数列 $\{a_n\}$ 满足式 $(*)$ 且 $a_1$ 给定,若 $BE = 4AF$ 且 $B^2 - 4AC = 2(BD - AE)$,则

$$a_n = \frac{k\beta - \alpha}{k - 1}$$

其中 $k = \left(\dfrac{D - A\alpha}{d - A\beta}\right)^{2^{n-1}-1} \left(\dfrac{x_1 - \alpha}{x_1 - \beta}\right)^{2^{n-1}}$ 且当 $A \neq 0$,$(B - 2D)^2 + 8AE \neq 0$ 时 $\alpha$,$\beta$ 为方程

$$x = \frac{2Dx + E}{2Ax + B} \qquad (1)$$

$$x = \frac{Dx + Ex + F}{Ax + Bx + C} \qquad (2)$$

的相异公共根;

当 $A = 0$(此时 $E = 0$),$C^2 + 4(B - D)F \neq 0$,$\alpha$,$\beta$ 为方程(2)的相异根.

为证明定理,需引入:

**引理** 设 $A$,$B$ 不全为 0,若

$$BE = 4AF \qquad (3)$$

且

$$B^2 - 4AC = 2(BD - AE) \qquad (4)$$

当

$$(B - 2D)^2 + 8AE \neq 0 \qquad (5)$$

时,方程(1),(2)有两个相异公共根 $\alpha$,$\beta$,并且 $\alpha$,$\beta$ 也是方程

$$\frac{E - Bx}{D - Ax} = -2x \qquad (6)$$

$$\frac{F - Cx}{D - Ax} = x^2 \qquad (7)$$

的相异公共根.

**证明** 因

$$方程(1) \Leftrightarrow 2Ax^2 + (B - 2D)x - E = 0 \qquad (8)$$

$$方程(2) \Leftrightarrow Ax^3 + (B - D)x^2 + (C - E)x + F = 0 \qquad (9)$$

由 $BE = 4AF$ 及 $B^2 - 4AC = 2(BD - AE)$，有

$$Ax^3 + (B - D)x^2 + (C - E)x + F =$$

$$\left(\frac{1}{2}x + \frac{B}{4A}\right)\left[2Ax^2 + (B - 2D)x - E\right] +$$

$$\frac{1}{4A}\left[2(BD - AE) - (B^2 - 4AC)\right]x + \frac{1}{4A}(BE - 4AF) =$$

$$\left(\frac{1}{2}x + \frac{B}{4A}\right)\left[2Ax^2 + (B - 2D)x - E\right]$$

因此，当 $(B - 2D)^2 + 8AE \neq 0$ 时，方程(8) 的两个相异根就是方程(8)，(9) 的相异公共根. 又

$$方程(6) \Leftrightarrow 方程(8) \Leftrightarrow 方程(1); 方程(7) \Leftrightarrow Ax^3 - Dx^2 - Cx + F = 0$$

$$Ax^3 - Dx^2 - Cx + F =$$

$$\left(\frac{1}{2}x + \frac{B}{4A}\right)\left[2Ax^2 + (B - 2D)x - E\right] +$$

$$\frac{1}{4A}\left[B^2 - 4AC - 2(BD - AE)\right]x - \frac{1}{4A}(BE - 4AF) =$$

$$\left(\frac{1}{2}x + \frac{B}{4A}\right)\left[2Ax^2 + (B - 2D)x - E\right]$$

所以，方程(1)，(2) 的公共根也是方程(6)，(7) 的公共解.

**定理的证明** 当 $A = 0$ 时，$B \neq 0$，由 $BE = 4AF$ 知 $E = 0$，由 $B^2 - 4AC = 2(BD - AE)$ 知

$$B = 2D$$

$$\frac{a_{n+1} - \alpha}{a_{n+1} - \beta} = \frac{\dfrac{Da_n^2 + F}{2Da_n + C} - \alpha}{\dfrac{Da_n^2 + F}{2Da_n + C} - \beta} = \frac{a_n^2 - 2\alpha a_n + \dfrac{F - C\alpha}{D}}{a_n^2 - 2\alpha a_n + \dfrac{F - C\beta}{D}}$$

令 $\dfrac{F - C\alpha}{D} = \alpha^2$，$\dfrac{F - C\beta}{D} = \beta^2$，即 $\alpha, \beta$ 是方程

$$\frac{F - Cx}{D} = x^2 \qquad (10)$$

的两根，而方程(10) 与方程 $x = \dfrac{Dx + F}{2Dx + C}$（即此种情形的方程(2)）同解. 则

$$\frac{a_{n+1} - \alpha}{a_{n+1} - \beta} = \left(\frac{a_n - \alpha}{a_n - \beta}\right)^2$$

所以

$$\frac{a_n - \alpha}{a_n - \beta} = \left(\frac{a_{n-1} - \alpha}{a_{n-1} - \beta}\right)^2 = \left(\frac{a_{n-2} - \alpha}{a_{n-2} - \beta}\right)^{2^2} = \cdots = \left(\frac{a_1 - \alpha}{a_1 - \beta}\right)^{2^{n-1}} = k$$

故
$$a_n = \frac{k\beta - \alpha}{k - 1}$$

当 $A \neq 0$ 时

$$\frac{a_{n+1} - \alpha}{a_{n+1} - \beta} = \frac{\dfrac{Da_n^2 + Ea_n + F}{Aa_n^2 + Ba_n + C} - \alpha}{\dfrac{Da_n^2 + Ea_n + F}{Aa_n^2 + Ba_n + C} - \beta} = \frac{D - A\alpha}{D - A\beta} \cdot \frac{a_n^2 + \dfrac{E - B\alpha}{D - A\alpha}a_n + \dfrac{F - C\alpha}{D - A\alpha}}{a_n^2 + \dfrac{E - B\beta}{D - A\beta}a_n + \dfrac{F - C\beta}{D - A\beta}}$$

令 $\dfrac{E - B\alpha}{D - A\alpha} = -2\alpha, \dfrac{E - B\beta}{D - A\beta} = -2\beta, \dfrac{F - C\alpha}{D - A\alpha} = \alpha^2, \dfrac{F - C\beta}{D - A\beta} = \beta^2$，即 $\alpha, \beta$ 是方程

(6),(7) 的公共解(由引理知,在定理条件下方程(6),(7) 确有两个相异公共解,它们也是方程(1),(2) 的公共解),则

$$\frac{a_{n+1} - \alpha}{a_{n+1} - \beta} = \frac{D - A\alpha}{D - A\beta} \cdot \left(\frac{a_n - \alpha}{a_n - \beta}\right)^2$$

令 $x_n = \dfrac{a_n - \alpha}{a_n - \beta}, t = \dfrac{D - A\alpha}{D - A\beta}$, 则

$$x_{n+1} = tx_n^2, x_1 = \frac{a_1 - \alpha}{a_1 - \beta}$$

所以

$$x_n = tx_{n-1}^2 = t \cdot t^2 x_{n-2}^{2^2} = \cdots = t \cdot t^2 \cdots \cdot t^{2^{n-2}} x_1^{2^{n-1}} =$$

$$t^{2^{n-1}-1} x_1^{2^{n-1}} = \left(\frac{D - A\alpha}{D - A\beta}\right)^{2^{n-1}-1} \left(\frac{a_1 - \alpha}{a_1 - \beta}\right)^{2^{n-1}}$$

记此式为 $k$, 即 $\dfrac{a_n - \alpha}{a_n - \beta} = k$, 故 $a_n = \dfrac{k\beta - \alpha}{k - 1}$. 证毕.

# 正整数次递归数列通项可求的一种情形

不少文章讨论了二、三次递归数列通项可求的情形,本文给出一般正 $n$ 次递归数列通项可求的一种情形.

**定义**　$f_1(x) = x, f_2(x) = x^3 - 3x$,且

$$f_{k+2}(x) = (x^2 - 2)f_{k+1}(x) - f_k(x) \tag{1}$$

$g_1(x) = x^2 - 2, g_2(x) = x^4 - 4x^2 + 2$,且

$$g_{k+2}(x) = (x^2 - 2)g_{k+1}(x) - g_k(x) \tag{2}$$

函数数列 $\{f_n(x)\}, \{g_n(x)\}$ 具有如下性质:

**性质 1**　$f_k(x)$ 是关于 $x$ 的 $2k - 1$ 次多项式; $g_k(x)$ 是关于 $x$ 的 $2k$ 次多项式.

**性质 2**　有

$$f_k\left(t + \frac{1}{t}\right) = t^{2k-1} + \frac{1}{t^{2k-1}} \tag{3}$$

$$g_k\left(t + \frac{1}{t}\right) = t^{2k} + \frac{1}{t^{2k}} \tag{4}$$

性质 1 显然,现证明性质 2.

**证明**　当 $k = 1$ 时

$$f_1\left(t + \frac{1}{t}\right) = t + \frac{1}{t}, g_1\left(t + \frac{1}{t}\right) = \left(t + \frac{1}{t}\right)^2 - 2 = t^2 + \frac{1}{t^2}$$

当 $k = 2$ 时

$$f_2(x) = \left(t + \frac{1}{t}\right)^3 - 3\left(t + \frac{1}{t}\right) = t^3 + \frac{1}{t^3}$$

$$g_2\left(t + \frac{1}{t}\right) = \left(t + \frac{1}{t}\right)^4 - 4\left(t + \frac{1}{t}\right)^2 + 2 =$$

$$\left[\left(t + \frac{1}{t}\right)^2 - 2\right]^2 - 2 =$$

$$\left(t^2 + \frac{1}{t^2}\right)^2 - 2 = t^4 + \frac{1}{t^4}$$

假设 $k = m - 1, k = m$ 时,式(3),(4) 成立,则

$$f_{k+1}\left(t + \frac{1}{t}\right) = \left[\left(t + \frac{1}{t}\right)^2 - 2\right]f_k\left(t + \frac{1}{t}\right) - f_{k-1}\left(t + \frac{1}{t}\right) =$$

$$\left(t^2 + \frac{1}{t^2}\right)\left(t^{2m-1} + \frac{1}{t^{2m-1}}\right) - \left(t^{2(m-1)-1} + \frac{1}{t^{2(m-1)-1}}\right) =$$

$$t^{2m+1} + \frac{1}{t^{2m+1}} = t^{2(m+1)-1} + \frac{1}{t^{2(m+1)-1}}$$

$$g_{k+1}\left(t + \frac{1}{t}\right) = \left[\left(t + \frac{1}{t}\right)^2 - 2\right] g_k\left(t + \frac{1}{t}\right) - g_{k-1}\left(t + \frac{1}{t}\right) =$$

$$\left(t^2 + \frac{1}{t^2}\right)\left(t^{2m} + \frac{1}{t^{2m}}\right) - \left(t^{2(m-1)} + \frac{1}{t^{2(m-1)}}\right) =$$

$$t^{2m+2} + \frac{1}{t^{2m+2}} = t^{2(m+1)} + \frac{1}{t^{2(m+1)}}$$

即当 $k = m + 1$ 时,式(3),(4) 也成立. 故对一切正整数 $k$,式(3),(4) 均成立.

**定理1** (1) 给定 $a_1$,且 $a_{n+1} = f_k(a_n)$ $(n \in \mathbf{N}^*)$,则由 $2k - 1$ 次递推关系确定的数列 $\{a_n\}$ 的通项公式为:$a_n = \alpha^{(2k-1)^{n-1}} + \beta^{(2k-1)^{n-1}}$,其中 $\alpha,\beta$ 是方程 $a_1 = t + \frac{1}{t}$ 的两根.

(2) 给定 $b_1$,且 $b_{n+1} = f_k(b_n)$ $(n \in \mathbf{N}^*)$,则由 $2k$ 次递推关系确定的数列 $\{b_n\}$ 的通项公式为:$b_n = \alpha^{(2k)^{n-1}} + \beta^{(2k)^{n-1}}$,其中 $\alpha,\beta$ 是方程 $b_1 = t + \frac{1}{t}$ 的两根.

**证明** (1) 方程 $a_1 = t + \frac{1}{t}$,即 $t^2 - a_1 t + 1 = 0$,则

$$\alpha\beta = 1 \Leftrightarrow \beta = \frac{1}{\alpha}, a_1 = \alpha + \frac{1}{\alpha}$$

$$a_2 = f_k(a_1) = f_k\left(\alpha + \frac{1}{\alpha}\right) = \alpha^{2k-1} + \frac{1}{\alpha^{2k-1}}$$

$$a_3 = f_k(a_2) = f_k\left(\alpha^{2k-1} + \frac{1}{\alpha^{2k-1}}\right) =$$

$$(\alpha^{2k-1})^{2k-1} + \frac{1}{(\alpha^{2k-1})^{2k-1}} =$$

$$\alpha^{(2k-1)^2} + \frac{1}{\alpha^{(2k-1)^2}}$$

假设 $a_{n-1} = \alpha^{(2k-1)^{n-2}} + \frac{1}{\alpha^{(2k-1)^{n-2}}}$,则

$$a_n = f_k(a_{n-1}) = f_k\left(\alpha^{(2k-1)^{n-2}} + \frac{1}{\alpha^{(2k-1)^{n-2}}}\right) =$$

$$(\alpha^{(2k-1)^{n-2}})^{2k-1} + \frac{1}{(\alpha^{(2k-1)^{n-2}})^{2k-1}} =$$

$$\alpha^{(2k-1)^{n-1}} + \frac{1}{\alpha^{(2k-1)^{n-1}}}$$

故 $$a_n = \alpha^{(2k-1)^{n-1}} + \frac{1}{\alpha^{(2k-1)^{n-1}}}$$

（2）的证明与（1）类似，这里从略.

**例 1**　已知数列 $\{a_n\}$ 中，$a_1 = 3$，$a_{n+1} = a_n^3 - 3a_n$，试求其通项公式.

**解**　$a_{n+1} = f_2(a_n)$，方程 $3 = t + \dfrac{1}{t}$，即 $t^2 - 3t + 1 = 0$ 的两根为 $t_{1,2} = \dfrac{3 \pm \sqrt{5}}{2}$，

由定理 1（1），知 $\{a_n\}$ 的通项公式为 $a_n = \left(\dfrac{3 + \sqrt{5}}{2}\right)^{3^{n-1}} + \left(\dfrac{3 - \sqrt{5}}{2}\right)^{3^{n-1}}$.

**例 2**　已知数列 $\{a_n\}$ 中，$a_1 = 1$，$a_{n+1} = a_n^5 - 5a_n^3 + 5a_n$，试求其通项公式.

**解**　本题中 $a_{n+1} = f_3(a_n)$，方程 $1 = t + \dfrac{1}{t}$，即 $t^2 - t + 1 = 0$ 的两根为

$$t_{1,2} = \frac{1 \pm \sqrt{3}\,\mathrm{i}}{2} = \cos\left(\pm\frac{\pi}{3}\right) + \mathrm{i}\sin\left(\pm\frac{\pi}{3}\right)$$

由定理 1（1），知

$$a_n = \left(\cos\frac{\pi}{3} + \mathrm{i}\sin\frac{\pi}{3}\right)^{5^{n-1}} + \left[\cos\left(-\frac{\pi}{3}\right) + \mathrm{i}\sin\left(-\frac{\pi}{3}\right)\right]^{5^{n-1}} = 2\cos\cos\frac{5^{n-1}\pi}{3}$$

**例 3**　已知数列 $\{a_n\}$ 中，$a_1 = \sqrt{3}$，$a_{n+1} = a_n^2 - 2$，试求其通项公式.

**解**　这里 $a_{n+1} = g_1(a_n)$，方程 $\sqrt{3} = t + \dfrac{1}{t}$，即 $t^2 - \sqrt{3}t + 1 = 0$ 的两根为

$$t_{1,2} = \frac{\sqrt{3} \pm \mathrm{i}}{2} = \cos\left(\pm\frac{\pi}{6}\right) + \mathrm{i}\sin\left(\pm\frac{\pi}{6}\right)$$

由定理 1（2），知

$$\alpha = \cos\theta + \mathrm{i}\sin\theta(0 < \theta < 2\pi)$$

$$a_n = \left(\cos\frac{\pi}{6} + \mathrm{i}\sin\frac{\pi}{6}\right)^{2^{n-1}} + \left[\cos\left(-\frac{\pi}{6}\right) + \mathrm{i}\sin\left(-\frac{\pi}{6}\right)\right]^{2^{n-1}} = 2\cos\cos\frac{2^{n-1}\pi}{3}$$

**例 4**　已知数列 $\{a_n\}$ 中，$a_1 = 4$，$a_{n+1} = a_n^4 - 4a_n^2 + 2$，试求其通项公式.

**解**　这里 $a_{n+1} = g_2(a_n)$，方程 $4 = t + \dfrac{1}{t}$，即 $t^2 - 4t + 1 = 0$，两根为 $t_{1,2} = 2 \pm \sqrt{3}$，由定理 1（2），知 $a_n = (2 + \sqrt{3})^{4^{n-1}} + (2 - \sqrt{3})^{4^{n-1}}$.

**定理 2**　（1）实数列 $\{a_n\}$ 中，$a_1$ 给定，且 $a_n = f_k(a_{n+1})(n \in \mathbf{N}^*)$，$|a_n| \leqslant 2(n \in \mathbf{N}^*)$，或者 $|a_n| \geqslant 2(n \in \mathbf{N}^*)$，则数列 $\{a_n\}$ 的通项公式为：$a_n = \alpha^{\left(\frac{1}{2k-1}\right)^{n-1}} + \beta^{\left(\frac{1}{2k-1}\right)^{n-1}}$，其中 $\alpha, \beta$ 是方程 $a_1 = t + \dfrac{1}{t}$ 的两根.

（2）正实数列 $\{b_n\}$ 中，$b_1$ 给定，且 $b_{n+1} = g_k(b_n)(n \in \mathbf{N}^*)$，$b_n \leqslant 2(n \in \mathbf{N}^*)$，或者 $b_n \geqslant 2(n \in \mathbf{N}^*)$，则数列 $\{b_n\}$ 的通项公式为：$b_n = \alpha^{\left(\frac{1}{2k}\right)^{n-1}} + \beta^{\left(\frac{1}{2k}\right)^{n-1}}$，其中 $\alpha, \beta$ 是方程 $b_1 = t + \dfrac{1}{t}$ 的两根.

**注** 当 $\alpha$ 为虚数时,设 $\alpha = \cos\theta + \mathrm{i}\sin s\theta$,我们约定 $\alpha^{\frac{1}{m}} = \cos\left(\dfrac{1}{m}\theta\right) + \mathrm{i}\sin s\left(\dfrac{1}{m}\theta\right)$ ($m$ 为非零整数).

**证明** (1) 若 $|a_n| \geqslant 2$,可设 $a_n = t_n + \dfrac{1}{t_n}$,$t_n$ 为待定的实数列,不妨设 $|t_n| \geqslant 1$,由 $|a_n| \geqslant 2$ 知方程 $a_1 = t + \dfrac{1}{t}$ 有两实根 $\alpha,\beta$(不妨设 $|\alpha| \geqslant |\beta|$),取 $t_1 = \alpha, \dfrac{1}{t_1} = \beta$,有

$$t_n + \frac{1}{t_n} = f_k\left(t_{n+1} + \frac{1}{t_{n+1}}\right) = t_{n+1}^{2k-1} + \frac{1}{t_{n+1}^{2k-1}}$$

注意到 $|t_n| \geqslant 1$,则

$$t_n = t_{n+1}^{2k-1}, \quad t_{n+1} = t_n^{\frac{1}{2k-1}}$$

于是

$$t_n = t_{n-1}^{\frac{1}{2k-1}} = t_{n-2}^{\left(\frac{1}{2k-1}\right)^2} = \cdots = t_1^{\left(\frac{1}{2k-1}\right)^{n-1}} = \alpha^{\left(\frac{1}{2k-1}\right)^{n-1}}$$

$$\frac{1}{t_n} = \frac{1}{t_1^{\left(\frac{1}{2k-1}\right)^{n-1}}} = \beta^{\left(\frac{1}{2k-1}\right)^{n-1}}$$

故

$$a_n = t_n + \frac{1}{t_n} = \alpha^{\left(\frac{1}{2k-1}\right)^{n-1}} + \beta^{\left(\frac{1}{2k-1}\right)^{n-1}}$$

若 $|a_n| < 2$,设 $a_n = 2\cos\alpha_n = \cos\alpha_n + \mathrm{i}\sin\alpha_n + \dfrac{1}{\cos\alpha_n + \mathrm{i}\sin\alpha_n}$($\alpha_n$ 待定,$0 < \alpha_n < \pi$),则

$$2\cos\alpha_n = f(a_{n+1}) = f\left(\cos\alpha_{n+1} + \mathrm{i}\sin\alpha_{n+1} + \frac{1}{\cos\alpha_{n+1} + \mathrm{i}\sin\alpha_{n+1}}\right) =$$

$$(\cos\alpha_{n+1} + \mathrm{i}\sin\alpha_{n+1})^{2k-1} + \frac{1}{(\cos\alpha_{n+1} + \mathrm{i}\sin\alpha_{n+1})^{2k-1}} =$$

$$2\cos(2k-1)\alpha_{n+1}$$

令 $\alpha_n = (2k-1)\alpha_{n+1}$,即 $\alpha_{n+1} = \dfrac{1}{(2k-1)}\alpha_n$,所以 $\alpha_n = \alpha_1\left(\dfrac{1}{2k-1}\right)^{n-1}$,于是

$$a_n = 2\cos\left(\frac{1}{2k-1}\right)^{n-1}\alpha_1 = (\cos\alpha_1 + \mathrm{i}\sin\alpha_1)^{\left(\frac{1}{2k-1}\right)^{n-1}} +$$

$$\frac{1}{(\cos\alpha_1 + \mathrm{i}\sin\alpha_1)^{\left(\frac{1}{2k-1}\right)^{n-1}}}$$

其中 $a_1 = \cos\alpha_1 + \mathrm{i}\sin\alpha_1 + \dfrac{1}{\cos\alpha_1 + \mathrm{i}\sin\alpha_1}$,即 $\cos\alpha_1 + \mathrm{i}\sin\alpha_1$,

$\dfrac{1}{\cos\alpha_1 + i\sin\alpha_1}$ 是方程 $a_1 = t + \dfrac{1}{t}$ 的两根,即

$$\alpha = \cos\alpha_1 + i\sin\alpha_1, \beta = \dfrac{1}{\cos\alpha_1 + i\sin\alpha_1}$$

故 $\qquad a_n = \alpha^{\left(\frac{1}{2k-1}\right)^{n-1}} + \beta^{\left(\frac{1}{2k-1}\right)^{n-1}}$

(2) 的证明与(1)类似,这里从略.

**例5** 已知实数列 $\{a_n\}$ 满足,$a_1 = \alpha > 2, a_{n+1}^2 = 2 + a_n (n \in \mathbf{N}^*)$,试求 $\{a_n\}$ 的通项公式.

**解** 这里 $a_n = g_2(a_{n+1})$,由 $a_1 > 2$ 易证 $a_n > 2$,方程 $\alpha = t + \dfrac{1}{t}$ 的两根 $t_{1,2} = \dfrac{\alpha \pm \sqrt{\alpha^2 - 4}}{2}$,由定理2(2)知 $\{a_n\}$ 的通项公式为

$$a_n = \left(\dfrac{\alpha + \sqrt{\alpha^2 - 4}}{2}\right)^{\left(\frac{1}{2}\right)^{n-1}} + \left(\dfrac{\alpha - \sqrt{\alpha^2 - 4}}{2}\right)^{\left(\frac{1}{2}\right)^{n-1}}$$

**例6** 已知实数列 $\{a_n\}$ 满足,$a_1 = \alpha > 1, a_{n+1}^2 = \dfrac{a_n + 3}{a_{n+1} + 3}(n \in \mathbf{N}^*)$,试求 $\{a_n\}$ 的通项公式.

**解** 令 $a_n = b_n - 1$,则 $b_1 = a_1 + 1 > 2, b_n = b_{n+1}^3 - 3b_{n+1}$,即 $b_n = f_2(b_{n+1})$,注意到

$$(b_{n+1} - 2)(b_{n+1} + 1)^2 = (b_n - 2)$$

由 $b_1 > 2$ 可以推出 $b_n > 2(n \in \mathbf{N}^*)$,$b_1 = t + \dfrac{1}{t}$,即 $t^2 - (\alpha + 1)t + 1 = 0$ 的两根为

$$t_{1,2} = \dfrac{\alpha + 1 \pm \sqrt{(\alpha + 1)^2 - 4}}{2}$$

故

$$b_n = \left(\dfrac{\alpha + 1 + \sqrt{(\alpha + 1)^2 - 4}}{2}\right)^{\left(\frac{1}{2}\right)^{n-1}} + \left(\dfrac{\alpha + 1 - \sqrt{(\alpha + 1)^2 - 4}}{2}\right)^{\left(\frac{1}{2}\right)^{n-1}}$$

27

# 求二阶线性递归数列通项公式的一种方法

《中学理科教学》1984 年 9 期第 11 页,介绍了求斐波那契数列的通项公式的一种方法,可用于求一般二阶线性递归数列的通项公式,兹介绍于下.

设二阶线性递归数列 $\{a_n\}$

$$a_1 = \alpha, \ a_2 = \beta, \ a_{n+2} = c_1 a_{n+1} + c_2 a_n (n = 1, 2, \cdots) \tag{1}$$

其中 $c_1, c_2$ 是不等于 0 的常数.

由递推公式可得

$$a_{n+2} + \lambda a_{n+1} = (c_1 + \lambda) a_{n+1} + c_2 a_n = (c_1 + \lambda)\left(a_{n+1} + \frac{c_2}{c_1 + \lambda} a_n\right)$$

令

$$\lambda = \frac{c_2}{c_1 + \lambda} \tag{2}$$

$$a_{n+2} + \lambda a_{n+1} = (c_1 + \lambda)(a_{n+1} + \lambda a_n)$$

由此 $\{a_{n+1} + \lambda a_n\}$ 是以 $\beta + \lambda \alpha$ 为首项,$\frac{c_2}{\lambda}$ 为公比的等比数列,所以

$$a_{n+1} + \lambda a_n = (\beta + \lambda \alpha)\left(\frac{c_2}{\lambda}\right)^{n-1} \tag{3}$$

而 $\lambda$ 是方程(2)的解,$\lambda + c_2 \neq 0$,方程(2)等价于

$$\lambda^2 + c_1 \lambda - c_2 = 0 \tag{4}$$

(1)若 $c_1^2 + 4c_2 \neq 0$,则方程(4)有两个不同的根(可能是虚根),即方程(2)有两个不同根,设为 $\lambda_1, \lambda_2$,代入式(3)有

$$a_{n+1} + \lambda_1 a_n = (\beta + \lambda_1 \alpha)\left(\frac{c_2}{\lambda_1}\right)^{n-1} \tag{5}$$

$$a_{n+1} + \lambda_2 a_n = (\beta + \lambda_2 \alpha)\left(\frac{c_2}{\lambda_2}\right)^{n-1} \tag{6}$$

从式(5),(6)解得

$$a_n = \frac{1}{\lambda_1 - \lambda_2}\left[(\beta + \lambda_1 \alpha)\left(\frac{c_2}{\lambda_1}\right)^{n-1} - (\beta + \lambda_2 \alpha)\left(\frac{c_2}{\lambda_2}\right)^{n-1}\right]$$

(2)若 $c_1^2 + 4c_2 = 0$,则方程(4)有两个相同的根,即方程(2)有两个相同解,$\lambda_1 = \lambda_2 = -\frac{c_1}{2}$,则

$$a_{n+1} - \frac{c_1}{2}a_n = \left(\beta - \frac{c_1}{2}\alpha\right)\left(-\frac{2c_2}{c_1}\right)^{n-1} = \left(\beta - \frac{c_1}{2}\alpha\right)\left(\frac{c_1}{2}\right)^{n-1}$$

即

$$a_n - \frac{c_1}{2}a_{n-1} = \left(\beta - \frac{c_1}{2}\alpha\right)\left(\frac{c_1}{2}\right)^{n-2}$$

$$a_{n-1} - \frac{c_1}{2}a_{n-2} = \left(\beta - \frac{c_1}{2}\alpha\right)\left(\frac{c_1}{2}\right)^{n-3}$$

$$\vdots$$

$$a_4 - \frac{c_1}{2}a_3 = \left(\beta - \frac{c_1}{2}\alpha\right)\left(\frac{c_1}{2}\right)^{2}$$

$$a_3 - \frac{c_1}{2}a_2 = \left(\beta - \frac{c_1}{2}\alpha\right)\left(\frac{c_1}{2}\right)^{1}$$

在上面的 $n-2$ 个等式中,从第 2 个等式起自上而下分别乘 $\frac{c_1}{2}$,$\left(\frac{c_1}{2}\right)^2$,$\cdots$,$\left(\frac{c_1}{2}\right)^{n-4}$,$\left(\frac{c_1}{2}\right)^{n-3}$,它们两边相加得

$$a_n - \frac{c_1}{2}a_2 = (n-2)\left(\beta - \frac{c_1}{2}\alpha\right)\left(\frac{c_1}{2}\right)^{n-2} \Leftrightarrow$$

$$a_n = \frac{c_1}{2}\beta + (n-2)\left(\beta - \frac{c_1}{2}\alpha\right)\left(\frac{c_1}{2}\right)^{n-2}$$

上述求二阶线性递归数列的通项公式方法与一般书刊上介绍的利用递归数列特征方程求通项公式方法实质是一致的,但本文的方法只用到等比数列的知识,不涉及其他高深的数学知识,可向中学生介绍.

# "猴子分苹果"问题的一种解法

《中学数学研究》1985 年第 11 期 P26 王曼玉同志给出了"猴子分苹果"问题:"海滩上有堆苹果,这是五只猴子的共同财产,它们要平均分配. 第一只猴子来了,它左等右等,别的猴子都不来,它便把苹果分成五堆,每堆一样多,还剩一个,它把剩下的一个扔到海里,自己拿走五堆中的一堆;第二只猴子来了,它又把苹果均分成五堆,又多出一个,它又扔掉一个,自己拿一堆走了;以后的猴子来了,都有如此处理. 问原来至少有多少只苹果? 最后剩下的苹果至少有几个? "的一种解法,本文利用递归方法给出一种简单的解法,这种方法只需要等比数列的基本知识,无需其他高深的数学知识. 同时,这种方法可以解决前述问题的推广——"n 猴分苹果"问题.

**解** 设原来苹果数为 $N$,第一、二、……、五只猴子拿走苹果数分别为 $A_1$,$A_2$,$\cdots$,$A_5$,则

$$N = 5A_1 + 1 \tag{1}$$
$$5A_k = 4A_{k-1} - 1 (k = 2,3,4,5) \tag{2}$$

由式(2) 得

$$5A_k + 5 = 4A_{k-1} + 4,\ 5(A_k + 1) = 4(A_{k-1} + 1) \Leftrightarrow \frac{A_k + 1}{A_{k-1} + 1} = \frac{4}{5}$$

所以 $\{A_k + 1\}$ 是等比数列,因此

$$A_k + 1 = (A_1 + 1)\left(\frac{4}{5}\right)^{n-1} \Rightarrow A_k = (A_1 + 1)\left(\frac{4}{5}\right)^{n-1} - 1$$

考虑到 $A_k$ 为整数,$4^{k-1}$ 与 $5^{k-1}$ 互质,则有 $A_1 + 1$ 能被 $5^{k-1}$ 整除($k = 2,3,4,5$),当 $A_1 + 1 = 5^{5-1}$,即 $A_1 = 5^{5-1} - 1$ 时,$N$ 最小,且 $N_{\min} = 5A_1 + 1 = 5(5^4 - 1) + 1 = 3\ 121$,这时剩下的苹果数为 $4A_5 = 4\left[5^4\left(\frac{4}{5}\right)^4 - 1\right] = 1\ 020$.

下面来看前述问题的推广——"n 猴分苹果"问题:"有一堆苹果,$n$ 个猴子共同所有,第一只猴子把苹果均分成 $n$ 堆,还剩一个,它把剩下的一个扔到海里,自己拿一堆走了;第二只猴子又把剩下苹果均分成 $n$ 堆,又多出一个,它又扔掉一个,自己拿一堆走了;以后的猴子来了,都有如此处理. 问原来至少有多少只苹果? "

**解** 设原来苹果数为 $N$,第 $k$ 只猴子拿走苹果数为 $A_k(k = 1,2,\cdots,n)$,则

$$N = nA_1 + 1,\ nA_k = (n-1)A_{k-1} - 1 (k = 2,3,\cdots,n) \tag{3}$$

由式(3) 得

$$n(A_k + 1) = (n - 1)(A_{k-1} + 1) \Leftrightarrow \frac{A_k + 1}{A_{k-1} + 1} = \frac{n - 1}{n}$$

所以

$$A_k + 1 = (A_1 + 1)\left(\frac{n - 1}{n}\right)^{n-1} \Leftrightarrow A_k = (A_1 + 1)\left(\frac{n - 1}{n}\right)^{n-1} - 1$$

考虑到 $A_k$ 为整数,$(n - 1)^{k-1}$ 与 $n^{k-1}$ 互质,则有 $A_1 + 1$ 能被 $n^{k-1}$ 整除($k = 2,3,\cdots,n$),所以当 $A_1 + 1 = n^{n-1}$,即 $A_1 = n^{n-1} - 1$ 时,$N$ 最小,且 $N_{\min} = nA_1 + 1 = n(n^{n-1} - 1) + 1 = n^n - n + 1$,即至少有 $n^n - n + 1$ 只苹果.

# 一个极限存在性的简证与引申

《中学理科参考资料》1985 年 4 期第 3 页证明了：

(1) 设 $a > 0$ 和 $x_n(n = 1,2,\cdots)$ 为由以下各式 $x_0 > 0$

$$x_{n+1} = \frac{1}{2}\left(x_n + \frac{a}{x_n}\right) \ (n = 0,1,2,\cdots) \qquad (1)$$

所确定的数列,则 $\lim\limits_{n\to\infty} x_n = \sqrt{a}$.

本文先给出一个简单的证明：

**证明**　由 $a > 0$ 及 $x_0 > 0$,从递推公式知 $x_n > 0(n = 0,1,2,\cdots)$,于是

$$x_{n+1} = \frac{1}{2}\left(x_n + \frac{a}{x_n}\right) \geqslant \sqrt{x_n \cdot \frac{a}{x_n}} = \sqrt{a} \ (n = 0,1,2,\cdots) \Rightarrow$$

$$x_{n+1} - x_n = \frac{1}{2}\left(x_n + \frac{a}{x_n}\right) - x_n = \frac{a - x_n^2}{2x_n} \leqslant 0$$

即 $x_{n+1} \leqslant x_n(n = 1,2,\cdots)$,所以 $\{x_n\}$ 单调递减且有下界,因此 $\{x_n\}$ 存在极限,记为 $A$,则 $A = \frac{1}{2}\left(A + \frac{a}{A}\right)$,注意到 $A > 0$,得 $A = \sqrt{a}$,即 $\lim\limits_{n\to\infty} x_n = \sqrt{a}$.

下面给出几个类似的极限：

(2) 设 $a > 0$, $x_1 > 0$,且

$$x_{n+1} = \frac{x_n^3 + 3ax_n}{3x_n + a} \ (n = 1,2,\cdots) \qquad (2)$$

则 $\lim\limits_{n\to\infty} x_n = \sqrt{a}$.

**证明**　由

$$x_{n+1} - x_n = \frac{x_n^3 + 3ax_n}{3x_n^2 + a} - x_n = \frac{2x_n(a - x_n^2)}{3x_n^2 + a} = \frac{2x_n(\sqrt{a} + x_n)(\sqrt{a} - x_n)}{3x_n^2 + a}$$

知 $x_{n+1} - x_n$ 与 $\sqrt{a} - x_n$ 同号,又因为

$$\sqrt{a} - x_{n+1} = \sqrt{a} - \frac{x_n^3 + 3ax_n}{3x_n^2 + a} = \frac{(\sqrt{a} - x_n)^3}{3x_n^2 + a}$$

所以 $\sqrt{a} - x_{n+1}$ 与 $\sqrt{a} - x_n$ 同号,因而 $\sqrt{a} - x_n$ 与 $\sqrt{a} - x_1$ 同号. 于是：

① 当 $x_1 < \sqrt{a}$ 时,$x_n < \sqrt{a}$,且 $x_{n+1} - x_n > 0$,即 $x_{n+1} > x_n$,此时数列 $\{x_n\}$ 为递增有上界数列,所以 $\lim\limits_{n\to\infty} x_n$ 存在,设为 $A$,则 $A = \frac{A^3 + 3aA}{3A^2 + a}$,注意到 $A > 0$,得 $A =$

$\sqrt{a}$，即 $\lim\limits_{n\to\infty} x_n = \sqrt{a}$.

② 当 $x_1 > \sqrt{a}$ 时，$x_n > \sqrt{a}$，且 $x_{n+1} - x_n < 0$，即 $x_{n+1} < x_n$，此时数列 $\{x_n\}$ 为递减有下界数列，所以 $\lim\limits_{n\to\infty} x_n$ 存在，可求得 $\lim\limits_{n\to\infty} x_n = \sqrt{a}$.

③ 当 $x_1 = \sqrt{a}$ 时，$x_n = \sqrt{a}$，则 $\lim\limits_{n\to\infty} x_n = \sqrt{a}$.

综合 ①，②，③ 知，$\lim\limits_{n\to\infty} x_n = \sqrt{a}$. 证毕.

当 $a = 1$，$\{x_n\}$ 为 1986 年全国高考数学(理科)第八题的数列. 因此，极限(2)就是这一高考题的背景.《中学理科参考资料》1985 年第 4 期第 4 页已论述了 84 年全国高考数学(理科)第八题的背景为极限(1). 因此这两个高考题从思想方法上来说出自同一背景 —— 递推数列的极限.

(3) 设 $a > 0, x_1 > 0$，且

$$x_{n+1} = \frac{x_n^4 + 6ax_n^2 + a^2}{4x_n^3 + 4ax_n} \quad (n = 1, 2, \cdots) \tag{3}$$

则 $\lim\limits_{n\to\infty} x_n = \sqrt{a}$.

**证明** 因为

$$x_{n+1} - \sqrt{a} = \frac{x_n^4 + 6ax_n^2 + a^2}{4x_n^3 + 4ax_n} - \sqrt{a} = \frac{(x_n - \sqrt{a})^4}{4x_n^3 + 4ax_n} \geqslant 0$$

所以 $\qquad\qquad x_n \geqslant \sqrt{a} \quad (n = 2, 3, \cdots)$

又

$$x_{n+1} - x_n = \frac{x_n^4 + 6ax_n^2 + a^2}{4x_n^3 + 4ax_n} - x_n = \frac{-(3x_n + a)^2(x_n^2 - a)}{4x_n^3 + 4ax_n} \leqslant 0 \Rightarrow x_{n+1} < x_n$$

于是数列 $\{x_n\}$ 为递减有下界. 所以 $\lim\limits_{n\to\infty} x_n$ 存在，设为 $A$，则 $A = \dfrac{A^4 + 6A^2a + a^2}{4A^3 + 4Aa}$，注意到 $A > 0$，可得 $\lim\limits_{n\to\infty} x_n = \sqrt{a}$.

(4) $a > 0, x_1 > 0$，且

$$x_{n+1} = \frac{x_n^5 + 10ax_n^3 + 5a^2x_n}{5x_n^4 + 10x_n^2a + a^2} \quad (n = 1, 2, 3, \cdots) \tag{4}$$

则 $\lim\limits_{n\to\infty} x_n = \sqrt{a}$.

**证明** 与(2)的证明类似，这里从略.

利用极限(3)，(4)可以编制出与 1984 年，1986 年高考题类似的题目.

# 对一个数列极限的异议与推广

《中学理科参考资料》1997 年第 4 期 P12 证明了:

**定理 1**　设 $a > 0, x_1 > 0, m \in \mathbf{N}, p, q \in \mathbf{R}$,且

$$x_{n+1} = \sqrt{a}\,\frac{p\,(x_n + \sqrt{a})^m + q\,(x_n - \sqrt{a})^m}{p\,(x_n + \sqrt{a})^m - q\,(x_n - \sqrt{a})^m}\,(n = 1,2,\cdots,n) \qquad (1)$$

则 $\lim\limits_{n \to \infty} x_n = \sqrt{a}$.

笔者认为这一定理不一定成立. 有如下反例, $m = 2, x_1 = 2\sqrt{a}, p = 1, q = 4$,

则 $x_n = \sqrt{a}\,\dfrac{1 + k}{1 - k}$,其中 $k = 4^{2^{n-1}-1}\left(\dfrac{1}{3}\right)^{2^{n-1}} = \dfrac{1}{4}\left(\dfrac{4}{3}\right)^{2^{n-1}}$,则 $\lim\limits_{n \to \infty} \dfrac{1}{k} = 0$,所以

$$\lim_{n \to \infty} x_n = \lim_{n \to \infty} \sqrt{a}\,\frac{1 + k}{1 - k} = -\sqrt{a}$$

从定理 1 的证明中不难发现, 原文由 $\left|\dfrac{x_1 - \sqrt{a}}{x_1 + \sqrt{a}}\right| < 1$ 推出 $\lim\limits_{n \to \infty} k =$

$\lim\limits_{n \to \infty}\left(\dfrac{q}{p}\right)^{\frac{1-m^{n-1}}{1-m}}\left(\dfrac{x_1 - \sqrt{a}}{x_1 + \sqrt{a}}\right)^{m^{n-1}} = 0$,这一步不一定成立.

一般地, 我们有:

**定理 1′**　设 $a > 0, x_1 > 0, m \in \mathbf{N}, p, q \in \mathbf{R}$,且

$$x_{n+1} = \sqrt{a}\,\frac{p\,(x_n + \sqrt{a})^m + q\,(x_n - \sqrt{a})^m}{p\,(x_n + \sqrt{a})^m - q\,(x_n - \sqrt{a})^m}\,(n = 1,2,\cdots,n)$$

(1) 当 $\left|\dfrac{q}{p}\right| < \left|\dfrac{x_1 + \sqrt{a}}{x_1 - \sqrt{a}}\right|^{m-1}$ 时, $\lim\limits_{n \to \infty} x_n = \sqrt{a}$;

(2) 当 $\left|\dfrac{q}{p}\right| > \left|\dfrac{x_1 + \sqrt{a}}{x_1 - \sqrt{a}}\right|^{m-1}$ 时, $\lim\limits_{n \to \infty} x_n = -\sqrt{a}$.

**定理 2**　设 $x_1$ 已知, $m \in \mathbf{N}, \alpha, \beta \in \mathbf{N}, \alpha \neq \beta, p, q \in \mathbf{R}$,且

$$x_{n+1} = \frac{p\beta\,(x_n - \alpha)^m - q\alpha\,(x_n - \beta)^m}{p\,(x_n - \alpha)^m - q\,(x_n - \beta)^m}\,(n = 1,2,\cdots,n) \qquad (2)$$

(1) 当 $\left|\dfrac{q}{p}\right| < \left|\dfrac{x_1 - \alpha}{x_1 - \beta}\right|^{m-1}$ 时, $\lim\limits_{n \to \infty} x_n = \beta$;

(2) 当 $\left|\dfrac{q}{p}\right| > \left|\dfrac{x_1 - \alpha}{x_1 - \beta}\right|^{m-1}$ 时, $\lim\limits_{n \to \infty} x_n = \alpha$.

**注** 显然,在定理2中,取 $\alpha = -\sqrt{a}$ , $\beta = \sqrt{a}$ ,即得定理1′,可见定理2是定理1′的推广,为此只证定理2.

**证明** 由式(2)有

$$x_{n+1} - \alpha = \frac{p(\beta - \alpha)(x_n - \alpha)^m}{p(x_n - \alpha)^m - q(x_n - \beta)^m}$$

$$x_{n+1} - \beta = \frac{q(\beta - \alpha)(x_n - \beta)^m}{p(x_n - \alpha)^m - q(x_n - \beta)^m}$$

$$\frac{x_{n+1} - \beta}{x_{n+1} - \alpha} = \frac{q}{p}\left(\frac{x_n - \beta}{x_n - \alpha}\right)^m = \left(\frac{q}{p}\right)^{1+m}\left(\frac{x_{n-1} - \beta}{x_{n-1} - \alpha}\right)^{m^2} = \cdots =$$

$$\left(\frac{q}{p}\right)^{1+m+m^2+\cdots+m^{n-1}}\left(\frac{x_1 - \beta}{x_1 - \alpha}\right)^{m^n}$$

由此有

$$x_{n+1} = \frac{\beta - \alpha}{1 - k} + \alpha,\text{其中} k = \left(\frac{q}{p}\right)^{1+m+m^2+\cdots+m^{n-1}}\left(\frac{x_1 - \beta}{x_1 - \alpha}\right)^{m^n}$$

1. 当 $m = 1$ 时, $k = \left(\dfrac{q}{p}\right)^n \cdot \dfrac{x_1 - \beta}{x_1 - \alpha}$ ,则:

(1) 当 $\left|\dfrac{q}{p}\right| < \left|\dfrac{x_1 - \alpha}{x_1 - \beta}\right|^{m-1} = 1$ 时, $\lim\limits_{n \to \infty} k = 0$ ,所以 $\lim\limits_{n \to \infty} x_n = \lim\limits_{n \to \infty}\dfrac{\beta - \alpha}{1 - k} + \alpha =$

$\beta - \alpha + \alpha = \beta$ ;

(2) 当 $\left|\dfrac{q}{p}\right| > \left|\dfrac{x_1 - \alpha}{x_1 - \beta}\right|^{m-1} = 1$ 时, $\lim\limits_{n \to \infty}\dfrac{1}{k} = 0$ ,所以 $\lim\limits_{n \to \infty} x_n = \lim\limits_{n \to \infty}\dfrac{\beta - \alpha}{1 - k} + \alpha =$

$\alpha$.

2. 当 $m \neq 1$ ,即 $m \in \mathbf{N}, m \geqslant 2, k = \left(\dfrac{q}{p}\right)^{\frac{m^n - 1}{m - 1}}\left(\dfrac{x_1 - \beta}{x_1 - \alpha}\right)^{m^n}$ , $|k| =$

$\left|\dfrac{q}{p}\right|^{\frac{-1}{m-1}}\left(\left|\dfrac{q}{p}\right|^{\frac{1}{m-1}}\left|\dfrac{x_1 - \beta}{x_1 - \alpha}\right|\right)^{m^n}$ ,则:

(1) 当 $\left|\dfrac{q}{p}\right| < \left|\dfrac{x_1 - \alpha}{x_1 - \beta}\right|^{m-1}$ 时,有 $\left|\dfrac{q}{p}\right|^{\frac{1}{m-1}}\left|\dfrac{x_1 - \beta}{x_1 - \alpha}\right| < 1$ ,则 $\lim\limits_{n \to \infty}|k| = 0$ ,因此

$\lim\limits_{n \to \infty} k = 0$ ,于是 $\lim\limits_{n \to \infty} x_n = \lim\limits_{n \to \infty}\dfrac{\beta - \alpha}{1 - k} + \alpha = \beta - \alpha + \alpha = \beta$ ;

(2) 当 $\left|\dfrac{q}{p}\right| > \left|\dfrac{x_1 - \alpha}{x_1 - \beta}\right|^{m-1}$ 时,有 $\left|\dfrac{q}{p}\right|^{\frac{1}{m-1}}\left|\dfrac{x_1 - \beta}{x_1 - \alpha}\right| > 1$ ,则 $\lim\limits_{n \to \infty}\left|\dfrac{1}{k}\right| = 0$ ,因此

$\lim\limits_{n \to \infty} \dfrac{1}{k} = 0$,于是$\lim\limits_{n \to \infty} x_n = \lim\limits_{n \to \infty} \dfrac{\beta - \alpha}{1 - k} + \alpha = \alpha$.

**注**　当$\left| \dfrac{q}{p} \right| = \left| \dfrac{x_1 - \alpha}{x_1 - \beta} \right|^{m-1}$时,$\lim\limits_{n \to \infty} x_n$的情况较复杂,本文略去了它的讨论.

# 探究尚未结束

文[1]记录了该文作者在一次试卷讲解中引导学生就"构造常数列求数列的通项"问题作了一次探究,文中举了12个例题,其中有10个例题通过构造常数列求出了通项,还有如下的两个例题用此法未能求出通项:

**题1** 已知数列$\{a_n\}$中,$a_1 = 1$,$na_{n+1} = (n+1)a_n + n$ $(n \in \mathbf{N}^*)$,求数列$\{a_n\}$的通项公式.

**题2** 已知数列$\{a_n\}$中,$a_1 = 1$,$na_{n+1} = (n+1)a_n + 2^n$ $(n \in \mathbf{N}^*)$,求数列$\{a_n\}$的通项公式.

因此,对这个问题的探究并没结束,还可以继续探究:

(1) 什么样的数列可以用这种方法求得通项?

(2) 怎样构造常数列?

实际上,文[1]所举的12个例题的一般情形是:

已知数列$\{a_n\}$满足:$a_1 = a$,$a_{n+1} = f(n) \cdot a_n + g(n)$,$f(n) \neq 0$,求$\{a_n\}$的通项公式.

下面我们通过构造常数列求出通项$\{a_n\}$.

由$a_{n+1} = f(n) \cdot a_n + g(n)$及$f(n) \neq 0$,有

$$\frac{a_{n+1}}{f(1)f(2)\cdots f(n)} = \frac{a_n}{f(1)f(2)\cdots f(n-1)} + \frac{g(n)}{f(1)f(2)\cdots f(n)}$$

令 $b_n = \dfrac{a_n}{f(1)f(2)\cdots f(n-1)}$ $(n \geq 2)$,$h(n) = \dfrac{g(n)}{f(1)f(2)\cdots f(n)}$

则$b_{n+1} = b_n + h(n)$,且

$$b_2 = \frac{a_2}{f(1)} = \frac{af(1) + g(1)}{f(1)} = a + \frac{g(1)}{f(1)}$$

$$b_{n+1} - [h(1) + h(2) + \cdots + h(n)] = b_n - [h(1) + h(2) + \cdots + h(n-1)]$$

由此知,数列$\{b_n - [h(1) + h(2) + \cdots + h(n-1)]\}$是常数列,所以

$$b_n - [h(1) + h(2) + \cdots + h(n-1)] = b_2 - h(1) \Rightarrow$$

$$b_n = b_2 + h(2) + \cdots + h(n-1)$$

$$\frac{a_n}{f(1)f(2)\cdots f(n-1)} = a + \frac{g(1)}{f(1)} + \frac{g(2)}{f(1)f(2)} + \frac{g(n-1)}{f(1)f(2)\cdots f(n-1)}$$

故

$$a_n = f(1)f(2)\cdots f(n-1)\left[a + \frac{g(1)}{f(1)} + \frac{g(2)}{f(1)f(2)} + \frac{g(n-1)}{f(1)f(2)\cdots f(n-1)}\right]$$

**评注** 对于递推式为 $a_{n+1} = f(n) \cdot a_n + g(n)$ ( $f(n) \neq 0$ ) 的数列,可通过构造常数列求得通项,具体操作可按如下两步:

(1) 设 $b_n = \dfrac{a_n}{f(1)f(2)\cdots f(n-1)}$ ( $n \geq 2$ ), $h(n) = \dfrac{g(n)}{f(1)f(2)\cdots f(n)}$ ,化为 $b_{n+1} = b_n + h(n)$ ;

(2) 变形为 $b_{n+1} - [h(1) + h(2) + \cdots + h(n)] = b_n - [h(1) + h(2) + \cdots + h(n-1)]$ ,则数列 $\{b_n - [h(1) + h(2) + \cdots + h(n-1)]\}$ 是常数列.

很显然,文[1] 的题 1,2 中的通项是可以用构造常数列的方法求出的.

## 参考文献

[1] 张俊. 无意生成,别样精彩[J]. 数学通讯,2010(3)(下半月).

# 一个更广泛的数列极限的求法

《中学数学月刊》2003 年第 7 期用三角换元法,给出了如下极限题的一种解法:

**问题 1** 已知数列 $\{a_n\} = \{\underbrace{\sqrt{2 + \sqrt{2 + \cdots + \sqrt{2}}}}_{n+1}\}$ $(n \in \mathbf{N}^*)$,求 $\lim\limits_{n \to \infty} a_n$ 的值.

下面考虑更一般的问题:

**问题 2** 设常数 $c > 0$,数列 $\{a_n\} = \{\underbrace{\sqrt{c + \sqrt{c + \cdots + \sqrt{c}}}}_{n+1}\}$ $(n \in \mathbf{N}^*)$,求 $\lim\limits_{n \to \infty} a_n$ 的值.

很显然,对一般的常数 $c$,用三角换元法已无法求出问题 2 中的极限,下面给出一种求法.

**解** 很显然,$\{a_n\}$ 满足:$a_1 = \sqrt{c}$,$a_{n+1} = \sqrt{c + a_n}$,假设 $\lim\limits_{n \to \infty} a_n$ 存在,并设 $\lim\limits_{n \to \infty} a_n = x_0$,则 $\lim\limits_{n \to \infty} a_{n+1} = \sqrt{c + \lim\limits_{n \to \infty} a_n}$,即 $x_0 = \sqrt{c + x_0}$,注意到

$$a_n > 0 \Rightarrow x_0 > 0 \Rightarrow x_0 = \frac{1 + \sqrt{1 + 4c}}{2}$$

下面证明

$$\lim\limits_{n \to \infty} a_n = x_0 = \frac{1 + \sqrt{1 + 4c}}{2}$$

显然 $x_0 = \sqrt{c + x_0}$ 且 $x_0 > 1$,因为

$$|a_{n+1} - x_0| = |\sqrt{c + a_n} - x_0| = |\sqrt{c + a_n} - \sqrt{c + x_0}| =$$
$$\frac{|a_n - x_0|}{|\sqrt{c + a_n} + \sqrt{c + x_0}|} < \frac{1}{x_0}|a_n - x_0| \Rightarrow$$
$$|a_n - x_0| < \left(\frac{1}{x_0}\right)^{n-1}|a_1 - x_0| = \left(\frac{1}{x_0}\right)^{n-1}|\sqrt{c} - x_0|$$

而
$$x_0 > 1 \Rightarrow 0 < \frac{1}{x_0} < 1 \Rightarrow \lim\limits_{n \to \infty}(a_n - x_0) = 0$$

故
$$\lim\limits_{n \to \infty} a_n = x_0 = \frac{1 + \sqrt{1 + 4c}}{2}$$

# 由一道征解题引发的数学探究

《数学通讯》2010 年第 9 期(上半月)征解题第 28 题:

设 $n \in \mathbf{N}, n \geq 1, k$ 为正奇数,求证 $1^k + 2^k + \cdots + n^k$ 能被 $1 + 2 + \cdots + n$ 整除.

此题涉及自然数的方幂和,自然数的方幂和是一个有趣的问题,下面来探究其求法与性质.

## 1　自然数的方幂和的求法

记 $S(k) = 1^k + 2^k + \cdots + n^k, k \in \mathbf{N}$,高中课本中已经给出了

$$S(1) = 1 + 2 + \cdots + n = \frac{1}{2}n(n + 1) \tag{1}$$

$$S(2) = 1^2 + 2^2 + \cdots + n^2 = \frac{n(n + 1)(2n + 1)}{6} \tag{2}$$

$$S(3) = 1^3 + 2^3 + \cdots + n^3 = \left[\frac{n(n + 1)}{2}\right]^2 \tag{3}$$

其中式(1)可以用等差数列前 $n$ 项和公式求得,而式(2),(3)课本中没有给出求法,只是作为数学归纳法证题的例题或习题,一般学生都会问式(2),(3)是怎么得来的? 其实式(1),(2),(3)都可以通过裂项和递推求得.

(1) 由 $(i + 1)^2 - i^2 = 2i + 1$,取 $i = 1, 2, \cdots, n$,得 $n$ 个等式并相加得

$$(n + 1)^2 - 1 = 2S(1) + n \Rightarrow S(1) = \frac{n(n + 1)}{2}$$

由 $(i + 1)^3 - i^3 = 3i^2 + 3i + 1$,取 $i = 1, 2, \cdots, n$,得 $n$ 个等式并相加得
$$(n + 1)^3 - 1^3 = 3S(2) + 3S(1) + n$$

将 $S(1)$ 代入,解得

$$S(2) = \frac{(n + 1)^3 - 1^3 - n - \frac{3}{2}n(n + 1)}{3} =$$

$$\frac{n^3 + 3n^2 + 2n - \frac{3}{2}n(n + 1)}{3} =$$

$$\frac{n(n + 1)(2n + 1)}{6}$$

由 $(i + 1)^4 - i^4 = 4i^3 + 6i^2 + 4i + 1$,取 $i = 1, 2, \cdots, n$,得 $n$ 个等式并相加得

$$(n + 1)^4 - 1^4 = 4S(3) + 6S(2) + 4S(1) + n$$

将 $S(1), S(2)$ 代入,解得

$$S(3) = \frac{(n + 1)^4 - 1^4 - 6S(2) - 4S(1) - n}{4} =$$

$$\frac{n^4 + 4n^3 + 6n^2 + 3n - n(n + 1)(2n + 1) - 2n(n + 1)}{4} =$$

$$\frac{n(n + 1)(n^2 + 3n + 3) - n(n + 1)(2n + 1) - 2n(n + 1)}{4} =$$

$$\frac{n(n + 1)(n^2 + 3n + 3 - 2n - 1 - 2)}{4} =$$

$$\frac{n(n + 1)(n^2 + n)}{4} = \left[ \frac{n(n + 1)}{2} \right]^2$$

一般地,由 $(i + 1)^{m+1} - i^{m+1} = C_{m+1}^1 i^m + C_{m+1}^2 i^{m-1} + \cdots + C_{m+1}^m i + 1$,取 $i = 1$, $2, \cdots, n$,得 $n$ 个等式并相加得

$$(n + 1)^{m+1} - 1 = C_{m+1}^1 S(m) + C_{m+1}^2 S(m - 1) + \cdots + C_{m+1}^m S(1) + n$$

所以

$$S(m) = \frac{1}{m + 1} \left[ (n + 1)^{m+1} - n - 1 - C_{m+1}^2 S(m - 1) - \cdots - C_{m+1}^m S(1) \right]$$

$$(4)$$

将 $S(1), S(2), \cdots, S(m - 1)$ 代入式(4) 就可以求出 $S(m)$,这就得到了求自然数方幂和的递推公式(4).

但是式(4) 在处理有些问题(如上述征解题) 上并不方便,因为上述征解题仅涉及自然数的奇次方之和. 下面我们来探究仅涉及自然数的奇次方、或偶次方之和的递推式.

(2) 注意到 $(i + 1)^{2m} - (i - 1)^{2m} = \sum_{r=0}^{2m} C_{2m}^r [1 - (-1)^{2m-r}] i^r$,取 $i = 1$, $2, \cdots, n$,代入得 $n$ 个等式并相加得

$$(n + 1)^{2m} + n^{2m} - 1 = \sum_{r=0}^{2m} \{ C_{2m}^r [1 - (-1)^{2m-r}] S(r) \} \quad (5)$$

当 $r$ 为偶数时,$1 - (-1)^{2m-r} = 0$,所以式(5) 中,只有奇次方之和,设 $r = 2j - 1$,则

$$(n + 1)^{2m} + n^{2m} - 1 = 2 \sum_{j=1}^m \left[ C_{2m}^{2j-1} S(2j - 1) \right]$$

即

$$4m \cdot S(2m - 1) = \left[ (n + 1)^{2m} + n^{2m} - 1 \right] - 2 \sum_{j=1}^{m-1} \left[ C_{2m}^{2j-1} S(2j - 1) \right]$$

$$S(2m-1) = \frac{1}{4m}\left[(n+1)^{2m} + n^{2m} - 1\right] - \frac{1}{2m}\sum_{j=1}^{m-1}\left[C_{2m}^{2j-1}S(2j-1)\right] \quad (6)$$

式(6)仅涉及自然数的奇次方之和,应用它求自然数的奇次方之和很方便,例如分别取 $m = 2,3$ 得

$$S(3) = \frac{1}{8}\left[(n+1)^4 + n^4 - 1\right] - \frac{1}{4}C_4^1 S(1) = \frac{n^4 + 2n^3 + n^2}{4} = \left[\frac{n(n+1)}{2}\right]^2$$

$$S(5) = \frac{1}{12}\left[(n+1)^6 + n^6 - 1\right] - \frac{1}{6}\left[C_6^3 S(3) + C_6^1 S(1)\right] =$$

$$\frac{1}{12}(2n^6 + 6n^5 + 5n^4 - n^2) = \frac{1}{12}\left[n(n+1)\right]^2(2n^2 + 2n - 1)$$

$$(7)$$

(3) 注意到 $(i+1)^{2m+1} - (i-1)^{2m+1} = \sum\limits_{r=0}^{2m+1} C_{2m+1}^r\left[1 - (-1)^{2m+1-r}\right]i^r$,取 $i = 1,2,\cdots,n$,代入得 $n$ 个等式并相加得

$$(n+1)^{2m+1} + n^{2m+1} - 1 = \sum_{r=0}^{2m+1}\left\{C_{2m+1}^r\left[1 - (-1)^{2m+1-r}\right]S(r)\right\} \quad (8)$$

当 $r$ 为奇数时,$1 - (-1)^{2m+1-r} = 0$,所以式(8)中,只有偶次方之和,设 $r = 2j$,则

$$(n+1)^{2m+1} + n^{2m+1} - 1 = 2\sum_{j=0}^{m}\left[C_{2m+1}^{2j}S(2j)\right] \Rightarrow$$

$$2(2m+1)S(2m) = \left[(n+1)^{2m+1} + n^{2m+1} - 1\right] - 2\sum_{j=0}^{m-1}\left[C_{2m+1}^{2j}S(2j)\right]$$

则

$$S(2m) = \frac{1}{2(2m+1)}\left[(n+1)^{2m+1} + n^{2m+1} - 1\right] - \frac{1}{2m+1}\sum_{j=0}^{m-1}\left[C_{2m+1}^{2j}S(2j)\right]$$

$$(9)$$

式(9)仅涉及自然数的偶次方之和,应用它求自然数的偶次方之和很方便,例如分别取 $m = 1,2$,并注意到 $S(0) = n$ 得

$$S(2) = \frac{1}{6}\left[(n+1)^3 + n^3 - 1\right] - \frac{1}{3}C_3^0 S(0) = \frac{1}{6}(2n^3 + 3n^2 + n) =$$

$$\frac{n(n+1)(2n+1)}{6}$$

$$S(4) = \frac{1}{10}\left[(n+1)^5 + n^5 - 1\right] - \frac{1}{5}\left[C_5^0 S(0) + C_5^2 S(2)\right] =$$

$$\frac{1}{10}\left[(n+1)^5 + n^5 - 1\right] - \frac{1}{5}\left[n + 10 \times \frac{1}{6}(2n^3 + 3n^2 + n)\right] =$$

$$\frac{1}{30}\left[6n^5 + 15n^4 + 10n^3 - n\right] = \frac{1}{30}n(n+1)(2n+1)(3n^2 + 3n - 1)$$

## 2 征解题的解答

用上述递推公式(6)及第二数学归纳法,很容易证明这道征解题.

第二数学归纳法:若与正整数 $n$ 有关的命题 $P(n)$ 满足:① 当 $n = 1$,命题 $P(n)$ 成立;

② 假设对 $1 \le n \le k$,命题 $P(n)$ 成立,可以推广到当 $n = k + 1$ 命题 $P(n)$ 也成立,那么对一切正整数 $n$,命题 $P(n)$ 成立.

征解题的证明:设 $S(k) = 1^k + 2^k + \cdots + n^k, k = 2t - 1, k \in \mathbf{N}, k \ge 1$,由 $1 + 2 + \cdots + n = \frac{1}{2} n(n + 1)$ 知,只需证 $S(2t - 1)$ 能被 $n(n + 1)$ 整除,下面用第二数学归纳法证明:

① 当 $t = 1$ 时,$S(1) = \frac{1}{2} n(n + 1)$,能被 $n(n + 1)$ 整除.

② 假设 $1 \le t \le m - 1$ 时,$S(2t - 1)$ 能被 $n(n + 1)$ 整除,那么当 $t = m$ 时,由前述递推公式(6),有

$$4m \cdot S(2m - 1) = \left[ (n + 1)^{2m} + n^{2m} - 1 \right] - 2 \sum_{j=1}^{m-1} \left[ C_{2m}^{2j-1} S(2j - 1) \right] \quad (10)$$

设 $f(x) = (x + 1)^{2m} + x^{2m} - 1$,由 $f(0) = 0, f(-1) = 0$ 知,$f(x)$ 能被 $x(x + 1)$ 整除,所以 $(n + 1)^{2m} + n^{2m} - 1$ 能被 $n(n + 1)$ 整除.

又由归纳假设知,$S(1), S(3), \cdots, S(2(m - 1) - 1)$ 能被 $n(n + 1)$ 整除,则 $-2 \sum_{j=1}^{m-1} \left[ C_{2m}^{2j-1} S(2j - 1) \right]$ 能被 $n(n + 1)$ 整除.

由式(10)知 $S(2m - 1)$ 能被 $n(n + 1)$ 整除.即当 $t = m$ 时,$S(2t - 1)$ 能被 $n(n + 1)$ 整除.

综合 ①,② 知,对一切正整数 $t$,$S(2t - 1)$ 能被 $n(n + 1)$ 整除.

故 $1^k + 2^k + \cdots + n^k$ 能被 $1 + 2 + \cdots + n$ 整除.

## 3 征解题的结论的拓广

(1)仿第 2 节,由递推公式(4)容易证,当 $k$ 为正整数时,征解题的结论仍成立,即有:

**拓广 1** 设 $n \in \mathbf{N}, n \ge 1, k$ 为正整数,$S(k) = 1^k + 2^k + \cdots + n^k$,则 $S(k)$ 能被 $S(1)$ 整除.

(2)注意到

$$S(3) = \left[ \frac{n(n + 1)}{2} \right]^2$$

$$S(5) = \frac{1}{12} \left[ n(n + 1) \right]^2 (2n^2 + 2n - 1)$$

以及

$$S(2) = \frac{n(n+1)(2n+1)}{6}$$

$$S(4) = \frac{1}{30}\left[n(n+1)(2n+1)\right](3n^2 + 3n - 1)$$

可以猜测:1)当 $k$ 为奇数时且 $k \geq 3$,$S(k)$ 能被 $[S(1)]^2$ 整除;

2)当 $k$ 为正偶数时,$S(k)$ 能被 $S(2)$ 整除.

**证明** 1)$k$ 为奇数时且 $k \geq 3$,设 $k = 2l - 1,l \in \mathbf{N},l \geq 2$,只需证 $S(2j-1)$ $(j \geq 2)$ 能被 $n^2(n+1)^2$ 整除.

① 当 $j = 2$ 时,$S(3) = \left[\frac{n(n+1)}{2}\right]^2$ 显然能被 $n^2(n+1)^2$ 整除;

② 假设当 $2 \leq j \leq m - 1$ 时,$S(2j-1)$ 能被 $n^2(n+1)^2$ 整除,那么当 $j = m$ 时,由递推公式(6),有

$$4mS(2m-1) = \left[(n+1)^{2m} + n^{2m} - 1\right] - 2\sum_{j=1}^{m-1}\left[C_{2m}^{2j-1}S(2j-1)\right] =$$

$$\left[(n+1)^{2m} + n^{2m} - 1\right] - 2\sum_{j=2}^{m-1}\left[C_{2m}^{2j-1}S(2j-1)\right] - 2C_{2m}^1 S(1) =$$

$$\left[(n+1)^{2m} + n^{2m} - 2mn(n+1) - 1\right] - 2\sum_{j=2}^{m-1}\left[C_{2m}^{2j-1}S(2j-1)\right]$$

$$(11)$$

设 $f(n) = (n+1)^{2m} + n^{2m} - 2mn(n+1) - 1$,可以证明 $f(n)$ 能被 $n^2(n+1)^2$ 整除(为阅读方便,把其证明放在文后,见注记).

又由归纳假设有 $S(3),S(5),\cdots,S(2(m-1)-1)$ 能被 $n^2(n+1)^2$ 整除,所以 $2\sum_{j=2}^{m-1}\left[C_{2m}^{2j-1}S(2j-1)\right]$ 能被 $n^2(n+1)^2$ 整除,所以

$$\left[(n+1)^{2m} + n^{2m} - 2mn(n+1) - 1\right] - 2\sum_{j=2}^{m-1}\left[C_{2m}^{2j-1}S(2j-1)\right]$$

能被 $n^2(n+1)^2$ 整除.

由式(11)知 $S(2m-1)$ 能被 $n^2(n+1)^2$ 整除,即当 $j = m$ 时,$S(2j-1)$ 能被 $n^2(n+1)^2$ 整除.

综合①,②知 $S(2j-1)(j \geq 2)$ 能被 $n^2(n+1)^2$ 整除,故当 $k$ 为奇数时且 $k \geq 3$,$S(k)$ 能被 $[S(1)]^2$ 整除.

**注记** $f(n) = (n+1)^{2m} + n^{2m} - 2mn(n+1) - 1$ 能被 $n^2(n+1)^2$ 整除的证明,这里将证明更广泛的结论:$f(x) = (x+1)^{2m} + x^{2m} - 2mx(x+1) - 1$ 能被 $x^2(x+1)^2$ 整除.

**证明1** (数学归纳法)当 $m = 1$ 时,$(x+1)^2 + x^2 - 2x(x+1) - 1 = 0$ 能

被 $x^2(x+1)^2$ 整除，假设 $m=k$ 时，$(x+1)^{2k}+x^{2k}-2kx(x+1)-1$ 能被 $x^2(x+1)^2$ 整除，那么当 $m=k+1$ 时

$$(x+1)^{2(k+1)}+x^{2(k+1)}-2(k+1)x(x+1)-1=$$
$$(x+1)^2[(x+1)^{2k}+x^{2k}-2kx(x+1)-1]-(x+1)^2x^{2k}+$$
$$(x+1)^2 2kx(x+1)+(x+1)^2+$$
$$x^2x^{2k}-2kx(x+1)-2x(x+1)-1=$$
$$(x+1)^2[(x+1)^{2k}+x^{2k}-2kx(x+1)-1]-$$
$$(2x+1)x^{2k}+2kx^2(x+1)(x+2)-x^2=$$
$$(x+1)^2[(x+1)^{2k}+x^{2k}-2kx(x+1)-1]-$$
$$x^2[(2x+1)x^{2k-2}-2k(x+1)(x+2)+1]$$

由归纳假设知 $(x+1)^2[(x+1)^{2k}+x^{2k}-2kx(x+1)-1]$ 能被 $x^2(x+1)^2$ 整除，只需证

$$-x^2[(2x+1)x^{2k-2}-2k(x+1)(x+2)+1] 能被 x^2(x+1)^2 整除$$

即需证

$$(2x+1)x^{2k-2}-2k(x+1)(x+2)+1(k\in\mathbf{N},k\geqslant 1) 能被 (x+1)^2 整除$$

设 $A_k=(2x+1)x^{2k-2}-2k(x+1)(x+2)+1(k\in\mathbf{N},k\geqslant 1)$，则

$$A_{k+1}-A_k=[(2x+1)x^2-1]x^{2k-2}-2(x+1)(x+2)=$$
$$x^{-2}[(2x+1)x^2-1](x^2)^k-2(x+1)(x+2)\cdot 1^k$$

记 $B_k=A_{k+1}-A_k$，则

$$B_k=s(x^2)^k-t\cdot 1^k，其中 s=x^{-2}[(2x+1)x^2-1]，t=-2(x+1)(x+2)$$

注意到，$x^2,1$ 是方程 $t^2-(x^2+1)t+x^2=0$ 的两根，则

$$(x^2)^2=(x^2+1)x^2-x^2\Rightarrow s(x^2)^{k+2}=s(x^2+1)(x^2)^{k+1}-sx^2(x^2)^k$$
$$1^2=(x^2+1)1^2-x^2\Rightarrow t\cdot 1^{k+2}=t(x^2+1)\cdot 1^{n+1}-tx^2\cdot 1^k$$

相加即得

$$B_{k+2}=(x^2+1)B_{k+1}-x^2B_k$$

所以

$$A_{k+3}-A_{k+2}=(x^2+1)(A_{k+2}-A_{k+1})-x^2(A_{k+1}-A_k)$$

即

$$A_{k+3}=(x^2+2)A_{k+2}+(-2x^2+1)A_{k+1}+x^2A_k \qquad (*)$$

而

$$A_1=(2x+1)-2(x+1)(x+2)+1=-2(x+1)^2$$
$$A_2=(2x+1)x^2-4(x+1)(x+2)+1=(x+1)^2(2x-7)$$
$$A_3=(2x+1)x^4-6(x+1)(x+2)+1=(x+1)^2(2x^3-3x^2+4x-11)$$

均能被 $(x+1)^2$ 整除，由此及递推公式知，$A_k$ 能被 $(x+1)^2$ 整除，即

$$(2x+1)x^{2k-2}-2k(x+1)(x+2)+1(k\in\mathbf{N},k\geqslant 1) 能被 (x+1)^2 整除$$

因而,当 $m = k + 1$ 时

$(x + 1)^{2(k+1)} + x^{2(k+1)} - 2(k + 1)x(x + 1) - 1$ 能被 $x^2(x + 1)^2$ 整除

故对一切 $m \geq 1 (m \in \mathbf{N})$, $f(x) = (x + 1)^{2m} + x^{2m} - 2mx(x + 1) - 1$ 能被 $x^2(x + 1)^2$ 整除.

**证明 2** 设 $f(x) = (x + 1)^{2m} + x^{2m} - 2mx(x + 1) - 1$, 则

$$f'(x) = 2m(x + 1)^{2m-1} + 2mx^{2m-1} - 2m(2x + 1)$$

由 $f(0) = f(-1) = f'(0) = f'(-1) = 0$ 知

$$f(x) = (x + 1)^{2m} + x^{2m} - 2mx(x + 1) - 1$$

有因式 $x^2(x + 1)^2$, 所以, 对 $m \geq 1 (m \in \mathbf{N})$, $f(x) = (x + 1)^{2m} + x^{2m} - 2mx(x + 1) - 1$ 能被 $x^2(x + 1)^2$ 整除.

2) 当 $k$ 为正偶数时, 设 $k = 2l (l \in \mathbf{N}, l \geq 1)$, 只需证 $S(2l) (l \in \mathbf{N}, l \geq 1)$ 能被 $n(n + 1)(2n + 1)$ 整除.

① 当 $j = 1$ 时, $S(2) = \dfrac{n(n + 1)(2n + 1)}{6}$, 显然能被 $n(n + 1)(2n + 1)$ 整除;

② 假设当 $1 \leq j \leq m - 1$ 时, $S(2j - 1)$ 能被 $n(n + 1)(2n + 1)$ 整除.

那么当 $j = m$ 时, 由递推公式(9), 有

$$
\begin{aligned}
2(2m + 1) \cdot S(2m) &= [(n + 1)^{2m+1} + n^{2m+1} - 1] - 2\sum_{j=0}^{m-1}[C_{2m+1}^{2j}S(2j)] = \\
&\quad [(n + 1)^{2m+1} + n^{2m+1} - 1] - 2\sum_{j=1}^{m-1}[C_{2m+1}^{2j}S(2j)] - 2n = \\
&\quad [(n + 1)^{2m+1} + n^{2m+1} - 2n - 1] - 2\sum_{j=1}^{m-1}[C_{2m+1}^{2j}S(2j)]
\end{aligned}
$$

$$(12)$$

设 $g(x) = (x + 1)^{2m+1} + x^{2m+1} - 2x - 1$, 由 $g(0) = g(-1) = g\left(-\dfrac{1}{2}\right)$, 知 $g(x)$ 有因式 $x(x + 1)(2x + 1)$, 即 $g(x)$ 能被 $x(x + 1)(2x + 1)$ 整除, 所以 $(n + 1)^{2m+1} + n^{2m+1} - 2n - 1$ 能被 $n(n + 1)(2n + 1)$ 整除.

又由归纳假设有 $S(2), S(4), \cdots, S(2(m - 1))$ 能被 $n(n + 1)(2n + 1)$ 整除, 所以 $2\sum_{j=1}^{m-1}[C_{2m+1}^{2j}S(2j)]$ 能被 $n(n + 1)(2n + 1)$ 整除, 所以

$$[(n + 1)^{2m+1} + n^{2m+1} - 2n - 1] - 2\sum_{j=1}^{m-1}[C_{2m+1}^{2j}S(2j)]$$

能被 $n(n + 1)(2n + 1)$ 整除.

由式(12)知 $S(2m)$ 能被 $n(n + 1)(2n + 1)$ 整除, 即当 $j = m$ 时 $S(2j)$ 能被 $n(n + 1)(2n + 1)$ 整除.

综合①,②知 $S(2j) (j \geq 1)$ 能被 $n(n + 1)(2n + 1)$ 整除, 故当 $k$ 为正偶数

时，$S(k)$ 能被 $S(2)$ 整除.

这样，我们证明了猜测成立，即有：

**拓广 2**  设 $n \in \mathbf{N}, n \geqslant 1, k$ 为正整数，$S(k) = 1^k + 2^k + \cdots + n^k$，则：

(1) 当 $k$ 为奇数时且 $k \geqslant 3$，$S(k)$ 能被 $[S(1)]^2$ 整除；

(2) 当 $k$ 为正偶数时，$S(k)$ 能被 $S(2)$ 整除.

# 几个三角形不等式的推广

在 $\triangle ABC$ 中,有如下不等式[1,2]

$$\frac{\sqrt{3}}{R} \leqslant \frac{1}{a} + \frac{1}{b} + \frac{1}{c} \leqslant \frac{\sqrt{3}}{2r} \tag{1}$$

$$\frac{1}{R^2} \leqslant \frac{1}{a^2} + \frac{1}{b^2} + \frac{1}{c^2} \leqslant \frac{1}{4r^2} \tag{2}$$

其中 $a,b,c$ 为 $\triangle ABC$ 的三边长,$R,r$ 分别为 $\triangle ABC$ 的外接圆和内切圆半径,等号成立当且仅当 $a = b = c$.

文[2] 将式(1),(2) 左边不等式推广为

$$\frac{1}{aa'} + \frac{1}{bb'} + \frac{1}{cc'} \geqslant \frac{1}{RR'} \tag{3}$$

其中 $a',b',c',R'$ 分别为 $\triangle A'B'C'$ 的三边长及外接圆半径,等号成立当且仅当 $\triangle ABC,\triangle A'B'C'$ 均为正三角形.

文[3],[4] 分别将式(1),(2) 的左边不等式推广为:设 $D$ 为 $\triangle ABC$ 所在平面上的一点,则

$$\frac{DA}{a} + \frac{DB}{b} + \frac{DC}{c} \geqslant \sqrt{3} \tag{4}$$

$$\frac{DA}{a^2} + \frac{DB}{b^2} + \frac{DC}{c^2} \geqslant \frac{1}{R} \tag{5}$$

等号成立当且仅当 $\triangle ABC$ 为正三角形且 $D$ 为其中心.

最近,文[5] 将式(2) 的右边不等式推广为:设 $\triangle ABC$ 内一点 $P$ 到 $BC,CA,AB$ 的距离分别为 $d_1,d_2,d_3$,$BC = a,CA = b,AB = c$,则

$$\frac{d_2 d_3}{a^2} + \frac{d_3 d_1}{b^2} + \frac{d_1 d_2}{c^2} \leqslant \frac{1}{4} \tag{6}$$

等号成立的条件与式(5) 相同.

本文中,我们将上述几个不等式推广到涉及两个三角形及一点,并将式(1),(2) 右边的不等式及式(6) 的推广再推广到四面体,主要结果有:

**定理 1**　设 $Q$ 为空间任意一点,$a,b,c$ 和 $a',b',c'$ 分别为 $\triangle ABC,\triangle A'B'C'$ 的三边长,$R'$ 为 $\triangle A'B'C'$ 的外接圆半径,则

$$\frac{QA}{aa'} + \frac{QB}{bb'} + \frac{QC}{cc'} \geqslant \frac{1}{R'} \tag{7}$$

等号成立当且仅当 $\triangle ABC$ 与 $\triangle A'B'C'$ 为相似的锐角三角形且 $Q$ 为 $\triangle ABC$ 的垂

心.

**定理2** 设 $\triangle ABC$ 内一点 $P$ 到 $BC,CA,AB$ 的距离分别为 $d_1,d_2,d_3$ , $BC=a$ , $CA=b,AB=c,a',b',c'$ 为 $\triangle A'B'C'$ 的三边长, $\Delta,R,\Delta',R'$ 分别为 $\triangle ABC$ , $\triangle A'B'C'$ 的面积和对应外接圆半径,则

$$\frac{d_2d_3}{aa'}+\frac{d_3d_1}{bb'}+\frac{d_1d_2}{cc'}\leqslant\frac{1}{4}\frac{R'\Delta}{R\Delta'}\qquad(8)$$

等号成立当且仅当 $\triangle ABC,\triangle A'B'C'$ 均为正三角形且 $P$ 为 $\triangle ABC$ 的中心.

**定理3** 设 $d_1,d_2,d_3,d_4$ 为四面体 $A_1A_2A_3A_4$ 内一点 $P$ 到面 $S_1,S_2,S_3,S_4$ (面 $S_i$ 的面积仍用 $S_i$ 表示 $(i=1,2,3,4)$ )的距离, $V,V'$ 分别为四面体 $A_1A_2A_3A_4$ 与四面体 $A'_1A'_2A'_3A'_4$ 的体积, $S'_i$ 为后一四面体的面积 $(i=1,2,3,4)$ ,则

$$\frac{d_2d_3d_4}{S'_2S'_3S'_4}+\frac{d_3d_4d_1}{S'_3S'_4S'_1}+\frac{d_4d_1d_2}{S'_4S'_1S'_2}+\frac{d_1d_2d_3}{S'_1S'_2S'_3}\leqslant\frac{4V}{81V'^2}\qquad(9)$$

$$\frac{d_2d_3d_4}{S_1S'_3S'_4}+\frac{d_3d_4d_1}{S_2S'_4S'_1}+\frac{d_4d_1d_2}{S_3S'_1S'_2}+\frac{d_1d_2d_3}{S_4S'_2S'_3}\leqslant\frac{4}{81V}\frac{S'_1S'_2S'_3S'_4V'^3}{S_1S_2S_3S_4V^3}\qquad(10)$$

等号成立当且仅当四面体 $A_1A_2A_3A_4,A'_1A'_2A'_3A'_4$ 均为正四面体且 $P$ 为四面体 $A_1A_2A_3A_4$ 的内心.

为了证明定理,我们引入几个引理:

**引理1**[6] 设 $x,y,z$ 为任意实数, $a_i,b_i,c_i,\Delta_i$ 分别为 $\triangle A_iB_iC_i(i=1,2)$ 的三边与面积,则

$$(xa_1a_2+yb_1b_2+zc_1c_2)^2\geqslant16(yz+zx+xy)\Delta_1\Delta_2\qquad(11)$$

**引理2**[7] 对 $\triangle ABC$ 所在平面上的任意一点 $P$ ,有

$$\frac{PA\cdot PB}{ab}+\frac{PB\cdot PC}{bc}+\frac{PC\cdot PA}{ca}\geqslant1\qquad(12)$$

**引理3**[8] $S'_i,V',S''_i,V''(i=1,2,3,4)$ 分别为四面体 $A'_1A'_2A'_3A'_4$ , $A''_1A''_2A''_3A''_4$ 的面积与体积, $\lambda_1,\lambda_2,\lambda_3,\lambda_4$ 为任意正实数,则

$$\lambda_2\lambda_3\lambda_4S'_1S''_1+\lambda_3\lambda_4\lambda_1S'_2S''_2+\lambda_4\lambda_1\lambda_2S'_3S''_3+\lambda_1\lambda_2\lambda_3S'_4S''_4\leqslant$$
$$\frac{4}{3^7}(\lambda_1+\lambda_2+\lambda_3+\lambda_4)^3\frac{S'_1S'_2S'_3S'_4S''_1S''_2S''_3S''_4}{V'^2V''^2}\qquad(13)$$

等号成立当且仅当四面体 $A'_1A'_2A'_3A'_4,A''_1A''_2A''_3A''_4$ 均为正四面体且 $\lambda_1=\lambda_2=\lambda_3=\lambda_4$ .

现在回到定理的证明:

**定理1的证明** 设 $Q$ 在 $\triangle ABC$ 所在平面的射影为 $P$ ,只需证

$$\frac{PA}{aa'}+\frac{PB}{bb'}+\frac{PC}{cc'}\geqslant\frac{1}{R'}\qquad(14)$$

在引理1中取 $a_1=a',b_1=b',c_1=c',a_2=b',b_2=c',c_2=a',x=\frac{PC}{c},y=\frac{PA}{a}$ ,

49

$z = \dfrac{PB}{b}$，由应用引理 2 有

$$\frac{PC}{c}a'b' + \frac{PA}{a}b'c' + \frac{PB}{b}c'a' \geqslant$$

$$4\sqrt{\frac{PC \cdot PA}{ca} + \frac{PA \cdot PB}{ab} + \frac{PC \cdot PB}{bc}} \cdot \Delta' \geqslant 4\Delta'$$

即

$$\frac{PA}{aa'} + \frac{PB}{bb'} + \frac{PC}{cc'} \geqslant \frac{4\Delta'}{a'b'c'} = \frac{1}{R'}$$

**定理 2 的证明**　在引理 1 中取 $a_1 = a', b_1 = b', c_1 = c', a_2 = b', b_2 = c', c_2 = a', x = cc'd_3, y = aa'd_1, z = bb'd_2$，注意到 $\Delta_1 = \Delta_2 = \Delta'$，$ad_1 + bd_2 + cd_3 = 2\Delta$，有

$$[a'b'c'(ad_1 + bd_2 + cd_3)]^2 \geqslant 16a'b'c'abc\left(\frac{d_2d_3}{aa'} + \frac{d_3d_1}{bb'} + \frac{d_1d_2}{cc'}\right)\Delta'^2$$

即

$$\frac{d_2d_3}{aa'} + \frac{d_3d_1}{bb'} + \frac{d_1d_2}{cc'} \leqslant \frac{1}{16}\frac{a'b'c'}{abc} \cdot \frac{4\Delta^2}{\Delta'^2} = \frac{1}{4}\frac{R'\Delta}{R\Delta'}$$

**定理 3 的证明**　（1）在引理 1 中取四面体 $A'_1A'_2A'_3A'_4$ 为四面体 $A_1A_2A_3A_4$，$\lambda_i = S_id_i(i = 1,2,3,4)$，注意到 $S_1d_1 + S_2d_2 + S_3d_3 + S_4d_4 = 3V$，有

$$(S_1S_2S_3S_4)(S'_1S'_2S'_3S'_4)\left(\frac{d_2d_3d_4}{S'_2S'_3S'_4} + \frac{d_3d_4d_1}{S'_3S'_4S'_1} + \frac{d_4d_1d_2}{S'_4S'_1S'_2} + \frac{d_1d_2d_3}{S'_1S'_2S'_3}\right) \leqslant$$

$$\frac{4}{3^7}(S_1d_1 + S_2d_2 + S_3d_3 + S_4d_4)^3 \frac{S_1S_2S_3S_4S'_1S'_2S'_3S'_4}{V^2V'^2}$$

即

$$\frac{d_2d_3d_4}{S'_2S'_3S'_4} + \frac{d_3d_4d_1}{S'_3S'_4S'_1} + \frac{d_4d_1d_2}{S'_4S'_1S'_2} + \frac{d_1d_2d_3}{S'_1S'_2S'_3} \leqslant \frac{4}{3^7}(3V)^3\frac{1}{V^2V'^2} = \frac{4V}{81V'^2}$$

（2）在引理 1 中取四面体 $A''_1A''_2A''_3A''_4$ 全等于四面体 $A'_1A'_2A'_3A'_4$，$S''_1 = S'_2, S''_2 = S'_3, S''_3 = S'_4, S''_4 = S'_1, V'' = V'$，取 $\lambda_i = S_id_i(i = 1,2,3,4)$，那么

$$S_2S_3S_4S'_1S'_2d_2d_3d_4 + S_3S_4S_1S'_2S'_3d_3d_4d_1 +$$

$$S_4S_2S_2S'_3S'_4d_4d_2d_2 + S_1S_2S_3S'_4S'_1d_1d_2d_3 \leqslant$$

$$\frac{4}{3^7}(3V)^3\frac{(S'_1S'_2S'_3S'_4)^2}{V'^4}$$

即

$$\frac{d_2d_3d_4}{S_1S'_3S'_4} + \frac{d_3d_4d_1}{S_2S'_4S'_1} + \frac{d_4d_1d_2}{S_3S'_1S'_2} + \frac{d_1d_2d_3}{S_4S'_2S'_3} \leqslant \frac{4}{81V}\frac{S'_1S'_2S'_3S'_4V'^3}{S_1S_2S_3S_4V^3}$$

几点注记：

①容易知道定理 1 是式（1），（2）右边不等式及式（3），（4），（5）的推广；定理 2 是式（2）右边不等式及式（6）的推广.

②取 $a' = b' = c' = 1$，则 $R' = \dfrac{\sqrt{3}}{3}$，$\Delta' = \dfrac{\sqrt{3}}{4}$，由式（8）有

$$\frac{d_2d_3}{a} + \frac{d_3d_1}{b} + \frac{d_1d_2}{c} \leqslant \frac{1}{3}\frac{\Delta}{R} \tag{15}$$

等号成立当且仅当 $\triangle ABC$ 为正三角形且 $P$ 为其中心.

特别地,取 $P$ 为 $\triangle ABC$ 的内心,由式(15)有

$$\frac{1}{a} + \frac{1}{b} + \frac{1}{c} \leqslant \frac{1}{3}\frac{\Delta}{Rr^2} \tag{16}$$

由 $\frac{1}{3}\frac{\Delta}{Rr^2} = \frac{1}{3}\frac{pr}{Rr^2} = \frac{1}{3}\frac{p}{Rr}$ 及 $p \leqslant \frac{3\sqrt{3}}{2}P\left(p = \frac{a+b+c}{2}\right)$,有 $\frac{1}{3}\frac{\Delta}{Rr^2} \leqslant \frac{\sqrt{3}}{2r}$,因此,

式(16)强于式(1)右边的不等式.

③ 取 $P$ 为 $\triangle ABC$ 的内心,由式(8)有

$$\frac{1}{aa'} + \frac{1}{bb'} + \frac{1}{cc'} \leqslant \frac{1}{4rr'}\frac{R'p}{Rp'} \tag{17}$$

等号成立当且仅当 $\triangle ABC$,$\triangle A'B'C'$ 均为正三角形.

综合式(3)及式(17)有

$$\frac{1}{RR'} \leqslant \frac{1}{aa'} + \frac{1}{bb'} + \frac{1}{cc'} \leqslant \frac{1}{4rr'}\frac{R'p}{Rp'} \tag{18}$$

## 参考文献

[1] 匡继昌. 常用不等式[M]. 长沙:湖南教育出版社,1989.

[2] 杨世明. 三角形趣谈[M]. 上海:上海教育出版社,1989.

[3] 苏化明. 问题49[J]. 数学教学,1984(4).

[4] 蒋明斌. 数学奥林匹克问题(高3)[J]. 长沙:中等数学,1993(2).

[5] 刘健. 一个几何不等式的简证,加强及其他[J]. 中学教研,1993(11).

[6] 安振平. 关于一个三角不等式的再讨论[J]. 咸阳师专学报(自科版),1989(2).

[7] 苏化明. 两个恒等式及其应用[J]. 中学数学杂志,1986(2).

[8] 唐立华,等. 关于三角形的一个猜想[J]. 数学竞赛,1993(17).

# 涉及两个双圆四边形的不等式

设 $\triangle ABC$ 和 $\triangle A'B'C'$ 的边和外接圆半径分别为 $a,b,c,R,a',b',c',R'$,则有如下熟知的不等式

$$\frac{1}{aa'} + \frac{1}{bb'} + \frac{1}{cc'} \geq \frac{1}{RR'} \tag{1}$$

等号成立当且仅当 $a = b = c$ 且 $a' = b' = c'$.

本文将其推广到双圆四边形(即既有外接圆又有内切圆的四边形),并给出几个猜想.

**定理** 设双圆四边形 $ABCD$ 和 $A'B'C'D'$ 的边和外接圆半径分别为 $a,b,c,d,R,a',b',c',d',R'$,则

$$\frac{1}{aa'} + \frac{1}{bb'} + \frac{1}{cc'} + \frac{1}{dd'} \geq \frac{2}{RR'} \tag{2}$$

等号成立当且仅当 $a = b = c = d$ 且 $a' = b' = c' = d'$.

**证明** 首先在双圆四边形 $ABCD$ 中,有

$$a^2 + b^2 + c^2 + d^2 \leq 8R^2 \tag{3}$$

等号成立当且仅当 $a = b$ 且 $c = d$,或 $b = c$ 且 $a = d$.

事实上,设四边形的四条边长 $DA = a, AB = b, BC = c, CD = d, s = \dfrac{a+b+c+d}{2}$,注意到四边形 $ABCD$ 是双圆四边形 $ABCD$,所以 $A + C = \pi$. 由余弦定理得

$$BD^2 = a^2 + b^2 - 2ab\cos A = c^2 + d^2 - 2cd\cos C = c^2 + d^2 + 2cd\cos A$$

解得

$$\cos A = \frac{a^2 + b^2 - c^2 - d^2}{2(ab + cd)}$$

则

$$BD^2 = a^2 + b^2 - 2ab \cdot \frac{a^2 + b^2 - c^2 - d^2}{2(ab + cd)} =$$

$$\frac{cd(a^2 + b^2) + ab(c^2 + d^2)}{ab + cd} = \frac{(ac + bd)(ad + bc)}{ab + cd}$$

$$\sin^2 A = 1 - \cos^2 A = 1 - \left[\frac{a^2 + b^2 - c^2 - d^2}{2(ab + cd)}\right]^2 =$$

$$\frac{(a + b + c - d)(a + b - c + d)(a - b + c + d)(b + c + d - a)}{4(ab + cd)^2} =$$

$$\frac{(2s-2d)(2s-2c)(2s-2b)(2s-2a)}{4(ab+cd)} =$$

$$\frac{4(s-d)(s-c)(s-b)(s-a)}{(ab+cd)}$$

由正弦定理,得$\dfrac{BD}{\sin A} = 2R$,则

$$R^2 = \frac{BD^2}{4\sin^2 A} = \frac{(ac+bd)(ad+bc)(ab+cd)}{16(s-d)(s-c)(s-b)(s-a)}$$

所以式(3)等价于

$$a^2 + b^2 + c^2 + d^2 \leqslant \frac{(ac+bd)(ad+bc)(ab+cd)}{2(s-d)(s-c)(s-b)(s-a)} \Leftrightarrow$$

$$(ab+cd)(ac+bd)(ad+bc) -$$
$$2(s-d)(s-c)(s-b)(s-a)(a^2+b^2+c^2+d^2) \geqslant 0 \qquad (4)$$

因为四边形 $ABCD$ 是圆外切四边形,由圆外切四边形的性质,可令

$$a = x_1 + x_2, b = x_2 + x_3, c = x_3 + x_4, d = x_4 + x_1$$

代入式(4)左边整理并变形,知式(4)等价于

$$(x_1 - x_3)^2(x_2 - x_4)^2(x_1 + x_2 + x_3 + x_4) \geqslant 0 \qquad (5)$$

式(5)显然成立,等号成立当且仅当 $x_1 = x_3$ 或 $x_2 = x_4$,因此式(3)成立. 由式(5)等号成立的条件,易知式(3)等号成立当且仅当 $a = b$ 且 $c = d$,或 $b = c$ 且 $a = d$.

由柯西不等式并对四边形 $ABCD$ 和 $A'B'C'D'$ 分别应用式(3)

$$aa' + bb' + cc' + dd' \leqslant \sqrt{(a^2+b^2+c^2+d^2)(a'^2+b'^2+c'^2+d'^2)} \leqslant 8RR'$$

所以

$$\frac{1}{aa'} + \frac{1}{bb'} + \frac{1}{cc'} + \frac{1}{dd'} \geqslant \frac{16}{aa'+bb'+cc'+dd'} \geqslant \frac{2}{RR'}$$

故式(2)成立. 容易推出式(2)等号成立当且仅当 $a = b = c = d$ 且 $a' = b' = c' = d'$.

几个猜想:

(1)考虑多边形的情形,我们有:

**猜想1** 设双圆 $n$ 边形 $A_1 A_2 \cdots A_n$,$A'_1 A'_2 \cdots A'_n$ 的边长分别为 $a_i, a'_i (i = 1, 2, \cdots, n)$,它们的外接圆半径分别为 $R, R'$,则

$$\sum_{i=1}^{n} \frac{1}{a_i a'_i} \geqslant \left(\frac{n}{4}\csc^2\frac{\pi}{n}\right)\frac{1}{RR'}$$

等号成立当且仅当 $a_1 = a_2 = \cdots = a_n$ 且 $a'_1 = a'_2 = \cdots = a'_n$.

(2) $\triangle ABC$ 和 $\triangle A'B'C'$ 中,有如下的不等式

$$\frac{1}{aa'} + \frac{1}{bb'} + \frac{1}{cc'} \leqslant \frac{1}{4rr'} \qquad (6)$$

其中 $a,b,c,r,a',b',c',r'$ 分别为 $\triangle ABC$ 和 $\triangle A'B'C'$ 的三边和内切圆半径.

推广到多边形,我们有:

**猜想 2**　设双圆 $n$ 边形 $A_1A_2\cdots A_n$,$A'_1A'_2\cdots A'_n$ 的边长分别为 $a_i,a'_i(i=1,2,\cdots,n)$,它们的内切圆半径分别为 $r,r'$,则

$$\sum_{i=1}^{n}\frac{1}{a_i a'_i}\leqslant\left(\frac{n}{4}\cot^2\frac{\pi}{n}\right)\frac{1}{rr'} \qquad (7)$$

要证明式(7)是比较困难的,先考虑式(7)对四边形的情形,即:

**猜想 3**　设双圆四边形 $ABCD$ 和 $A'B'C'D'$ 的边和内切圆半径分别为 $a,b,c,d,R,$,$a',b',c',d',R'$,则

$$\frac{1}{aa'}+\frac{1}{bb'}+\frac{1}{cc'}+\frac{1}{dd'}\leqslant\frac{2}{rr'} \qquad (8)$$

等号成立当且仅当 $a=b=c=d$ 且 $a'=b'=c'=d'$.

(3) 文[1]中,我们将式(1)推广为

$$\frac{PA}{aa'}+\frac{PB}{bb'}+\frac{PC}{cc'}\geqslant\frac{1}{R'} \qquad (9)$$

其中 $P$ 为空间任意一点,$a,b,c,a',b',c'$ 分别为 $\triangle ABC$ 和 $\triangle A'B'C'$ 的三边,$R'$ 为 $\triangle A'B'C'$ 外接圆的半径.

考虑四边形的情形,我们有:

**猜想 4**　设 $P$ 为空间任意一点,双圆四边形 $ABCD$ 和 $A'B'C'D'$ 的边分别为 $a,b,c,d,a',b',c',d'$,$A'B'C'D'$ 的外切圆半径为 $R'$

$$\frac{PA}{aa'}+\frac{PB}{bb'}+\frac{PC}{cc'}+\frac{PD}{dd'}\geqslant\frac{2}{R'} \qquad (10)$$

更一般地,我们有:

**猜想 5**　设 $P$ 为空间任意一点,其余字母的意义同猜想 1,则

$$\sum_{i=1}^{n}\frac{PA_i}{a_i a'_i}\geqslant\left(\frac{n}{4}\csc^2\frac{\pi}{n}\right)\frac{1}{R'} \qquad (11)$$

## 参考文献

[1] 蒋明斌. 几个三角形不等式的推广[J]. 湖南数学年刊,1995(4).

# 求一类矩形面积的最大值的初等方法

《美国数学月刊》2004 年第 1 月问题 11 507[1] 为：

设 $x,y,z$ 为正实数，矩形 $ABCD$ 内部有一点 $P$ 满足 $PA = x, PB = y, PC = z$，求矩形面积的最大值.

最近文[3] 指出文[2] 用柯西不等式给出的解法存在问题，并用微分法求得矩形面积的最大值为

$$xz + y\sqrt{x^2 + z^2 - y^2}$$

本文用柯西不等式给出此问题的一种简解.

过 $P$ 分别作直线 $AB, BC$ 的垂线，分别交 $AB, BC, CD, DA$ 于 $E, F, G, H$，记 $PE = s, PG = t, PF = u, PH = v, PD = w$，设矩形 $ABCD$ 的面积为 $S$，则 $S = (s + t)(u + v)$，且满足

$$\begin{cases} s^2 + v^2 = x^2 \\ s^2 + u^2 = y^2 \\ u^2 + t^2 = z^2 \\ v^2 + t^2 = w^2 \end{cases} \qquad (*)$$

应用柯西不等式，有

$$S = (s + t)(u + v) = (su + tv) + (sv + tu) \leqslant$$
$$\sqrt{(s^2 + v^2)(u^2 + t^2)} + \sqrt{(s^2 + u^2)(v^2 + t^2)} =$$
$$\sqrt{x^2 z^2} + \sqrt{y^2 w^2} = xz + yw$$

注意到 $w > 0$，由式 $(*)$ 可解得

$$w = \sqrt{x^2 + z^2 - y^2}$$

因此

$$S \leqslant xz + y\sqrt{x^2 + z^2 - y^2}$$

当且仅当 $\dfrac{s}{u} = \dfrac{v}{t}$ 且 $\dfrac{s}{v} = \dfrac{u}{t}$，即 $\dfrac{s}{u} = \dfrac{v}{t}$ 时取等号.

由 $\dfrac{s}{u} = \dfrac{v}{t}$ 及方程组 $(*)$ 可解得

$$s = \frac{xy}{\sqrt{x^2 + z^2}}, t = \frac{zw}{\sqrt{x^2 + z^2}}, u = \frac{yz}{\sqrt{x^2 + z^2}}, v = \frac{xw}{\sqrt{x^2 + z^2}}$$

故当矩形的边长分别为

$$\frac{xy + zw}{\sqrt{x^2 + z^2}}, \frac{yz + xw}{\sqrt{x^2 + z^2}} \left( w = \sqrt{x^2 + z^2 - y} \right)$$

时,面积取最大值

$$xz + yw = xz + y\sqrt{x^2 + z^2 - y^2}$$

## 参考文献

[1] Problem 11057[J]. Amer. Math. Monthly. 2004(111).

[2] 杨志明. 美国数学月刊问题征解 11057 的简解及类比[J]. 数学通讯, 2004(23):25.

[3] 郭要红,丁亚元,谢亚义. 一类矩形面积的最大值[J]. 中学数学教学, 2005(3):42.

# 关于几何不等式的几个猜想

**猜想 1** 设 $P, P'$ 为 $\triangle ABC$ 所在平面上任意两点，$BC = a, CA = b, AB = c$，$\lambda_1, \lambda_2, \lambda_3 \in \mathbf{R}^+$，则

$$(\lambda_1 + \lambda_2 + \lambda_3)(\lambda_1 PA \cdot P'A + \lambda_2 PB \cdot P'B + \lambda_3 PC \cdot P'C) \geqslant$$
$$\lambda_2 \lambda_3 a^2 + \lambda_3 \lambda_1 b^2 + \lambda_1 \lambda_2 c^2 \qquad (1)$$

这是类比于 1975 年 Klamkin 给出的不等式

$$(\lambda_1 + \lambda_2 + \lambda_3)(\lambda_1 PA^2 + \lambda_2 PB^2 + \lambda_3 PC^2) \geqslant \lambda_2 \lambda_3 a^2 + \lambda_3 \lambda_1 b^2 + \lambda_1 \lambda_2 c^2$$

而作出的. 推广到凸 $n$ 边形，可作出：

**猜想 2** 设 $\lambda_1, \lambda_2, \cdots, \lambda_n \in \mathbf{R}^+, P, P'$ 为凸 $n$ 边形 $A_1 A_2 \cdots A_n$ 所在平面上任意两点，则

$$\left(\sum_{i=1}^n \lambda_i\right)\left(\sum_{i=1}^n \lambda_i PA_i \cdot P'A_i\right) \geqslant \sum_{1 \leqslant i < j \leqslant n} \lambda_i \lambda_j (A_i A_j)^2 \qquad (2)$$

**猜想 3** 设 $\lambda_1, \lambda_2, \cdots, \lambda_n \in \mathbf{R}^+, P, P'$ 为凸 $n$ 边形 $A_1 A_2 \cdots A_n$ 所在平面上任意两点，$F$ 为其面积，则

$$\sum_{i=1}^n PA_i^2 \sin A_i \geqslant 2F \qquad (3)$$

$$\sum_{i=1}^n PA_i \cdot P'A_i \sin A_i \geqslant 2F \qquad (4)$$

**注** 不等式(2)的右边可能是 $\sum_{i=1}^n \lambda_i \lambda_{i+1} A_i A_{i+1} (\lambda_{n+1} = \lambda_1, A_{n+1} = A_1)$.

57

# Cordon 不等式的类比

本文约定:$a,b,c$ 为 $\triangle ABC$ 的三边长;$p$ 为半周长;$R$ 为外接圆半径;$r$ 为内切圆半径;$S$ 为面积;$h_a,h_b,h_c$ 为高;$t_a,t_b,t_c$ 为角平分线长;$r_a,r_b,r_c$ 为旁切圆半径;$m_a,m_b,m_c$ 为中线长.

1967 年,V. O. Cordon 曾建立涉及 $\triangle ABC$ 的高与边长之间的不等式([1])

$$\frac{a^2}{h_b^2 + h_c^2} + \frac{b^2}{h_c^2 + h_a^2} + \frac{c^2}{h_a^2 + h_b^2} \geq 2 \tag{1}$$

最近贵刊文[2] 给出了式(1) 的加强并给出了式(1) 左边的上界,得到如下不等式

$$\frac{9R^2}{4R^2 + 2r^2} \leq \frac{a^2}{h_b^2 + h_c^2} + \frac{b^2}{h_c^2 + h_a^2} + \frac{c^2}{h_a^2 + h_b^2} \leq \frac{R}{r} \tag{2}$$

笔者在阅读贵刊文[2],[3],[4] 的时候,很自然地想到:把式(1) 中的高分别换成角平分线长、旁切圆半径、中线长,式(1) 是否成立? 通过研究发现前两者成立,后一个反向成立,即有:

**定理**　在 $\triangle ABC$ 中,有

$$\frac{a^2}{t_b^2 + t_c^2} + \frac{b^2}{t_c^2 + t_a^2} + \frac{c^2}{t_a^2 + t_b^2} \geq 2 \tag{3}$$

$$\frac{a^2}{r_b^2 + r_c^2} + \frac{b^2}{r_c^2 + r_a^2} + \frac{c^2}{r_a^2 + r_b^2} \geq 2 \tag{4}$$

$$\frac{a^2}{m_b^2 + m_c^2} + \frac{b^2}{m_c^2 + m_a^2} + \frac{c^2}{m_a^2 + m_b^2} \leq 2 \tag{5}$$

**引理**　在 $\triangle ABC$ 中,有

$$t_a^2 = \frac{4bc}{(b + c)^2} p(p - a) \tag{6}$$

$$r_a = \frac{S}{p - a} \tag{7}$$

$$m_a^2 = \frac{1}{4}(2b^2 + 2c^2 - a^2) \tag{8}$$

**证明**　式(6),(7) 的证明分别见文[3],[4]. 现在来证明式(8) 在 $\triangle ABC$ 中,$AB = c, BC = a, CA = b$,设 $M$ 为 $BC$ 的中点,$\angle AMB = \alpha$,则 $BM = CM = \dfrac{a}{2}$,$\angle AMD = 180° - \alpha$,由余弦定理有

$$c^2 = AB^2 = BM^2 + AM^2 - 2BM \cdot AM\cos \alpha = \left(\frac{a}{2}\right)^2 + m_a^2 - am_a\cos \alpha$$

$$b^2 = AC^2 = CM^2 + AM^2 - 2CM \cdot AM\cos(180° - \alpha) =$$

$$\left(\frac{a}{2}\right)^2 + m_a^2 + a \cdot m_a\cos \alpha$$

两式相加,得

$$b^2 + c^2 = \frac{a^2}{2} + 2m_a^2 \Rightarrow m_a^2 = \frac{1}{4}(2b^2 + 2c^2 - a^2)$$

**定理的证明**　由引理中的式(6)及均值不等式有

$$t_a^2 = \frac{4bc}{(b+c)^2}p(p-a) \leqslant p(p-a)$$

同理有

$$t_b^2 \leqslant p(p-b), t_c^2 \leqslant p(p-c)$$

则

$$t_b^2 + t_c^2 \leqslant p(p-b) + p(p-c) = p(2p-b-c) = pa \Rightarrow$$

$$\frac{a^2}{t_b^2 + t_c^2} \geqslant \frac{a^2}{pa} = \frac{a}{p}$$

同理

$$\frac{b^2}{t_c^2 + t_a^2} \geqslant \frac{b}{p}, \frac{c^2}{t_a^2 + t_b^2} \geqslant \frac{c}{p}$$

三式相加得

$$\frac{a^2}{t_b^2 + t_c^2} + \frac{b^2}{t_c^2 + t_a^2} + \frac{c^2}{t_a^2 + t_b^2} \geqslant \frac{a+b+c}{p} = 2$$

即式(3)成立.

由引理中的式(7)及海伦公式 $S = \sqrt{p(p-a)(p-b)(p-c)}$ 有

$$r_a(r_b + r_c) = \frac{S}{p-a}\left(\frac{S}{p-b} + \frac{S}{p-c}\right) = \frac{S^2(2p-b-c)}{(p-a)(p-b)(p-c)} = ap$$

$$\Rightarrow a = \frac{r_a(r_b + r_c)}{p}$$

用 $\sum$ 表示对 $a,b,c$ 的循环和,则

$$\frac{a^2}{r_b^2 + r_c^2} + \frac{b^2}{r_c^2 + r_a^2} + \frac{c^2}{r_a^2 + r_b^2} = \frac{1}{p^2}\sum \frac{r_a^2(r_b + r_c)^2}{r_b^2 + r_c^2} =$$

$$\frac{1}{p^2}\sum \frac{[(r_a^2 + r_b^2 + r_c^2) - (r_b^2 + r_c^2)](r_b + r_c)^2}{r_b^2 + r_c^2} =$$

$$\frac{1}{p^2}\Big[\sum \frac{(r_a^2 + r_b^2 + r_c^2)(r_b + r_c)^2}{r_b^2 + r_c^2} - \sum (r_b + r_c)^2\Big] =$$

59

$$\frac{1}{p^2}\Big[\Big(\sum r_a^2\Big)\sum\frac{(r_b+r_c)^2}{r_b^2+r_c^2}-\sum(r_b+r_c)^2\Big]=$$

$$\frac{1}{p^2}\Big[\frac{1}{2}\sum(r_b^2+r_c^2)\sum\frac{(r_b+r_c)^2}{r_b^2+r_c^2}-\sum(r_b+r_c)^2\Big]$$

因为

$$\sum(r_b^2+r_c^2)\sum\frac{(r_b+r_c)^2}{r_b^2+r_c^2}=\sum\Big(\sqrt{r_b^2+r_c^2}\Big)^2\sum\Big(\frac{r_b+r_c}{\sqrt{r_b^2+r_c^2}}\Big)^2$$

应用柯西不等式,有

$$\sum(r_b^2+r_c^2)\sum\frac{(r_b+r_c)^2}{r_b^2+r_c^2}\geqslant\Big[\sum(r_b+r_c)\Big]^2=\Big(2\sum r_a\Big)^2=4\Big(\sum r_a\Big)^2$$

于是

$$\frac{a^2}{r_b^2+r_c^2}+\frac{b^2}{r_c^2+r_a^2}+\frac{c^2}{r_a^2+r_b^2}\geqslant\frac{1}{p^2}\Big[\frac{1}{2}\times4\Big(\sum r_a\Big)^2-\sum(r_b+r_c)^2\Big]=$$

$$\frac{1}{p^2}\Big[2\Big(\sum r_a^2+2\sum r_b r_c\Big)-$$

$$\Big(2\sum r_a^2+2\sum r_b r_c\Big)\Big]=\frac{2}{p^2}\sum r_b r_c$$

而由引理中的式(7)及海伦公式,有

$$\sum r_b r_c=\sum\frac{S^2}{(p-b)(p-c)}=$$

$$\frac{S^2}{(p-a)(p-b)(p-c)}\sum(p-a)=$$

$$p(3p-a-b-c)=p^2$$

所以

$$\frac{a^2}{r_b^2+r_c^2}+\frac{b^2}{r_c^2+r_a^2}+\frac{c^2}{r_a^2+r_b^2}\geqslant\frac{1}{p^2}\times2\sum r_b r_c=\frac{1}{p^2}\times2p^2=2$$

即式(4)成立.

由引理中的式(8)得到

$$\frac{a^2}{m_b^2+m_c^2}+\frac{b^2}{m_c^2+m_a^2}+\frac{c^2}{m_a^2+m_b^2}=$$

$$\frac{a^2}{a^2+\dfrac{b^2}{4}+\dfrac{c^2}{4}}+\frac{b^2}{b^2+\dfrac{c^2}{4}+\dfrac{a^2}{4}}+\frac{c^2}{c^2+\dfrac{a^2}{4}+\dfrac{b^2}{4}}=$$

$$4\Big(\frac{a^2}{4a^2+b^2+c^2}+\frac{b^2}{a^2+4b^2+c^2}+\frac{c^2}{a^2+b^2+4c^2}\Big)$$

令 $x=4a^2+b^2+c^2,y=a^2+4b^2+c^2,z=a^2+b^2+4c^2,x,y,z>0$,则

$$a^2 = \frac{1}{18}(5x - y - z), b^2 = \frac{1}{18}(-x + 5y - z), c^2 = \frac{1}{18}(-x - y + 5z)$$

于是

$$\frac{a^2}{m_b^2 + m_c^2} + \frac{b^2}{m_c^2 + m_a^2} + \frac{c^2}{m_a^2 + m_b^2} =$$

$$\frac{4}{18}\left(\frac{5x - y - z}{x} + \frac{-x + 5y - z}{y} + \frac{-x - y + 5z}{z}\right) =$$

$$\frac{2}{9}\left[15 - \left(\frac{y}{x} + \frac{x}{y} + \frac{z}{y} + \frac{y}{z} + \frac{x}{z} + \frac{z}{x}\right)\right] \leqslant$$

$$\frac{2}{9}\left(15 - 6\sqrt[6]{\frac{y}{x} \cdot \frac{x}{y} \cdot \frac{z}{y} \cdot \frac{y}{z} \cdot \frac{x}{z} \cdot \frac{z}{x}}\right) = 2$$

即式(5)成立.

**注**　由 $t_a \geqslant h_a, t_b \geqslant h_b, t_c \geqslant h_c$ 及式(1),(2),(3),(5)得

$$\frac{a^2}{m_b^2 + m_c^2} + \frac{b^2}{m_c^2 + m_a^2} + \frac{c^2}{m_a^2 + m_b^2} \leqslant 2 \leqslant$$

$$\frac{a^2}{t_b^2 + t_c^2} + \frac{b^2}{t_c^2 + t_a^2} + \frac{c^2}{t_a^2 + t_b^2} \leqslant$$

$$\frac{a^2}{h_b^2 + h_c^2} + \frac{b^2}{h_c^2 + h_a^2} + \frac{c^2}{h_a^2 + h_b^2} \leqslant \frac{R}{r}$$

### 参考文献

[1] BOTTEMA O. 几何不等式[M]. 单墫, 译. 北京: 北京大学出版社, 1991.

[2] 丁遵标. 与三角形高有关的几何性质[J]. 数学传播, 29(2).

[3] 丁遵标. 关于三角形内角平分线长的几何性质[J]. 数学传播, 29(2).

[4] 丁遵标. 与旁切圆半径有关的四个几何性质[J]. 数学传播, 29(4).

# Cordon 不等式另两个加强式及其他

本文约定：$\triangle ABC$ 的三边长、半周长、外接圆半径、内切圆半径、面积以及三边上的高、角平分线及旁切圆半径分别为 $a,b,c,s,R,r,\Delta,h_a,h_b,h_c,w_a,w_b,w_c,r_a,r_b,r_c$. $\sum$ 表示循环和.

1967 年, V. O. Cordon 曾建立涉及 $\triangle ABC$ 中的高与边长之间的不等式([1])

$$\sum \frac{a^2}{h_b^2 + h_c^2} \geqslant 2 \tag{1}$$

文[2] 给出了式(1) 的加强

$$\sum \frac{a^2}{w_b^2 + w_c^2} \geqslant 2 \tag{2}$$

文[3] 将式(2) 加强为

$$\sum \frac{a^2}{r_a(r_b + r_c)} \geqslant 2 \tag{3}$$

本文将给出式(1) 的另两个加强式,指出式(3) 的最佳形式并给出两个与式(1) 类似的一个不等式.

**命题** 1　有

$$18\left(\frac{r}{R}\right)^2 \leqslant \sum \frac{h_b^2 + h_c^2}{a^2} \leqslant \frac{9}{2} \tag{4}$$

**证明**　有

$$\sum \frac{h_b^2 + h_c^2}{a^2} = \sum \frac{1}{a^2}\left(\frac{4\Delta^2}{b^2} + \frac{4\Delta^2}{c^2}\right) =$$

$$\frac{4\Delta^2}{a^2 b^2 c^2} \sum (b^2 + c^2) = \frac{8\Delta^2}{a^2 b^2 c^2}(a^2 + b^2 + c^2) =$$

$$\frac{8\Delta^2}{(4\Delta R)^2}(a^2 + b^2 + c^2) = \frac{1}{2R^2}(a^2 + b^2 + c^2)$$

由　　　　$36r^2 \leqslant a^2 + b^2 + c^2 \leqslant 9R^2$(见[1]. 5. 13)

有　　　　$18\left(\dfrac{r}{R}\right)^2 \leqslant \dfrac{1}{2R^2}(a^2 + b^2 + c^2) \leqslant \dfrac{9}{2}$

故　　　　$18\left(\dfrac{r}{R}\right)^2 \leqslant \sum \dfrac{h_b^2 + h_c^2}{a^2} \leqslant \dfrac{9}{2}$

**注记** 1 由式(4) 右边的不等式 $\sum \dfrac{h_b^2 + h_c^2}{a^2} \leqslant \dfrac{9}{2}$ 及柯西不等式,有

$$\sum \frac{a^2}{h_b^2 + h_c^2} \geqslant \frac{9}{\sum \dfrac{h_b^2 + h_c^2}{a^2}} \geqslant \frac{9}{\dfrac{9}{2}} = 2$$

由此可知,式(4) 右边的不等式是式(1) 的加强.

**注记** 2 由式(4) 右边的不等式,还可得式(1) 的另一加强:

**命题** 2 有

$$\frac{a^2}{h_b^2 + h_c^2} \frac{b^2}{h_c^2 + h_a^2} \frac{c^2}{h_a^2 + h_b^2} \geqslant \frac{8}{27} \tag{5}$$

**证明** 由均值不等式及式(4) 右边的不等式,有

$$\frac{h_b^2 + h_c^2}{a^2} \frac{h_c^2 + h_a^2}{b^2} \frac{h_a^2 + h_b^2}{c^2} \leqslant \left(\frac{1}{3} \sum \frac{h_b^2 + h_c^2}{a^2}\right)^2 \leqslant \left(\frac{1}{3} \times \frac{9}{2}\right)^2 = \frac{27}{8}$$

所以

$$\frac{a^2}{h_b^2 + h_c^2} \frac{b^2}{h_c^2 + h_a^2} \frac{c^2}{h_a^2 + h_b^2} \geqslant \frac{8}{27}$$

由均值不等式及式(5),有

$$\sum \frac{a^2}{h_b^2 + h_c^2} \geqslant 3 \left(\frac{a^2}{h_b^2 + h_c^2} \frac{b^2}{h_c^2 + h_a^2} \frac{c^2}{h_a^2 + h_b^2}\right)^{\frac{1}{3}} \geqslant 3 \left(\frac{8}{27}\right)^{\frac{1}{3}} = 2$$

知式(5) 是式(1) 的另一加强.

**注记** 3 不等式(3) 的最佳形式是

$$\sum \frac{a^2}{r_a(r_b + r_c)} = 2 \tag{6}$$

**证明** 因为

$$r_a(r_b + r_c) = \frac{\Delta}{s - a}\left(\frac{\Delta}{s - b} + \frac{\Delta}{s - c}\right) =$$

$$\frac{\Delta^2(s - b + s - c)}{(s - a)(s - b)(s - c)} =$$

$$\frac{\Delta^2(s - b + s - c)}{(s - a)(s - b)(s - c)} =$$

$$\frac{\Delta^2 sa}{s(s - a)(s - b)(s - c)} = \frac{\Delta^2 sa}{\Delta^2} = sa$$

所以

$$\frac{a^2}{r_a(r_b + r_c)} = \frac{a}{s}$$

同理可得

$$\frac{b^2}{r_b(r_c + r_a)} = \frac{b}{s}, \frac{c^2}{r_c(r_a + r_b)} = \frac{b}{s}$$

于是

$$\sum \frac{a^2}{r_a(r_b + r_c)} = \sum \frac{a}{s} = 2$$

下面我们给出一个涉及旁切圆半径和边长且与式(1)类似的不等式

$$\sum \frac{a^2}{r_b^2 + r_c^2} \geqslant \sum \frac{a^2}{r_a(r_b + r_c)} = 2 \tag{7}$$

**证明**　由 $r_a(r_b + r_c) = sa$ 有 $a = \frac{1}{s} r_a(r_b + r_c)$，等等，知式(7)等价于

$$\frac{1}{s^2} \sum \frac{r_a^2(r_b + r_c)^2}{r_b^2 + r_c^2} \geqslant 2 \tag{$*$}$$

而

$$\sum \frac{r_a^2(r_b + r_c)^2}{r_b^2 + r_c^2} = \sum \frac{[(r_a^2 + r_b^2 + r_c^2) - (r_b^2 + r_c^2)](r_b + r_c)^2}{r_b^2 + r_c^2} =$$

$$\sum \frac{(r_a^2 + r_b^2 + r_c^2)(r_b + r_c)^2}{r_b^2 + r_c^2} - \sum (r_b + r_c)^2 =$$

$$\left(\sum r_a^2\right) \sum \frac{(r_b + r_c)^2}{r_b^2 + r_c^2} - \sum (r_b + r_c)^2 =$$

$$\left[\frac{1}{2} \sum (r_b^2 + r_c^2)\right] \sum \frac{(r_b + r_c)^2}{r_b^2 + r_c^2} - \sum (r_b + r_c)^2$$

由柯西不等式,有

$$\left[\sum (r_b^2 + r_c^2)\right] \sum \frac{(r_b + r_c)^2}{r_b^2 + r_c^2} \geqslant \left[\sum (r_b + r_c)\right]^2 = \left(2\sum r_a\right)^2 = 4\left(\sum r_a\right)^2$$

于是

$$\sum \frac{r_a^2(r_b + r_c)^2}{r_b^2 + r_c^2} \geqslant \frac{1}{2} \times 4\left(\sum r_a\right)^2 - \sum (r_b + r_c)^2 =$$

$$2\left(\sum r_a^2 + 2\sum r_b r_c\right) -$$

$$\left(2\sum r_a^2 + 2\sum r_b r_c\right) = 2\sum r_b r_c$$

而

$$\sum r_b r_c = \sum \frac{\Delta^2}{(s - b)(s - c)} = \sum s(s - a) = s\sum (s - a) = s\left(3s - \sum a\right) = s^2$$

所以

$$\frac{1}{s^2} \sum \frac{r_a^2(r_b + r_c)^2}{r_b^2 + r_c^2} \geqslant 2\frac{1}{s^2} \cdot s^2 = 2$$

即式($*$)成立,故式(7)成立.

## 参考文献

[1] BOTTEMA O,等. 几何不等式[M]. 单墫,译. 北京:北京大学出版社,1991.

[2] 杨晋. Cordon 不等式的加强[J]. 中等数学,1998(5).

[3] 周才凯. Cordon 不等式再加强[J]. 中等数学,1999(3).

[4] 安振平. 也谈 Cordon 不等式的加强[J]. 中等数学,2002(2).

# Janic 不等式的类似

本文约定:$\triangle ABC$ 的三边长、半周长、外接圆半径、内切圆半径、面积以及三边上的高、中线、角平分线及旁切圆半径分别为 $a,b,c,s,R,r,\Delta,h_a,h_b,h_c,m_a,m_b,m_c,w_a,w_b,w_c,r_a,r_b,r_c$. $\sum$ 表示循环和.

1967 年,R. R. Janic 曾建立如下的不等式(见文[1],5.30)

$$\frac{a^2}{r_b r_c} + \frac{b^2}{r_c r_a} + \frac{c^2}{r_a r_b} \geqslant 4 \tag{1}$$

最近,我们将式(1) 加强为[2]

$$\sum \frac{a^2}{r_b^2 + r_c^2} \geqslant 2 \tag{2}$$

经研究发现,将式(1)中旁切圆半径换成相应的高或相应的中线或相应的角平分线,结论仍然成立,即有:

**命题** 在 $\triangle ABC$ 中,有

$$\frac{a^2}{h_b h_c} + \frac{b^2}{h_c h_a} + \frac{c^2}{h_a h_b} \geqslant 4 \tag{3}$$

$$\frac{a^2}{w_b w_c} + \frac{b^2}{w_c w_a} + \frac{c^2}{w_a w_b} \geqslant 4 \tag{4}$$

$$\frac{a^2}{m_b m_c} + \frac{b^2}{m_c m_a} + \frac{c^2}{m_a m_b} \geqslant 4 \tag{5}$$

**证明** (1) 由 Cordon 不等式(见[1],6.7)

$$\sum \frac{a^2}{h_b^2 + h_c^2} \geqslant 2 \tag{6}$$

及 $h_b^2 + h_c^2 \geqslant 2h_b h_c$ 知

$$\frac{a^2}{h_b h_c} + \frac{b^2}{h_c h_a} + \frac{c^2}{h_a h_b} \geqslant \sum \frac{a^2}{\dfrac{h_b^2 + h_c^2}{2}} = 2\sum \frac{a^2}{h_b^2 + h_c^2} \geqslant 4$$

即式(3) 成立.

(2) 由 Cordon 不等式的加强[3]

$$\sum \frac{a^2}{w_b^2 + w_c^2} \geqslant 2 \tag{7}$$

及 $w_b^2 + w_c^2 \geqslant 2w_b w_c$ 知

$$\frac{a^2}{w_b w_c} + \frac{b^2}{w_c w_a} + \frac{c^2}{w_a w_b} \geqslant \sum \frac{a^2}{\dfrac{w_b^2 + w_c^2}{2}} = 2 \sum \frac{a^2}{w_b^2 + w_c^2} \geqslant 4$$

即式(4)成立.

(3)根据 Klamkin 中线对偶定理,要证式(5),只需证

$$\sum \frac{m_a^2}{bc} \geqslant \frac{9}{4} \Leftrightarrow \sum 4am_a^2 \geqslant 9abc \tag{8}$$

而由 $m_a^2 = \dfrac{b^2 + c^2}{2} - \dfrac{a^2}{4}$,等等,知式(8)等价于

$$\sum a(2b^2 + 2c^2 - a^2) \geqslant 9abc \tag{9}$$

令

$$x = \frac{1}{2}(b + c - a), y = \frac{1}{2}(c + a - b), z = \frac{1}{2}(c + a - b)$$

显然 $x, y, z > 0$,则

$$式(9) \Leftrightarrow \sum x^3 - \sum x^2(y + z) + 3xyz \geqslant 0 \Leftrightarrow$$
$$\sum [x^3 - x^2(y + z) + xyz] \geqslant 0 \Leftrightarrow$$
$$\sum x(x - y)(x - z) \geqslant 0 \tag{10}$$

由于 $\sum x(x - y)(x - z)$ 是关于 $x, y, z$ 的和式,不妨设 $x \geqslant y \geqslant z$,则

$$\sum x(x - y)(x - z) \geqslant x(x - y)(x - z) + y(y - x)(y - z) \geqslant$$
$$y(x - y)(x - z) + y(y - x)(y - z) =$$
$$y(x - y)(x - y) \geqslant 0$$

即式(10)成立,故式(5)成立.

**注记** 文[4]试图将不等式(5)加强为

$$\sum \frac{a^2}{m_b^2 + m_c^2} \geqslant 2 \tag{11}$$

$$\prod \frac{a^2}{m_b^2 + m_c^2} \geqslant \frac{8}{27} \tag{12}$$

经研究,我们发现式(11),式(12)均不成立,应当修正为

$$\sum \frac{a^2}{m_b^2 + m_c^2} \leqslant 2 \tag{13}$$

$$\prod \frac{a^2}{m_b^2 + m_c^2} \leqslant \frac{8}{27} \tag{14}$$

**证明** 由

$$m_a^2 = \frac{b^2 + c^2}{2} - \frac{a^2}{4}, m_b^2 = \frac{c^2 + a^2}{2} - \frac{b^2}{4}, m_c^2 = \frac{a^2 + b^2}{2} - \frac{c^2}{4}$$

67

有

$$\sum \frac{a^2}{m_b^2 + m_c^2} = \sum \frac{a^2}{a^2 + \frac{b^2}{4} + \frac{c^2}{4}} = 4 \sum \frac{a^2}{4a^2 + b^2 + c^2}$$

令 $x = 4a^2 + b^2 + c^2, y = a^2 + 4b^2 + c^2, z = a^2 + b^2 + 4c^2, x, y, z > 0$,则

$$a^2 = \frac{1}{18}(5x - y - z), b^2 = \frac{1}{18}(-x + 5y - z), c^2 = \frac{1}{18}(-x - y + 5z)$$

于是

$$\sum \frac{a^2}{m_b^2 + m_c^2} = 4 \cdot \frac{1}{18} \sum \frac{5x - y - z}{x} = \frac{2}{9} \sum \left(5 - \frac{y}{x} - \frac{z}{x}\right) =$$

$$\frac{2}{9} \left[15 - \sum \left(\frac{y}{x} + \frac{x}{y}\right)\right] \leqslant \frac{2}{9}\left[15 - \sum 2\right] = 2$$

故式(13)成立.

由式(13)及均值不等式,有

$$\prod \frac{a^2}{m_b^2 + m_c^2} \leqslant \left(\frac{1}{3} \sum \frac{a^2}{m_b^2 + m_c^2}\right)^3 \leqslant \left(\frac{2}{3}\right)^3 = \frac{8}{27}$$

即式(14)成立.

## 参考文献

[1] BOTTEMA O,等. 几何不等式[M]. 北京:北京大学出版社,1991.

[2] 蒋明斌. Cordon 不等式另两个加强式及其它[J]. 福建中学数学,2003(7).

[3] 杨晋. Cordon 不等式的加强[J]. 中等数学,1998(5).

[4] 贾功青. 两个猜想[J]. 中学数学教学参考,2002(7).

# Janic 不等式的推广及逆向不等式

本文约定:$\triangle ABC$ 三边长、外接圆半径、内切圆半径、面积以及三边对应的旁切圆半径分别为 $a,b,c,R,r,\Delta,r_a,r_b,r_c$,对 $\triangle A'B'C'$,$\triangle A_1B_1C_1$,$\triangle A_2B_2C_2$ 有类似表示.

1967 年,R. R. Janic 曾建立如下的不等式[1]:

在 $\triangle ABC$ 中,有

$$\frac{a^2}{r_b r_c} + \frac{b^2}{r_c r_a} + \frac{c^2}{r_a r_b} \geqslant 4 \tag{1}$$

G. A. Tsintsifas 将式(1) 推广到两个三角形[2]:

在 $\triangle ABC$ 及 $\triangle A'B'C'$ 中,有

$$\frac{a^2}{r'_b r'_c} + \frac{b^2}{r'_c r'_a} + \frac{c^2}{r'_a r'_b} \geqslant 4\frac{\Delta}{\Delta'} \tag{2}$$

下面将其推广到三个三角形并得出推广结果的逆向不等式.

**命题** 在 $\triangle A_1B_1C_1$,$\triangle A_2B_2C_2$ 及 $\triangle A'B'C'$ 中,有

$$\frac{4\sqrt{\Delta_1\Delta_2}}{\Delta'} \leqslant \frac{a_1 a_2}{r'_b r'_c} + \frac{b_1 b_2}{r'_c r'_a} + \frac{c_1 c_2}{r'_a r'_b} \leqslant \frac{R_1 R_2}{r'^2} \tag{3}$$

**引理**[3] 设 $x,y,z > 0$,在 $\triangle A_1B_1C_1$,$\triangle A_2B_2C_2$ 中,有

$$(xa_1a_2 + yb_1b_2 + zc_1c_2)^2 \geqslant 16(yz + zx + xy)\Delta_1\Delta_2 \tag{4}$$

**注记** 对式(4) 作变换 $xa_1a_2 \to x, yb_1b_2 \to y, zc_1c_2 \to z$,即得:

**推论** 设 $x,y,z > 0$,在 $\triangle A_1B_1C_1$,$\triangle A_2B_2C_2$ 中,有

$$yza_1a_2 + zxb_1b_2 + xyc_1c_2 \leqslant (x + y + z)^2 R_1 R_2 \tag{5}$$

**命题的证明** 在引理中取 $x = \frac{1}{r'_b r'_c}, y = \frac{1}{r'_c r'_a}, z = \frac{1}{r'_a r'_b}$,并注意到

$$r'_a r'_b r'_c = \frac{\Delta'^2}{r'}, \frac{1}{r'_a} + \frac{1}{r'_b} + \frac{1}{r'_c} = \frac{1}{r'}$$

由式(4) 有

$$\frac{a_1a_2}{r'_b r'_c} + \frac{b_1b_2}{r'_c r'_a} + \frac{c_1c_2}{r'_a r'_b} \geqslant 4\left[\left(\frac{1}{r'_b r'_c r'^2_a} + \frac{1}{r'_c r'_a r'^2_b} + \frac{1}{r'_a r'_b r'^2_c}\right)\Delta_1\Delta_2\right]^{\frac{1}{2}} =$$

$$4\left[\frac{1}{r'_a r'_b r'_c}\left(\frac{1}{r'_a} + \frac{1}{r'_b} + \frac{1}{r'_c}\right)\Delta_1\Delta_2\right]^{\frac{1}{2}} =$$

$$4\left[\frac{r'}{\Delta'^2}\frac{1}{r'}\Delta_1\Delta_2\right]^{\frac{1}{2}} = \frac{4\sqrt{\Delta_1\Delta_2}}{\Delta'}$$

69

即式(3)左边的不等式成立.

在推论中,取 $x = \dfrac{1}{r'_a}, y = \dfrac{1}{r'_b}, z = \dfrac{1}{r'_c}$,并注意到 $\dfrac{1}{r'_a} + \dfrac{1}{r'_b} + \dfrac{1}{r'_c} = \dfrac{1}{r'}$,则由式(5)有

$$\frac{a_1 a_2}{r'_b r'_c} + \frac{b_1 b_2}{r'_c r'_a} + \frac{c_1 c_2}{r'_a r'_b} \leqslant \left( \frac{1}{r'_a} + \frac{1}{r'_b} + \frac{1}{r'_c} \right)^2 R_1 R_2 = \frac{R_1 R_2}{r'^2}$$

即式(3)右边的不等式成立.

**注记** 取 $\triangle A_1 B_1 C_1 \cong \triangle A_2 B_2 C_2 \cong \triangle ABC$,由式(3)左边的不等式即得式(2),可见,式(3)左边的不等式为式(2)的推广;由式(3)右边的不等式可得式(2)的逆向不等式

$$\frac{a^2}{r'_b r'_c} + \frac{b^2}{r'_c r'_a} + \frac{c^2}{r'_a r'_b} \leqslant \left( \frac{R}{r'} \right)^2 \tag{6}$$

特别地,当 $\triangle A'B'C' \cong \triangle ABC$ 时,即得式(1)的逆向不等式

$$\frac{a^2}{r_b r_c} + \frac{b^2}{r_c r_a} + \frac{c^2}{r_a r_b} \leqslant \left( \frac{R}{r} \right)^2 \tag{7}$$

令 $a_1 = b, b_1 = c, c_1 = a, a_2 = c, b_2 = a, c_2 = b$,由式(3)在 $\triangle ABC$ 及 $\triangle A'B'C'$ 中,有

$$\frac{4\Delta}{\Delta'} \leqslant \frac{a^2}{r'_b r'_c} + \frac{b^2}{r'_c r'_a} + \frac{c^2}{r'_a r'_b} \leqslant \left( \frac{R}{r'} \right)^2 \tag{8}$$

## 参考文献

[1] BOTTEMA O,等. 几何不等式($P_{63}$,5.30)[M]. 北京:北京大学出版社,1991.

[2] MITRINOVIC D S,PECARIE J E,VOLENCE V. Recent Advances in Gemetric inequalities[M]. Dordrecht—Boston—London,1989.

[3] 安振平. 关于一个三角形不等式的再讨论[J]. 咸阳师专学报(自科版),1989(2).

# 一个几何不等式的最佳形式及其他

本文约定:△ABC 三边长、半周长、面积以及三边上的高、角平分线、旁切圆半径分别为 $a,b,c,s,\Delta,h_a,h_b,h_c,w_a,w_b,w_c,r_a,r_b,r_c$.

R. R. Janic 曾建立如下的不等式[1]:在 △ABC 中,有

$$\frac{r_a}{h_b+h_c}+\frac{r_b}{h_c+h_a}+\frac{r_c}{h_a+h_b}\geq\frac{3}{2} \tag{1}$$

文[2] 给出了式(1) 的两个加强,文[3] 给出了式(1) 的另一加强

$$\frac{r_a}{h_b+h_c}\frac{r_b}{h_c+h_a}\frac{r_c}{h_a+h_b}\geq\frac{1}{8} \tag{2}$$

实际上,式(2) 的最佳形式为

$$\frac{r_a}{h_b+h_c}\frac{r_b}{h_c+h_a}\frac{r_c}{h_a+h_b}=\frac{1}{8}\frac{w_aw_bw_c}{h_ah_bh_c} \tag{3}$$

**证明** 因为

$$w_a=\frac{2\sqrt{bc}}{b+c}\sqrt{s(s-a)},w_b=\frac{2\sqrt{ca}}{c+a}\sqrt{s(s-b)},w_c=\frac{2\sqrt{ab}}{a+b}\sqrt{s(s-c)}$$

$$h_a=\frac{2\Delta}{a},h_b=\frac{2\Delta}{b},h_c=\frac{2\Delta}{c}$$

则

$$w_aw_bw_c(h_a+h_b)(h_b+h_c)(h_c+h_a)=$$

$$\frac{8abc\Delta s}{(a+b)(b+c)(c+a)}\left(\frac{2\Delta}{a}+\frac{2\Delta}{b}\right)\left(\frac{2\Delta}{b}+\frac{2\Delta}{c}\right)\left(\frac{2\Delta}{c}+\frac{2\Delta}{a}\right)=$$

$$\frac{64abc\Delta^4 s}{(a+b)(b+c)(c+a)}\frac{(b+c)(c+a)(a+b)}{(abc)^2}=\frac{64\Delta^4 s}{abc}$$

而

$$r_ar_br_ch_ah_bh_c=\frac{\Delta}{s-a}\frac{\Delta}{s-b}\frac{\Delta}{s-c}\frac{2\Delta}{a}\frac{2\Delta}{b}\frac{2\Delta}{c}=\frac{8\Delta^6 s}{abc\Delta^2}=\frac{64\Delta^4 s}{abc}$$

所以

$$8r_ar_br_ch_ah_bh_c=w_aw_bw_c(h_a+h_b)(h_b+h_c)(h_c+h_a)$$

故

$$\frac{r_a}{h_b+h_c}\frac{r_b}{h_c+h_a}\frac{r_c}{h_a+h_b}=\frac{1}{8}\frac{w_aw_bw_c}{h_ah_bh_c}$$

**注记** 因 $w_a\geq h_a,w_b\geq h_b,w_c\geq h_c$,由式(3) 易知式(2) 成立.

71

文[4] 给出了式(1),式(2) 的两个类似不等式

$$\frac{h_a}{r_b + r_c} + \frac{h_b}{r_c + r_a} + \frac{h_c}{r_a + r_b} \leqslant \frac{3}{2} \tag{4}$$

$$\frac{h_a}{r_b + r_c} \frac{h_b}{r_c + r_a} \frac{h_c}{r_a + r_b} \leqslant \frac{1}{8} \tag{5}$$

下面将式(4),式(5) 加强为

$$\frac{h_a}{\sqrt{r_b r_c}} + \frac{h_b}{\sqrt{r_c r_a}} + \frac{h_c}{\sqrt{r_a r_b}} \leqslant 3 \tag{6}$$

$$\frac{h_a}{\sqrt{r_b r_c}} \frac{h_b}{\sqrt{r_c r_a}} \frac{h_c}{\sqrt{r_a r_b}} \leqslant 1 \tag{7}$$

**证明** 由 $h_a = \dfrac{2\Delta}{a}, h_b = \dfrac{2\Delta}{b}, h_c = \dfrac{2\Delta}{c}; r_a = \dfrac{\Delta}{s-a}, r_b = \dfrac{\Delta}{s-b}, r_c = \dfrac{\Delta}{s-c}$,有

$$\frac{h_a}{\sqrt{r_b r_c}} = \frac{\dfrac{2\Delta}{a}}{\sqrt{\dfrac{\Delta}{s-b} \cdot \dfrac{\Delta}{s-c}}} = \frac{2}{a}\sqrt{s-b}\sqrt{s-c} \leqslant \frac{2}{a} \frac{(s-b+s-c)}{2} = 1$$

同理可得

$$\frac{h_b}{\sqrt{r_c r_a}} \leqslant 1, \frac{h_c}{\sqrt{r_a r_b}} \leqslant 1$$

于是

$$\frac{h_a}{\sqrt{r_b r_c}} + \frac{h_b}{\sqrt{r_c r_a}} + \frac{h_c}{\sqrt{r_a r_b}} \leqslant 3$$

$$\frac{h_a}{\sqrt{r_b r_c}} \frac{h_b}{\sqrt{r_c r_a}} \frac{h_c}{\sqrt{r_a r_b}} \leqslant 1$$

## 参考文献

[1] BOTTEMA O,等. 几何不等式[M]. 单壿,译. 北京:北京大学出版社,1991.

[2] 宿晓阳. Janic 不等式的加强[J]. 中等数学,2001(1).

[3] 缪华柱. 也谈 Janic 不等式的加强[J]. 中等数学,2001(6).

[4] 安振平. Janic 不等式的探讨[J]. 福建中学数学,2002(4).

# 涉及三角形边与中线的一个不等式的推广

作者在文[1]得到一个涉及三角形边与中线的不等式:设 $\triangle ABC$ 的三边长及三边上中线分别为 $a,b,c;m_a,m_b,m_c$, $\sum$ 表示循环和,则

$$\sum \frac{a^2}{m_b^2 + m_c^2} \leqslant 2 \tag{1}$$

本文将给出式(1)的推广及其对偶式.

**定理** 设 $k_1,k_2,k_3$ 为非负实数,$\triangle ABC$ 的三边长及三边上中线分别为 $a,b,c;m_a,m_b,m_c$,则:

(1)当 $k_0 \leqslant k_1 \leqslant \frac{1}{5}(k_2 + k_3 + 3\sqrt{3k_2k_3 - k_2^2 - k_3^2})$ 时

$$\sum \frac{a^2}{k_1 m_a^2 + k_2 m_b^2 + k_3 m_c^2} \leqslant \frac{4}{k_1 + k_2 + k_3} \tag{2}$$

其中 $k_0 = \max\left\{0, \frac{1}{2}k_2 - k_3, \frac{1}{2}k_3 - k_2, \frac{1}{5}(k_2 + k_3 - 3\sqrt{3k_2k_3 - k_2^2 - k_3^2})\right\}$.

(2)当 $\frac{1}{2}(k_2 + k_3) \leqslant k_1 \leqslant 2(k_2 + k_3)$ 时

$$\sum \frac{a^2}{k_1 m_a^2 + k_2 m_b^2 + k_3 m_c^2} \geqslant \frac{4}{k_1 + k_2 + k_3} \tag{3}$$

**引理**[2] 记,设 $\lambda,\mu,\nu \geqslant 0$,且 $\mu,\nu$ 不全为零,$x,y,z \in \mathbf{R}^+$,则:

(1)当且仅当 $\lambda \geqslant 2(\lambda + \mu) - 3\sqrt{\lambda\mu}$ 时

$$\sum \frac{x}{\lambda x + \mu y + \nu z} \leqslant \frac{4}{\lambda + \mu + \nu}$$

(2)当且仅当 $\lambda \leqslant \frac{1}{2}(\lambda + \mu)$ 时

$$\sum \frac{x}{\lambda x + \mu y + \nu z} \geqslant \frac{4}{\lambda + \mu + \nu}$$

**定理的证明** 由 $m_a^2 = \frac{b^2 + c^2}{2} - \frac{a^2}{4}, m_b^2 = \frac{c^2 + a^2}{2} - \frac{b^2}{4}, m_c^2 = \frac{a^2 + b^2}{2} - \frac{c^2}{4}$,有

$$\sum \frac{a^2}{k_1 m_a^2 + k_2 m_b^2 + k_3 m_c^2} =$$

$$4 \sum \frac{a^2}{(2k_2 + 2k_3 - k_1)a^2 + (2k_3 + 2k_1 - k_2)b^2 + (2k_1 + 2k_2 - k_3)c^2}$$

由引理的条件,有

$$\begin{cases} 2k_2 + 2k_3 - k_1 \geqslant 0 & (4) \\ 2k_3 + 2k_1 - k_2 \geqslant 0 & (5) \\ 2k_1 + 2k_2 - k_3 \geqslant 0 & (6) \end{cases}$$

(1) 由引理知,当 $k_1, k_2, k_3$ 满足式(4),(5),(6) 及

$$2k_2 + 2k_3 - k_1 \geqslant 2(k_3 + k_2 + 4k_1) - 3\sqrt{(2k_3 + 2k_1 - k_2)(2k_1 + 2k_2 - k_3)} \tag{7}$$

时,有

$$\sum \frac{a^2}{k_1 m_a^2 + k_2 m_b^2 + k_3 m_c^2} =$$

$$4\sum \frac{a^2}{(2k_2 + 2k_3 - k_1)a^2 + (2k_3 + 2k_1 - k_2)b^2 + (2k_1 + 2k_2 - k_3)c^2} \leqslant$$

$$4\frac{3}{(2k_2 + 2k_3 - k_1) + (2k_3 + 2k_1 - k_2) + (2k_1 + 2k_2 - k_3)} = \frac{4}{k_1 + k_2 + k_3}$$

记

$$k_0 = \max\left\{0, \frac{1}{2}k_2 - k_3, \frac{1}{2}k_3 - k_2, \frac{1}{5}(k_2 + k_3 - 3\sqrt{3k_2 k_3 - k_2^2 - k_3^2})\right\}$$

解式(4),(5),(6),(7) 得

$$k_0 \leqslant k_1 \leqslant \frac{1}{5}(k_2 + k_3 + 3\sqrt{3k_2 k_3 - k_2^2 - k_3^2})$$

故当 $k_0 \leqslant k_1 \leqslant \frac{1}{5}(k_2 + k_3 + 3\sqrt{3k_2 k_3 - k_2^2 - k_3^2})$ 时,式(2) 成立.

(2) 由引理知,当 $k_1, k_2, k_3$ 满足式 (4),(5),(6) 及

$$2k_2 + 2k_3 - k_1 \leqslant \frac{1}{2}(k_3 + k_2 + 4k_1) \tag{8}$$

时有

$$\sum \frac{a^2}{k_1 m_a^2 + k_2 m_b^2 + k_3 m_c^2} =$$

$$4\sum \frac{a^2}{(2k_2 + 2k_3 - k_1)a^2 + (2k_3 + 2k_1 - k_2)b^2 + (2k_1 + 2k_2 - k_3)c^2} \geqslant$$

$$4\frac{3}{(2k_2 + 2k_3 - k_1) + (2k_3 + 2k_1 - k_2) + (2k_1 + 2k_2 - k_3)} = \frac{4}{k_1 + k_2 + k_3}$$

解式(4),(5),(6),(8) 得

$$\frac{1}{2}(k_2 + k_3) \leqslant k_1 \leqslant 2(k_2 + k_3)$$

故当 $\frac{1}{2}(k_2 + k_3) \leqslant k_1 \leqslant 2(k_2 + k_3)$ 时,式(3) 成立.

**注记 1**    取 $k_1 = 0, k_2 = k_3 = 1$, 很显然 $k_1, k_2, k_3$ 满足定理中(1)的条件, 由式(2)即得式(1), 可见定理是式(1)的推广.

**注记 2**    取 $k_2 = k_3 = 1$, 由定理可得

$$\sum \frac{a^2}{k_1 m_a^2 + m_b^2 + m_c^2} \leq \frac{4}{k_1 + 2} (0 \leq k_1 \leq 1) \tag{9}$$

$$\sum \frac{a^2}{k_1 m_a^2 + m_b^2 + m_c^2} \geq \frac{4}{k_1 + 2} (1 \leq k_1 \leq 4) \tag{10}$$

取 $k_2 = 0$, 或 $k_3 = 0$, 由定理(2)可得

$$\sum \frac{a^2}{k_1 m_a^2 + k_3 m_c^2} \geq \frac{4}{k_1 + k_3} \left( \frac{1}{2} k_3 \leq k_1 \leq 2k_3 \right) \tag{11}$$

$$\sum \frac{a^2}{k_1 m_a^2 + k_2 m_b^2} \geq \frac{4}{k_1 + k_2} \left( \frac{1}{2} k_2 \leq k_1 \leq 2k_2 \right) \tag{12}$$

特别地, 在式(11), 式(12)中分别取 $k_1 = k_3 = 1$ 或 $k_1 = k_2 = 1$, 可得式(1)的类似不等式

$$\sum \frac{a^2}{m_a^2 + m_c^2} \geq 2 \tag{13}$$

$$\sum \frac{a^2}{m_a^2 + m_b^2} \geq 2 \tag{14}$$

**注记 3**    由 Klamkin 对偶定理可得定理的对偶形式:

**推论**    设 $k_1, k_2, k_3$ 为非负实数, $\triangle ABC$ 的三边长及三边上中线分别为 $a$, $b, c; m_a, m_b, m_c$, 则:

(1) 当 $k_0 \leq k_1 \leq \frac{1}{5}(k_2 + k_3 + 3\sqrt{3k_2 k_3 - k_2^2 - k_3^2})$ 时

$$\sum \frac{m_a^2}{k_1 a^2 + k_2 b^2 + k_3 c^2} \leq \frac{9}{4} \frac{1}{k_1 + k_2 + k_3} \tag{15}$$

其中 $k_0 = \max \left\{ 0, \frac{1}{2} k_2 - k_3, \frac{1}{2} k_3 - k_2, \frac{1}{5}(k_2 + k_3 - 3\sqrt{3k_2 k_3 - k_2^2 - k_3^2}) \right\}$.

(2) 当 $\frac{1}{2}(k_2 + k_3) \leq k_1 \leq 2(k_2 + k_3)$ 时

$$\sum \frac{m_a^2}{k_1 a^2 + k_2 b^2 + k_3 c^2} \geq \frac{9}{4} \frac{1}{k_1 + k_2 + k_3} \tag{16}$$

特别地, 取 $k_1 = k_2 = 1, k_3 = 0$, 由式(16)可得书[3]中 BL101(b)的右边的不等式

$$\sum \frac{m_a^2}{a^2 + b^2} \geq \frac{9}{8} \tag{17}$$

## 参考文献

[1] 蒋明斌. Janic 不等式的两个加强及其它[J]. 福建中学数学, 2003(11).

[2] 陈胜利. 一个分式不等式的探讨[J]. 中学数学, 2003(8).

[3] 刘保乾. BOTTEMA 我们看见了什么[M]. 拉萨:西藏人民出版社, 2003.

# 三角形等角共轭点的一个有趣性质的推广

文[1]给出了以下有趣的恒等式:

设 $P,Q$ 是 $\triangle ABC$ 的等角共轭点(满足 $\angle PAB = \angle QAC$, $\angle PBC = \angle QBA$, $\angle PCA = \angle QCB$),则有

$$\frac{AP \cdot AQ}{AB \cdot AC} + \frac{BP \cdot BQ}{BA \cdot BC} + \frac{CP \cdot CQ}{CA \cdot CB} = 1 \qquad (1)$$

文[2]将其推广为:设 $P,Q$ 是 $\triangle ABC$ 所在平面上的任意两点,则

$$\frac{AP \cdot AQ}{AB \cdot AC} + \frac{BP \cdot BQ}{BA \cdot BC} + \frac{CP \cdot CQ}{CA \cdot CB} \geqslant 1 \qquad (2)$$

由正弦定理知式(2)等价于

$$PA \cdot QA\sin A + PB \cdot QB\sin B + PC \cdot QC\sin C \geqslant 2\Delta \qquad (3)$$

其中 $\Delta$ 为 $\triangle ABC$ 的面积.

本文将式(3)推广到凸 $n$ 边形,我们有:

**定理** 设凸 $n$ 边形 $A_1A_2\cdots A_n$ 的面积为 $\Delta$, $P_1, P_2$ 为空间的任意两点,则

$$\sum_{i=1}^{n} P_1A_i \cdot P_2A_i\sin A_i \geqslant 2\Delta \qquad (4)$$

为了证明上述定理,我们引入一般平面闭折线的有向面积的概念及有关结论[3],约定:符号 $A(n)$ 表示平面内任意一条闭折线 $A_1A_2\cdots A_nA_1$, $A_i$ 表示平面内任意一点的字母,同时也表示这个点所对应的复数.

**定义** 设 $\mathrm{Im}(z)$ 为复数 $z$ 的虚部,我们把 $\overline{\Delta}A(n) = \frac{1}{2}\mathrm{Im}(\sum_{i=1}^{n}\overline{A_i}A_{i+1})$(其中 $A_{n+1} = A_1$)的值叫作闭折线 $A(n)$ 的有向面积; $S_{A(n)} = |\overline{\Delta}A(n)|$ 叫作闭折线 $A(n)$ 的面积.

**引理 1**[4] 对平面任意多边形 $A_1A_2\cdots A_n(n \geqslant 3)$,用 $\overline{S}_{A_1A_2\cdots A_n}$ 表示其有向面积(当 $A_1, A_2, \cdots, A_n$ 按逆时针方向绕行时 $\overline{S}_{A_1A_2\cdots A_n}$ 为正,当 $A_1, A_2, \cdots, A_n$ 按顺时针方向绕行时 $\overline{S}_{A_1A_2\cdots A_n}$ 为负),则

$$\overline{S}_{A_1A_2\cdots A_n} = \frac{1}{2}\mathrm{Im}(\sum_{i=1}^{n}\overline{A_i}A_{i+1}) \text{(其中 } A_{n+1} = A_1)$$

由引理1知,当闭折线 $A(n)$ 为凸(凹)$n$ 边形时,按上述定义所确定的面积与中学几何课本中所说的面积完全一致.

**引理 2**[3] 对平面闭折线 $A(n)$ 所在平面内的任意一点 $O$,有

$$\overline{\Delta A}(n) = \sum_{i=1}^{n} \overline{S}_{\triangle OA_iA_{i+1}}(\text{其中 } A_{n+1} = A_1)$$

**引理 3**　设 $S_{ABCDA}$ 为闭折线 $ABCDA$ 的面积,则

$$S_{ABCDA} \leqslant \frac{1}{2}AC \cdot BD \tag{5}$$

**证明**　由

$$\overline{S}_{ABCDA} = \frac{1}{2}\mathrm{Im}(\overline{AB} + \overline{BC} + \overline{CD} + \overline{DA}) =$$

$$\frac{1}{2}\mathrm{Im}(\overline{AB} + \overline{AD} + \overline{CD} - \overline{CB}) =$$

$$\frac{1}{2}\mathrm{Im}[\,(\overline{A-C})(\overline{B-D})\,]$$

有

$$S_{ABCDA} = |\,\overline{S}_{ABCDA}\,| = \frac{1}{2}\,|\,\mathrm{Im}[\,(\overline{A-C})(\overline{B-D})\,]\,| \leqslant$$

$$\frac{1}{2}\,|\,(\overline{A-C})(\overline{B-D})\,| =$$

$$\frac{1}{2}\,|\,\overrightarrow{AC}\,| \cdot |\,\overrightarrow{BD}\,| = \frac{1}{2}AC \cdot BD$$

**定理的证明**　显然,只需证 $P_1,P_2$ 在凸 $n$ 边形 $A_1A_2\cdots A_n$ 所在平面上的情形. 视凸 $n$ 边形 $A_1A_2\cdots A_n$ 所在平面为复平面,$A_i$ 所对应的复数仍用 $A_i$ 表示,对其他的点有类似意义. 设点 $P_2$ 在直线 $A_iA_{i+1}$ 的射影为 $B_{i-1}(i = 2,3,\cdots,n + 1)$,$A_{n+1} = A_1$,$B_{n+1} = B_1$,易知,$P_2,B_{i-1},A_{i+1},B_i$,四点共圆,则

$$P_2A_{i+1} = \frac{B_{i-1}B_i}{\sin A_{i+1}} \Rightarrow P_2A_{i+1} \cdot \sin A_{i+1} = B_{i-1}B_i(i = 2,3,\cdots,n + 1)$$

$$A_{n+1} = A_1,B_{n+1} = B_1$$

于是式(4) 等价于

$$\sum_{i=2}^{n+1} P_1A_i \cdot B_{i-1}B_i \geqslant 2\Delta(\text{其中 } A_{n+1} = A_1,B_{n+1} = B_1) \tag{6}$$

由引理 2 知

$$\overline{S}_{A_1A_2\cdots A_n} = \sum_{i=1}^{n} \overline{S}_{\triangle P_1A_iA_{i+1}} = \sum_{i=1}^{n}(\overline{S}_{\triangle B_iP_1A_i} + \overline{S}_{\triangle B_iA_iA_{i+1}} + \overline{S}_{\triangle B_iA_{i+1}P_1}) =$$

$$\sum_{i=1}^{n}(\overline{S}_{\triangle P_1A_iB_i} + \overline{S}_{\triangle P_1B_iA_{i+1}}) =$$

$$\overline{S}_{\triangle P_1A_1B_1} + \overline{S}_{\triangle P_1A_2B_2} + \cdots + \overline{S}_{\triangle P_1A_iB_i} + \cdots + \overline{S}_{\triangle P_1A_nB_n} +$$

$$\overline{S}_{\triangle P_1B_1A_2} + \overline{S}_{\triangle P_1B_2A_3} + \cdots + \overline{S}_{\triangle P_1B_iA_{i+1}} + \cdots + \overline{S}_{\triangle P_1B_nA_1} =$$

$$(\overline{S}_{\triangle P_1A_1B_1} + \overline{S}_{\triangle P_1B_nA_1}) + (\overline{S}_{\triangle P_1A_2B_2} + \overline{S}_{\triangle P_1B_1A_2}) + \cdots +$$

$$(\overline{S}_{\triangle P_1A_iB_i} + \overline{S}_{\triangle P_1B_{i-1}A_i}) + \cdots + (\overline{S}_{\triangle P_1B_{n-1}A_n} + \overline{S}_{\triangle P_1B_{n-1}A_n}) =$$

$$\sum_{i=2}^{n+1}(\overline{S}_{\triangle P_1A_iB_i} + \overline{S}_{\triangle P_1B_{i-1}A_i})(\text{其中 } A_{n+1} = A_1, B_{n+1} = B_1)$$

而

$$\overline{S}_{\triangle P_1A_iB_i} + \overline{S}_{\triangle P_1B_{i-1}A_i} = \frac{1}{2}\text{Im}(\overline{P_1}A_i + \overline{A}_iB_i + \overline{B}_iP_1) + \frac{1}{2}\text{Im}(\overline{P_1}B_{i-1} + \overline{B}_{i-1}A_i + \overline{A}_iP_1) =$$

$$\frac{1}{2}\text{Im}(\overline{A}_iB_i + \overline{B}_iP_1 + \overline{P_1}B_{i-1} + \overline{B}_{i-1}A_i + \overline{P_1}A_i + \overline{A}_iP_1) =$$

$$\frac{1}{2}\text{Im}(\overline{A}_iB_i + \overline{B}_iP_1 + \overline{P_1}B_{i-1} + \overline{B}_{i-1}A_i) =$$

$$\overline{S}_{A_iB_iPB_{i-1}A_i}(i = 2,3,\cdots,n+1)(A_{n+1} = A_1, B_{n+1} = B_1)$$

应用引理 3，有

$$\Delta = |\overline{S}_{A_1A_2\cdots A_n}| = \left|\sum_{n=2}^{n+1}\overline{S}_{A_iB_iP_1B_{i-1}A_i}\right| \leqslant \sum_{n=2}^{n+1}|\overline{S}_{A_iB_iP_1B_{i-1}A_i}| \leqslant \sum_{n=2}^{n+1}\left(\frac{1}{2}A_iP_1 \cdot B_iB_{i-1}\right)$$

即

$$\sum_{i=2}^{n+1}P_1A_i \cdot B_{i-1}B_i \geqslant 2\Delta(\text{其中 } A_{n+1} = A_1, B_{n+1} = B_1)$$

亦即式(6) 成立，故 $\sum_{i=1}^{n}P_1A_i \cdot P_2A_i\sin A_i \geqslant 2\Delta$.

## 参考文献

[1] 李耀文. 三角形等角共轭点的一个有趣性质的推广[J]. 中学数学, 2001(4).

[2] 宿晓阳. 三角形等角共轭点的一个有趣性质的推广[J]. 中学数学, 2001(10).

[3] 熊曾润. 平面闭折线的有向面积及其应用[J]. 数学通报, 2002(6).

[4] 扈保洪,李显权. 复数形式的多边形面积公式[J]. 数学通报, 1999(11).

# 关于 Janic 不等式的探讨

本文约定:△ABC 三边长、半周长、面积以及三边上的高、角平分线、旁切圆半径分别为 $a,b,c,s,\Delta,h_a,h_b,h_c,w_a,w_b,w_c,r_a,r_b,r_c.$ $\sum$ 表示循环和.

R. R. Janic 曾建立如下的不等式[1]:在 △ABC 中,有

$$\frac{r_a}{h_b + h_c} + \frac{r_b}{h_c + h_a} + \frac{r_c}{h_a + h_b} \geqslant \frac{3}{2} \tag{1}$$

(1) 文[2] 将式(1) 推广为

$$\sum \frac{r_a^k}{h_b^k + h_c^k} \geqslant \frac{3}{2}(k > 0) \tag{2}$$

文[3] 将式(2) 加强为

$$\sum \frac{r_a^k}{w_b^k + w_c^k} \geqslant \frac{3}{2}(k > 0) \tag{3}$$

下面给出式(3) 的一个推广:

**命题**　当 $m,k \in \mathbf{R}, m \geqslant 1$ 时,有

$$\sum \left(\frac{r_a^k}{w_b^k + w_c^k}\right)^m \geqslant \frac{3}{2^m} \tag{4}$$

**证明**　由

$$r_a = \sqrt{\frac{s(s-b)(s-c)}{s-a}}$$

$$w_a = \frac{2ca}{c+a}\sqrt{\frac{s(s-b)}{ca}} = \frac{2\sqrt{ca}}{c+a}\sqrt{s(s-b)} \leqslant \sqrt{s(s-b)}$$

等等,有

$$\sum \left(\frac{r_a^k}{w_b^k + w_c^k}\right)^m \geqslant \sum \left\{\frac{\sqrt{[(s-b)(s-c)]^k}}{\sqrt{[(s-a)(s-b)]^k} + \sqrt{[(s-a)(s-c)]^k}}\right\}^m = P$$

令 $x = \sqrt{[(s-b)(s-c)]^k}$, $y = \sqrt{[(s-c)(s-a)]^k}, z = \sqrt{[(s-a)(s-b)]^k}$,显然 $x,y,z > 0$,则当 $m \geqslant 1$ 时,有

$$P = \sum \left(\frac{x}{y+z}\right)^m \geqslant 3\left(\frac{1}{3}\sum \frac{x}{y+z}\right)^m$$

由柯西不等式,有

$$\sum \frac{x}{y+z} = \sum \frac{x^2}{xy+xz} \geqslant \frac{(x+y+z)^2}{2(xy+yz+zx)} \geqslant \frac{3(xy+yz+zx)}{2(xy+yz+zx)} = \frac{3}{2}$$

所以

$$\sum \left( \frac{r_a^k}{h_b^k + h_c^k} \right)^m = P = \sum \left( \frac{x}{y + z} \right)^m \geq 3 \left( \frac{1}{3} \times \frac{3}{2} \right)^m = \frac{3}{2^m}$$

**注记** 当 $m = 1$ 时,由式(4)即得式(3),可见式(4)是式(3)的推广;由 $w_b \geq h_b$ 等及式(4)有

$$\sum \left( \frac{r_a^k}{h_b^k + h_c^k} \right)^m \geq \frac{3}{2^m}$$

很显然,它是式(2)的推广,因而是式(1)的推广.

(2)文[4],[5]几乎同时给出了式(1)的一个加强

$$\frac{r_a}{h_b + h_c} \frac{r_b}{h_c + h_a} \frac{r_c}{h_a + h_b} \geq \frac{1}{8} \tag{5}$$

我们发现,在式(1),式(5)中把旁切圆半径 $r_a, r_b, r_c$ 换成相应的中线 $m_a$, $m_b, m_c$,结论仍然成立,即有:

**命题2** 在 $\triangle ABC$ 中,有

$$\frac{m_a}{h_b + h_c} + \frac{m_b}{h_c + h_a} + \frac{m_c}{h_a + h_b} \geq \frac{3}{2} \tag{6}$$

$$\frac{m_a}{h_b + h_c} \frac{m_b}{h_c + h_a} \frac{m_c}{h_a + h_b} \geq \frac{1}{8} \tag{7}$$

**证明** 因

$$m_a = \frac{1}{2} \sqrt{2b^2 + 2c^2 - a^2} = \frac{1}{2} \sqrt{b^2 + c^2 + 2bc\cos A} =$$

$$\frac{1}{2} \sqrt{(b + c)^2 \cos^2 \frac{A}{2} + (b - c) \sin^2 \frac{A}{2}} \geq$$

$$\frac{1}{2} (b + c) \cos \frac{A}{2}$$

有

$$\frac{m_a}{h_b + h_c} \geq \frac{\frac{1}{2}(b + c)\cos \frac{A}{2}}{\frac{2\Delta}{b} + \frac{2\Delta}{c}} = \frac{bc\cos \frac{A}{2}}{4\Delta} = \frac{bc\cos \frac{A}{2}}{2bc\sin A} = \frac{1}{4\sin \frac{A}{2}}$$

同理

$$\frac{m_b}{h_c + h_a} \geq \frac{1}{4\sin \frac{B}{2}}, \frac{m_c}{h_a + h_b} \geq \frac{1}{4\sin \frac{C}{2}}$$

注意到 $1 < \sin \frac{A}{2} + \sin \frac{B}{2} + \sin \frac{C}{2} \leq \frac{3}{2}$,有

81

$$\frac{m_a}{h_b+h_c}+\frac{m_b}{h_c+h_a}+\frac{m_c}{h_a+h_b}\geqslant\frac{1}{4\sin\dfrac{A}{2}}+\frac{1}{4\sin\dfrac{B}{2}}+\frac{1}{4\sin\dfrac{C}{2}}\geqslant$$

$$\frac{1}{4}\times\frac{9}{\sin\dfrac{A}{2}+\sin\dfrac{B}{2}+\sin\dfrac{C}{2}}\geqslant$$

$$\frac{1}{4}\times\frac{9}{\dfrac{3}{2}}=\frac{3}{2}$$

即式(6)成立;

注意到 $0<\sin\dfrac{A}{2}\sin\dfrac{B}{2}\sin\dfrac{C}{2}\leqslant\dfrac{1}{8}$,有

$$\frac{m_a}{h_b+h_c}\frac{m_b}{h_c+h_a}\frac{m_c}{h_a+h_b}\geqslant\frac{1}{64\sin\dfrac{A}{2}\sin\dfrac{B}{2}\sin\dfrac{C}{2}}\geqslant\frac{8}{64}=\frac{1}{8}$$

故式(7)成立.

(3) 文[6]给出了式(1),式(5)的两个类似不等式

$$\frac{h_a}{r_b+r_c}+\frac{h_b}{r_c+r_a}+\frac{h_c}{r_a+r_b}\leqslant\frac{3}{2} \tag{8}$$

$$\frac{h_a}{r_b+r_c}\frac{h_b}{r_c+r_a}\frac{h_c}{r_a+r_b}\leqslant\frac{1}{8} \tag{9}$$

下面将式(4),式(5)加强为

$$\frac{h_a}{\sqrt{r_br_c}}+\frac{h_b}{\sqrt{r_cr_a}}+\frac{h_c}{\sqrt{r_ar_b}}\leqslant3 \tag{10}$$

$$\frac{h_a}{\sqrt{r_br_c}}\frac{h_b}{\sqrt{r_cr_a}}\frac{h_c}{\sqrt{r_ar_b}}\leqslant1 \tag{11}$$

**证明**  由 $h_a=\dfrac{2\Delta}{a}$,$h_b=\dfrac{2\Delta}{b}$,$h_c=\dfrac{2\Delta}{c}$;$r_a=\dfrac{\Delta}{s-a}$,$r_b=\dfrac{\Delta}{s-b}$,$r_c=\dfrac{\Delta}{s-c}$,有

$$\frac{h_a}{\sqrt{r_br_c}}=\frac{\dfrac{2\Delta}{a}}{\sqrt{\dfrac{\Delta}{s-b}\cdot\dfrac{\Delta}{s-c}}}=\frac{2}{a}\sqrt{s-b}\sqrt{s-c}\leqslant\frac{2}{a}\frac{(s-b+s-c)}{2}=1$$

同理可证

$$\frac{h_b}{\sqrt{r_cr_a}}\leqslant1,\frac{h_c}{\sqrt{r_ar_b}}\leqslant1$$

于是

$$\frac{h_a}{\sqrt{r_br_c}}+\frac{h_b}{\sqrt{r_cr_a}}+\frac{h_c}{\sqrt{r_ar_b}}\leqslant3$$

$$\frac{h_a}{\sqrt{r_b r_c}} \frac{h_b}{\sqrt{r_c r_a}} \frac{h_c}{\sqrt{r_a r_b}} \leqslant 1$$

与命题 2 类似,在式(8),式(9)中旁切圆半径 $r_a$,$r_b$,$r_c$ 换成相应的中线 $m_a$,$m_b$,$m_c$,结论仍然成立,即有

$$\frac{h_a}{m_b + m_c} + \frac{h_b}{m_c + m_a} + \frac{h_c}{m_a + m_b} \leqslant \frac{3}{2} \qquad (12)$$

$$\frac{h_a}{m_b + m_c} \frac{h_b}{m_c + m_a} \frac{h_c}{m_a + m_b} \leqslant \frac{1}{8} \qquad (13)$$

并且式(12),式(13)可以加强为

$$\frac{h_a}{\sqrt{m_b m_c}} + \frac{h_b}{\sqrt{m_c m_a}} + \frac{h_c}{\sqrt{m_a m_b}} \leqslant 3 \qquad (14)$$

$$\frac{h_a}{\sqrt{m_b m_c}} \frac{h_b}{\sqrt{m_c m_a}} \frac{h_c}{\sqrt{m_a m_b}} \leqslant 1 \qquad (15)$$

**证明** 只需证式(14),很显然式(14)等价于

$$\frac{\Delta}{a\sqrt{m_b m_c}} + \frac{\Delta}{b\sqrt{m_c m_a}} + \frac{\Delta}{c\sqrt{m_a m_b}} \leqslant \frac{3}{2} \qquad (16)$$

根据 Klamkin 中线对偶定理,要证式(16),只需证

$$\frac{\Delta}{m_a \sqrt{bc}} + \frac{\Delta}{m_b \sqrt{ca}} + \frac{\Delta}{m_c \sqrt{ab}} \leqslant \frac{3}{2} \qquad (17)$$

由

$$m_a = \frac{1}{2}\sqrt{2b^2 + 2c^2 - a^2} = \frac{1}{2}\sqrt{b^2 + c^2 + 2bc\cos A} =$$

$$\frac{1}{2}\sqrt{(b+c)^2 \cos^2 \frac{A}{2} + (b-c)\sin^2 \frac{A}{2}} \geqslant$$

$$\frac{1}{2}(b+c)\cos \frac{A}{2} \geqslant \sqrt{bc}\cos \frac{A}{2}$$

有

$$\frac{\Delta}{m_a \sqrt{bc}} \leqslant \frac{\Delta}{bc\cos \frac{A}{2}} = \frac{\frac{1}{2}bc\sin A}{bc\cos \frac{A}{2}} = \sin \frac{A}{2}$$

同理,有

$$\frac{\Delta}{m_b \sqrt{ca}} \leqslant \sin \frac{B}{2}, \frac{\Delta}{m_c \sqrt{ab}} \leqslant \sin \frac{C}{2}$$

三式相加,并注意到 $\sin \frac{A}{2} + \sin \frac{B}{2} + \sin \frac{C}{2} \leqslant \frac{3}{2}$,有

$$\frac{\Delta}{m_a\sqrt{bc}} + \frac{\Delta}{m_b\sqrt{ca}} + \frac{\Delta}{m_c\sqrt{ab}} \leqslant \sin\frac{A}{2} + \sin\frac{B}{2} + \sin\frac{C}{2} \leqslant \frac{3}{2}$$

所以,式(17)成立,故式(14)成立.

## 参考文献

[1] BOTTEMA O,等. 几何不等式[M]. 单墫,译. 北京:北京大学出版社,1991.
[2] 宋庆. Janic 不等式的推广[J]. 福建中学数学,1999(4).
[3] 宿晓阳. Janic 不等式的加强[J]. 中等数学,2001(1).
[4] 吴善和. Janic 不等式的一个加强[J]. 福建中学数学,2001(6).
[5] 缪华柱. 也谈 Janic 不等式的加强[J]. 中等数学,2001(6).
[6] 安振平. Janic 不等式的探讨[J]. 福建中学数学,2002(4).

# 用向量法证一类几何不等式

文[1]给出了一类分式不等式的向量证法,本文用向量法来证一类几何不等式.

**例1** 设 $P$ 为 $\triangle ABC$ 所在平面上的一点,$BC=a,CA=b,AB=c$,求证

$$PA^2 + PB^2 + PC^2 \geqslant \frac{1}{3}(a^2 + b^2 + c^2) \tag{1}$$

**证明** 由

$(\overrightarrow{PA} + \overrightarrow{PB} + \overrightarrow{PC})^2 =$

$|\overrightarrow{PA}|^2 + |\overrightarrow{PB}|^2 + |\overrightarrow{PC}|^2 + 2\overrightarrow{PA} \cdot \overrightarrow{PB} + 2\overrightarrow{PB} \cdot \overrightarrow{PC} + 2\overrightarrow{PC} \cdot \overrightarrow{PA} =$

$|\overrightarrow{PA}|^2 + |\overrightarrow{PB}|^2 + |\overrightarrow{PC}|^2 + 2|\overrightarrow{PA}| \cdot |\overrightarrow{PB}| \cos\angle APB +$

$2|\overrightarrow{PB}| \cdot |\overrightarrow{PC}| \cos\angle BPC + 2|\overrightarrow{PC}| \cdot |\overrightarrow{PA}| \cos\angle CPA =$

$|\overrightarrow{PA}|^2 + |\overrightarrow{PB}|^2 + |\overrightarrow{PC}|^2 + (|\overrightarrow{PA}|^2 + |\overrightarrow{PB}|^2 - |\overrightarrow{AB}|^2) + (|\overrightarrow{PB}|^2 +$

$|\overrightarrow{PC}|^2 - |\overrightarrow{BC}|^2) + (|\overrightarrow{PC}|^2 + |\overrightarrow{PA}|^2 - |\overrightarrow{CA}|^2) =$

$3(|\overrightarrow{PA}|^2 + |\overrightarrow{PB}|^2 + |\overrightarrow{PC}|^2) - (a^2 + b^2 + c^2)$

有

$(|\overrightarrow{PA}|^2 + |\overrightarrow{PB}|^2 + |\overrightarrow{PC}|^2) - (a^2 + b^2 + c^2) = (\overrightarrow{PA} + \overrightarrow{PB} + \overrightarrow{PC})^2 =$

$|\overrightarrow{PA}|^2 + |\overrightarrow{PB}|^2 + |\overrightarrow{PC}|^2 + 2\overrightarrow{PA} \cdot \overrightarrow{PB} + 2\overrightarrow{PB} \cdot \overrightarrow{PC} + 2\overrightarrow{PC} \cdot \overrightarrow{PA} \geqslant 0$

所以 $\qquad PA^2 + PB^2 + PC^2 \geqslant \frac{1}{3}(a^2 + b^2 + c^2)$

**例2**[2] 设 $P$ 为 $\triangle ABC$ 所在平面上的一点,$BC=a,CA=b,AB=c$,求证

$$a \cdot PA^2 + b \cdot PB^2 + c \cdot PC^2 \geqslant abc \tag{2}$$

**证明** 由

$(a \cdot \overrightarrow{PA} + b \cdot \overrightarrow{PB} + c \cdot \overrightarrow{PC})^2 =$

$a^2|\overrightarrow{PA}|^2 + b^2|\overrightarrow{PB}|^2 + c^2|\overrightarrow{PC}|^2 + 2ab\overrightarrow{PA} \cdot \overrightarrow{PB} +$

$2bc\overrightarrow{PB} \cdot \overrightarrow{PC} + 2ca\overrightarrow{PC} \cdot \overrightarrow{PA} =$

$a^2|\overrightarrow{PA}|^2 + b^2|\overrightarrow{PB}|^2 + c^2|\overrightarrow{PC}|^2 + 2ab|\overrightarrow{PA}| \cdot |\overrightarrow{PB}| \cos\angle APB +$

$2bc|\overrightarrow{PB}| \cdot |\overrightarrow{PC}| \cos\angle BPC + 2ca|\overrightarrow{PC}| \cdot |\overrightarrow{PA}| \cos\angle CPA =$

$a^2|\overrightarrow{PA}|^2 + b^2|\overrightarrow{PB}|^2 + c^2|\overrightarrow{PC}|^2 + ab(|\overrightarrow{PA}|^2 + |\overrightarrow{PB}|^2 - |\overrightarrow{AB}|^2) +$

$$bc(|\overrightarrow{PB}|^2 + |\overrightarrow{PC}|^2 - |\overrightarrow{BC}|^2) + ca(|\overrightarrow{PC}|^2 + |\overrightarrow{PA}|^2 - |\overrightarrow{CA}|^2) =$$
$$(a + b + c)(a \cdot PA^2 + b \cdot PB^2 + c \cdot PC^2 - abc)$$

有

$$(a + b + c)(a \cdot PA^2 + b \cdot PB^2 + c \cdot PC^2 - abc) =$$
$$(a \cdot \overrightarrow{PA} + b \cdot \overrightarrow{PB} + c \cdot \overrightarrow{PC})^2 \geqslant 0$$

故式(2)成立.

**例3**[3]　设 $P$ 为 $\triangle ABC$ 所在平面上的一点,$BC = a, CA = b, AB = c, \lambda_1, \lambda_2,$ $\lambda_3 \in \mathbf{R}$,则

$$(\lambda_1 + \lambda_2 + \lambda_3)(\lambda_1 \cdot PA^2 + \lambda_2 \cdot PB^2 + \lambda_3 \cdot PC^2) \geqslant$$
$$\lambda_2\lambda_3 a^2 + \lambda_3\lambda_1 b^2 + \lambda_1\lambda_2 c^2 \tag{3}$$

**证明**　由

$$(\lambda_1 \cdot \overrightarrow{PA} + \lambda_2 \cdot \overrightarrow{PB} + \lambda_3 \cdot \overrightarrow{PC})^2 =$$

$$\lambda_1^2|\overrightarrow{PA}|^2 + \lambda_2^2|\overrightarrow{PB}|^2 + \lambda_3^2|\overrightarrow{PC}|^2 + 2\lambda_1\lambda_2\overrightarrow{PA} \cdot \overrightarrow{PB} + 2\lambda_2\lambda_3\overrightarrow{PB} \cdot \overrightarrow{PC} +$$
$$2\lambda_3\lambda_1\overrightarrow{PC} \cdot \overrightarrow{PA} =$$

$$\lambda_1^2|\overrightarrow{PA}|^2 + \lambda_2^2|\overrightarrow{PB}|^2 + \lambda_3^2|\overrightarrow{PC}|^2 + 2\lambda_1\lambda_2|\overrightarrow{PA}| \cdot |\overrightarrow{PB}| \cos\angle APB +$$
$$2\lambda_2\lambda_3|\overrightarrow{PB}| \cdot |\overrightarrow{PC}| \cos\angle BPC + 2\lambda_3\lambda_1|\overrightarrow{PC}| \cdot |\overrightarrow{PA}| \cos\angle CPA =$$

$$\lambda_1^2|\overrightarrow{PA}|^2 + \lambda_2^2|\overrightarrow{PB}|^2 + \lambda_3^2|\overrightarrow{PC}|^2 + \lambda_1\lambda_2(|\overrightarrow{PA}|^2 + |\overrightarrow{PB}|^2 - |\overrightarrow{AB}|^2) +$$
$$\lambda_2\lambda_3(|\overrightarrow{PB}|^2 + |\overrightarrow{PC}|^2 - |\overrightarrow{BC}|^2) + \lambda_3\lambda_1(|\overrightarrow{PC}|^2 + |\overrightarrow{PA}|^2 - |\overrightarrow{CA}|^2) =$$
$$(\lambda_1 + \lambda_2 + \lambda_3)(\lambda_1 \cdot PA^2 + \lambda_2 \cdot PB^2 + \lambda_3 \cdot PC^2) - (\lambda_2\lambda_3 a^2 + \lambda_3\lambda_1 b^2 + \lambda_1\lambda_2 c^2)$$

有

$$(\lambda_1 + \lambda_2 + \lambda_3)(\lambda_1 \cdot PA^2 + \lambda_2 \cdot PB^2 + \lambda_3 \cdot PC^2) -$$
$$(\lambda_2\lambda_3 a^2 + \lambda_3\lambda_1 b^2 + \lambda_1\lambda_2 c^2) =$$
$$(\lambda_1 \cdot \overrightarrow{PA} + \lambda_2 \cdot \overrightarrow{PB} + \lambda_3 \cdot \overrightarrow{PC})^2 \geqslant 0$$

故式(3)成立.

**例4**[4]　在 $\triangle ABC$ 中,$BC = a, CA = b, AB = c, R$ 为 $\triangle ABC$ 的外接圆半径,$\lambda_1, \lambda_2, \lambda_3 \in \mathbf{R}$,则

$$\lambda_2\lambda_3 a^2 + \lambda_3\lambda_1 b^2 + \lambda_1\lambda_2 c^2 \leqslant (\lambda_1 + \lambda_2 + \lambda_3)^2 R^2 \tag{4}$$

**证明**　在例3中取 $P$ 为 $\triangle ABC$ 的外心即得.

**例5**　设 $\lambda_1, \lambda_2, \lambda_3 \in \mathbf{R}$,在 $\triangle ABC$ 中,求证

$$4(\lambda_2\lambda_3 \sin^2 A + \lambda_3\lambda_1 \sin^2 B + \lambda_1\lambda_2 \sin^2 C) \leqslant (\lambda_1 + \lambda_2 + \lambda_3)^2 \tag{5}$$

**证明**　对式(4)用正弦定理即得.

**例6**　设 $\lambda_1, \lambda_2, \lambda_3 \in \mathbf{R}$,在 $\triangle ABC$ 中,求证

$$2(\lambda_2\lambda_3\cos A + \lambda_3\lambda_1\cos B + \lambda_1\lambda_2\cos C) \leqslant \lambda_1^2 + \lambda_2^2 + \lambda_3^2 \qquad (6)$$

**证明**  对式(5)作变换 $A \to \dfrac{\pi}{2} - A, B \to \dfrac{\pi}{2} - B, C \to \dfrac{\pi}{2} - C$,整理即得式(6).

## 参考文献

[1] 林伟.构造向量证明一类分式不等式[J].福建中学数学,2003(9):21.

[2] 刘健.一个几何不等式[J].数学通讯,1988(9):3.

[3] KLAMKIN K S. Nonnegative Quadratic Forms and Triangle Inequalities, Notices of A[M].M.S.,Oct,1971.

[4] O. Kooi,Simon Stevin,32(1958),97-101.

# 一个三角不等式的再引申与应用

《中学理科参考资料》1984 年第九期 P40 把不等式:在 △ABC 中

$$\cos A + \cos B + \cos C \leqslant \frac{3}{2} \tag{1}$$

引申为:在 △ABC 中,若 $\lambda_1, \lambda_2, \lambda_3$ 为实数,则

$$2\lambda_2\lambda_3\cos A + 2\lambda_3\lambda_1\cos B + 2\lambda_1\lambda_2\cos C \leqslant \lambda_1^2 + \lambda_2^2 + \lambda_3^2 \tag{2}$$

《中学理科参考资料》1986 年第三期 P9 又把不等式(1)引申为:在 △ABC 中:

(1)当 $n = 2k - 1 (k \in \mathbf{Z})$ 时

$$\cos nA + \cos nB + \cos nC \leqslant \frac{3}{2} \tag{3}$$

(2)当 $n = 2k (k \in \mathbf{Z})$ 时

$$\cos nA + \cos nB + \cos nC \geqslant -\frac{3}{2} \tag{4}$$

类比式(2)可把式(3),(4)引申,得到:

**定理** 在 △ABC 中,若 $\lambda_1, \lambda_2, \lambda_3$ 为实数,则:

(1)当 $n = 2k - 1 (k \in \mathbf{Z})$ 时

$$2\lambda_2\lambda_3\cos nA + 2\lambda_3\lambda_1\cos nB + 2\lambda_1\lambda_2\cos nC \leqslant \lambda_1^2 + \lambda_2^2 + \lambda_3^2 \tag{5}$$

(2)当 $n = 2k (k \in \mathbf{Z})$ 时

$$2\lambda_2\lambda_3\cos nA + 2\lambda_3\lambda_1\cos nB + 2\lambda_1\lambda_2\cos nC \geqslant -(\lambda_1^2 + \lambda_2^2 + \lambda_3^2) \tag{6}$$

**证明** (1)当 $n = 2k - 1 (k \in \mathbf{Z})$ 时

$\cos nA = \cos[n\pi - (nB + nC)] = -\cos(nB + nC) =$

$\quad \sin nB\sin nC - \cos nB\cos nC$

$\lambda_1^2 + \lambda_2^2 + \lambda_3^2 - 2\lambda_2\lambda_3\cos nA - 2\lambda_3\lambda_1\cos nB - 2\lambda_1\lambda_2\cos nC =$

$\quad (\lambda_1 - \lambda_2\cos nC - \lambda_3\cos nB)^2 + \lambda_2^2 + \lambda_3^2 - 2\lambda_2\lambda_3\cos nA -$

$\quad \lambda_3^2\cos^2 nB - \lambda_2^2\cos^2 nC - 2\lambda_2\lambda_3\cos nB\cos nC =$

$\quad (\lambda_1 - \lambda_2\cos nC - \lambda_3\cos nB)^2 + \lambda_3^2\sin^2 nB +$

$\quad \lambda_2^2\sin^2 nC - 2\lambda_2\lambda_3\sin nB\sin nC =$

$\quad (\lambda_1 - \lambda_2\cos nC - \lambda_3\cos nB)^2 + (\lambda_3\sin nB - \lambda_2\sin nC)^2 \geqslant 0$

故 $\quad 2\lambda_2\lambda_3\cos nA + 2\lambda_3\lambda_1\cos nB + 2\lambda_1\lambda_2\cos nC \leqslant \lambda_1^2 + \lambda_2^2 + \lambda_3^2$

(2)当 $n = 2k (k \in \mathbf{Z})$ 时

$$\cos nA = \cos[n\pi - (nB + nC)] = \cos(nB + nC) =$$

$$\cos nB\cos nC - \sin nB\sin nC$$

$$\lambda_1^2 + \lambda_2^2 + \lambda_3^2 + 2\lambda_2\lambda_3\cos nA + 2\lambda_3\lambda_1\cos nB + 2\lambda_1\lambda_2\cos nC =$$

$$(\lambda_1 + \lambda_2\cos nC + \lambda_3\cos nB)^2 + \lambda_2^2 + \lambda_3^2 + 2\lambda_2\lambda_3\cos nA -$$

$$\lambda_3^2\cos^2 nB - \lambda_2^2\cos^2 nC - 2\lambda_2\lambda_3\cos nB\cos nC =$$

$$(\lambda_1 + \lambda_2\cos nC + \lambda_3\cos nB)^2 + \lambda_3^2\sin^2 nB +$$

$$\lambda_2^2\sin^2 nC - 2\lambda_2\lambda_3\sin nB\sin nC =$$

$$(\lambda_1 + \lambda_2\cos nC + \lambda_3\cos nB)^2 + (\lambda_3\sin nB - \lambda_2\sin nC)^2 \geqslant 0$$

故 $\quad 2\lambda_2\lambda_3\cos nA + 2\lambda_3\lambda_1\cos nB + 2\lambda_1\lambda_2\cos nC \geqslant -(\lambda_1^2 + \lambda_2^2 + \lambda_3^2)$

在式(5)中,取 $n=1$ ,则得式(2);在式(5),式(6)中取 $n=1,\lambda_1=\lambda_2=\lambda_3$ ,则得式(3),式(4).

本文定理是研究三角形中三角不等式的强有力的工具. 由式(5),式(6)及恒等变形可以导出许多三角不等式,如在 $\triangle ABC$ 中,下列不等式成立

$$\cos nA\cos nB\cos nC \leqslant \frac{1}{8}(n = 2k - 1, k \in \mathbf{Z}) \tag{7}$$

$$\cos nA\cos nB\cos nC \geqslant -\frac{1}{8}(n = 2k, k \in \mathbf{Z}) \tag{8}$$

$$\cos^2 nA + \cos^2 nB + \cos^2 nC \geqslant \frac{3}{4}(n \in \mathbf{Z}) \tag{9}$$

$$\cos^2\frac{nA}{2} + \cos^2\frac{nB}{2} + \cos^2\frac{nC}{2} \leqslant \frac{9}{4}(n = 2k - 1, k \in \mathbf{Z}) \tag{10}$$

$$\left|\cos\frac{nA}{2} + \cos\frac{nB}{2} + \cos\frac{nC}{2}\right| \leqslant \frac{3\sqrt{3}}{2}(n = 2k - 1, k \in \mathbf{Z}) \tag{11}$$

$$\left|\cos\frac{nA}{2}\cos\frac{nB}{2}\cos\frac{nC}{2}\right| \leqslant \frac{3\sqrt{3}}{8}(n = 2k - 1, k \in \mathbf{Z}) \tag{12}$$

$$\sin\frac{nA}{2} + \sin\frac{nB}{2} + \sin\frac{nC}{2} \leqslant \frac{3}{2}(n = 4k + 1, k \in \mathbf{Z}) \tag{13}$$

$$\sin\frac{nA}{2} + \sin\frac{nB}{2} + \sin\frac{nC}{2} \leqslant -\frac{3}{2}(n = 4k + 3, k \in \mathbf{Z}) \tag{14}$$

$$\sin\frac{nA}{2}\sin\frac{nB}{2}\sin\frac{nC}{2} \leqslant \frac{1}{8}(n = 4k + 1, k \in \mathbf{Z}) \tag{15}$$

$$\sin\frac{nA}{2}\sin\frac{nB}{2}\sin\frac{nC}{2} \geqslant -\frac{1}{8}(n = 4k + 3, k \in \mathbf{Z}) \tag{16}$$

$$\sin^2\frac{nA}{2} + \sin^2\frac{nB}{2} + \sin^2\frac{nC}{2} \geqslant \frac{3}{4}(n = 2k - 1, k \in \mathbf{Z}) \tag{17}$$

$$\sin^2 nA + \sin^2 nB + \sin^2 nC \leqslant \frac{9}{4}(n \in \mathbf{Z}) \tag{18}$$

$$| \sin nA + \sin nB + \sin nC | \leqslant \frac{3\sqrt{3}}{2}(n \in \mathbf{Z}) \qquad (19)$$

$$| \sin nA \sin nB \sin nC | \leqslant \frac{3\sqrt{3}}{8}(n \in \mathbf{Z}) \qquad (20)$$

这些不等式是《中学理科参考资料》1980 年第五期 P35、第六期 P13 给出的一些不等式的推广,这时我们仅证式(7),(8),(9),(10),(17),(18),(19).

由式(6)

$$\cos^2 nA + \cos^2 nB + \cos^2 nC = \frac{3}{2} + \frac{1}{2}(\cos 2nA + \cos 2nB + \cos 2nC) \geqslant$$
$$\frac{3}{2} + \frac{1}{2} \times \left(-\frac{3}{2}\right) = \frac{3}{4}$$

即得式(9).而

$$\sin^2 nA + \sin^2 nB + \sin^2 nC = 3 - (\cos^2 nA + \cos^2 nB + \cos^2 nC) \leqslant 3 - \frac{3}{4} = \frac{9}{4}$$

此即式(18).由柯西不等式

$$| \sin nA + \sin nB + \sin nC | \leqslant \sqrt{3(\sin^2 nA + \sin^2 nB + \sin^2 nC)} \leqslant \frac{3\sqrt{3}}{2}$$

此即式(19).由

$$\cos^2 \frac{nA}{2} + \cos^2 \frac{nB}{2} + \cos^2 \frac{nC}{2} = \frac{3}{2} + \frac{1}{2}(\cos nA + \cos nB + \cos nC) \leqslant$$
$$\frac{3}{2} + \frac{1}{2} \times \frac{3}{2} = \frac{9}{4}$$

其中 $n = 2k - 1, k \in \mathbf{Z}$,此即式(10).

再利用平方关系即可得式(17).

在式(5),式(6)中令 $\lambda_1 = \cos nA, \lambda_2 = \cos nB, \lambda_3 = \cos nC$,则

$$\cos^2 nA + \cos^2 nB + \cos^2 nC \geqslant 6\cos nA\cos nB\cos nC(n = 2k - 1, k \in \mathbf{Z})$$
$$\cos^2 nA + \cos^2 nB + \cos^2 nC \geqslant -6\cos nA\cos nB\cos nC(n = 2k, k \in \mathbf{Z})$$

及恒等式

$$\cos^2 nA + \cos^2 nB + \cos^2 nC \geqslant 1 - 2\cos nA\cos nB\cos nC(n = 2k - 1, k \in \mathbf{Z})$$
$$\cos^2 nA + \cos^2 nB + \cos^2 nC \geqslant 1 + 2\cos nA\cos nB\cos nC(n = 2k, k \in \mathbf{Z})$$

可得

$$\cos nA\cos nB\cos nC \leqslant \frac{1}{8}(n = 2k - 1, k \in \mathbf{Z})$$

$$\cos nA\cos nB\cos nC \leqslant \frac{1}{8}(n = 2k - 1, k \in \mathbf{Z})$$

分别为式(7),式(8).

# 加权平均不等式的加强

文[1] 给出了算术 – 几何平均值不等式的一个加强:设 $G_n = \sqrt[n]{a_1 a_2 \cdots a_n}$, $A_n = \dfrac{a_1 + a_2 + \cdots + a_n}{n}$,则

$$n(A_n - G_n) \geqslant (n-1)(A_{n-1} - G_{n-1}) \geqslant \cdots \geqslant 2(A_2 - G_1) \geqslant A_1 - G_1 = 0 \tag{1}$$

本文给出加权平均值不等式的两个加强,其中一个结论是式(1)的推广,从另一结论可以附带得出算术 – 几何平均值不等式的另一加强,主要结果写成如下定理.

**定理** 设 $a_i > 0, p_i > 0 (i = 1,2,\cdots,n)$,记

$$P_n = p_1 + p_2 + \cdots + p_n, S_n = \frac{p_1 a_1 + p_2 a_2 + \cdots + p_n a_n}{P_n}, T_n = (a_1^{p_1} a_2^{p_2} \cdots a_n^{p_n})^{\frac{1}{P_n}}$$

则

$$P_n(S_n - T_n) \geqslant P_{n-1}(S_{n-1} - T_{n-1}) \geqslant \cdots \geqslant P_2(S_2 - T_2) \geqslant P_1(S_1 - T_1) = 0 \tag{2}$$

$$\left(\frac{S_n}{T_n}\right)^{P_n} \geqslant \left(\frac{S_{n-1}}{T_{n-1}}\right)^{P_{n-1}} \geqslant \cdots \geqslant \left(\frac{S_2}{T_2}\right)^{P_2} \geqslant \left(\frac{S_1}{T_1}\right)^{P_1} = 1 \tag{3}$$

当且仅当 $a_1 = a_2 = \cdots = a_n$ 时,$S_n = T_n$.

在式(2)中取 $P_i = 1 (i = 1,2,\cdots,n)$,则可得式(1).可见式(2)是式(1)的推广.

在式(3)中取 $P_i = 1 (i = 1,2,\cdots,n)$,可得:

**推论** 设 $A_n, G_n$ 的意义同式(1),则

$$\left(\frac{A_n}{G_n}\right)^n \geqslant \left(\frac{A_{n-1}}{G_{n-1}}\right)^{n-1} \geqslant \cdots \geqslant \left(\frac{A_2}{G_2}\right)^2 \geqslant \left(\frac{A_1}{G_1}\right)^1 = 1 \tag{4}$$

显然式(4)是算术 – 几何平均值不等式的另一加强.

**定理的证明** 先证式(2).设 $f(x) = \dfrac{P_k S_k + p_{k+1} x}{P_{k+1}} - (T_k^{P_k} x^{p_{k+1}})^{\frac{1}{P_{k+1}}}, x \in \mathbf{R}^+$,

则

$$f'(x) = \frac{p_{k+1}}{P_{k+1}} - T_k^{\frac{P_k}{P_{k+1}}} \cdot \frac{p_{k+1}}{P_{k+1}} \cdot x^{-\frac{P_k}{P_{k+1}}}$$

令 $f'(x) = 0$,得 $x = T_k$.又

$$f'(x) = T_{k+1}^{\frac{P_k}{P_{k+1}}} \cdot \frac{p_{k+1}}{P_{k+1}} \cdot \frac{P_{k+1}}{P_k} x^{-\frac{P_k}{P_{k+1}}-1} > 0$$

因此,当 $x = T_k$ 时 $f(x)$ 取得唯一极小值即最小值

$$f(T_k) = \frac{P_k S_k + p_{k+1} T_k}{P_{k+1}} - (T_k^{P_k} T_k^{p_{k+1}})^{\frac{1}{P_{k+1}}} =$$

$$\frac{P_k S_k}{P_{k+1}} + \frac{T_k p_{k+1}}{P_{k+1}} - T_k =$$

$$\frac{P_k S_k}{P_{k+1}} + \frac{T_k(p_{k+1} - P_{k+1})}{P_{k+1}} =$$

$$\frac{P_k}{P_{k+1}}(S_k - T_k)$$

所以,对 $x \in (0, +\infty)$,有 $f(x) \geqslant f(T_k)$,特别地,对 $a_{k+1}$ 有 $f(a_{k+1}) \geqslant f(T_k)$,
即

$$\frac{P_k S_k + p_{k+1} a_{k+1}}{P_{k+1}} - (T_k^{P_k} a_{k+1}^{p_{k+1}})^{\frac{1}{P_{k+1}}} \geqslant \frac{P_k}{P_{k+1}}(S_k - T_k) \Leftrightarrow$$

$$P_{k+1}(S_{k+1} - T_{k+1}) \geqslant P_k(S_k - T_k)$$

于此不等式中分别取 $k = 1, 2, \cdots, n-1$,再由不等式的传递性,可得

$$P_n(S_n - T_n) \geqslant P_{n-1}(S_{n-1} - T_{n-1}) \geqslant \cdots \geqslant P_2(S_2 - T_2) \geqslant P_1(S_1 - T_1) = 0$$

再证式(3),设

$$g(x) = \left(\frac{P_k S_k + p_{k+1} x}{P_{k+1}}\right)^{P_{k+1}} \div (T_k^{P_k} x^{p_{k+1}}) \quad (x \in \mathbf{R}^+)$$

则

$$g'(x) = [x^{p_{k+1}} P_{k+1} p_{k+1} (P_k S_k + p_{k+1} x)^{P_{k+1}-1} -$$

$$(P_k S_k + p_{k+1} x)^{P_{k+1}} p_{k+1} x^{p_{k+1}-1}] \frac{1}{P_{k+1}^{P_{k+1}} T_k^{P_k} x^{2p_{k+1}}}$$

令 $g'(x) = 0$,得 $x = S_k$,容易验证当 $x = S_k$ 时,$g(x)$ 有唯一极小值即最小值

$$g(S_k) = \left(\frac{P_k S_k + p_{k+1} S_k}{P_{k+1}}\right)^{P_{k+1}} \div (T_k^{P_k} S_k^{p_{k+1}}) =$$

$$\left(\frac{P_{k+1} S_k}{P_{k+1}}\right)^{P_{k+1}} / (T_k^{P_k} S_k^{p_{k+1}}) = \frac{S_k^{P_{k+1}}}{T_k^{P_k} S_k^{p_{k+1}}} = \left(\frac{S_k}{T_k}\right)^{P_k}$$

所以,对 $x \in (0, +\infty)$,有 $g(x) \geqslant f(S_k)$,特别地,对 $a_{k+1}$ 有 $g(a_{k+1}) \geqslant g(S_k)$,
即

$$\left(\frac{P_k S_k + p_{k+1} a_{k+1}}{P_{k+1}}\right)^{P_{k+1}} / (T_k^{P_k} a_{k+1}^{p_{k+1}}) \geqslant \left(\frac{S_k}{T_k}\right)^{P_k} \Leftrightarrow$$

$$\left(\frac{S_{k+1}}{T_{k+1}}\right)^{P_{k+1}} \geqslant \left(\frac{S_k}{T_k}\right)^{P_k}$$

在此不等式中分别取 $k = 1, 2, \cdots, n - 1$,即可得到式(3). 证毕.

在式(2) 中,有 $P_n(S_n - T_n) \geqslant 0$,在式(3) 中有 $\left(\dfrac{S_n}{T_n}\right)^{P_n} \geqslant 1$,从这两个不等式都可以得到 $S_n \geqslant T_n$,即加权平均不等式.

## 参考文献

[1] 高灵. 算术 – 几何平均值不等式一个的加强[J]. 中学数学教学(上海师范大学),1985(4).

# 加权幂——算术(几何)平均不等式的加强

设 $a_i > 0, p_i > 0 (i = 1, 2, \cdots, n), P_n = \sum_{i=1}^{n} p_i, m \in \mathbf{R}$,有

$$M_n(a,p) = \left( \frac{\sum_{i=1}^{n} p_i a_i^m}{P_n} \right)^{\frac{1}{m}}, A_n(a,p) = \frac{\sum_{i=1}^{n} p_i a_i}{P_n}, G_n(a,p) = \left( \prod_{i=1}^{n} p_i a_i^{p_i} \right)^{\frac{1}{P_n}}$$

那么

$$A_n(a,p) \geqslant G_n(a,p) \tag{1}$$

$$M_n(a,p) \geqslant A_n(a,p)(m > 0) \tag{2}$$

$$M_n(a,p) \geqslant G_n(a,p)(m > 1) \tag{3}$$

作者在[1]中将式(1)加强为

$$P_n[A_n(a,p) - G_n(a,p)] \geqslant P_{n-1}[A_{n-1}(a,p) - G_{n-1}(a,p)] \tag{4}$$

$$\left[ \frac{A_n(a,p)}{G_n(a,p)} \right]^{P_n} \geqslant \left[ \frac{A_{n-1}(a,p)}{G_{n-1}(a,p)} \right]^{P_{n-1}} \tag{5}$$

本文给出式(2),式(3)的加强:

**定理1** 设 $a_i, p_i, P_n, M_n(a,p), G_n(a,p)$ 的意义同式(2),$\lambda > 0, m > 0$,$n \in \mathbf{N}, n \geqslant 2$,则

$$P_n \{ [M_n(a,p)]^m - \lambda^{\frac{1}{P_n}} [G_n(a,p)]^m \} \geqslant$$
$$P_{n-1} \{ [M_{n-1}(a,p)]^m - \lambda^{\frac{1}{P_{n-1}}} [G_{n-1}(a,p)]^m \} \tag{6}$$

**证明** W·H·young 不等式:若 $x_1, x_2, \alpha, \beta$ 为正数,且 $\alpha + \beta = 1$,则

$$\alpha x_1 + \beta x_2 \geqslant x_1^{\alpha} x_2^{\beta} \tag{*}$$

中,令 $\alpha = \dfrac{P_{n-1}}{P_n}, \beta = \dfrac{p_n}{P_n}, x_1 = \lambda^{\frac{1}{P_{n-1}}} [G_{n-1}(a,p)]^m, x_2 = a_n^m$,则

$$\frac{P_{n-1}}{P_n} \lambda^{\frac{1}{P_{n-1}}} \cdot [G_{n-1}(a,p)]^m + \frac{p_n}{P_n} \cdot a_n^m \geqslant$$

$$\{ \lambda^{\frac{1}{P_{n-1}}} [G_{n-1}(a,p)]^m \}^{\frac{P_{n-1}}{P_n}} \cdot (a_n^m)^{\frac{p_n}{P_n}} = \lambda^{\frac{1}{P_n}} [G_n(a,p)]^m$$

而 $$p_n a_n^m = P_n [M_n(a,p)]^m - P_{n-1} [M_{n-1}(a,p)]^m$$

代入上式得

$$P_{n-1} \lambda^{\frac{1}{P_{n-1}}} \cdot [G_{n-1}(a,p)]^m + P_n [M_n(a,p)]^m - P_{n-1} [M_{n-1}(a,p)]^m \geqslant$$
$$P_n \lambda^{\frac{1}{P_n}} [G_n(a,p)]^m$$

整理即得式(6),定理 1 得证.

在式(6)中分别取 $\lambda = 1$ 或 $\left[\dfrac{M_n(a,p)}{G_n(a,p)}\right]^{mP_n}$,可得:

**推论** 有关记号同定理 1,则

$$P_n[M_n(a,p) - G_n(a,p)] \geqslant P_{n-1}[M_{n-1}(a,p) - G_{n-1}(a,p)] \tag{7}$$

$$\left[\frac{M_n(a,p)}{G_n(a,p)}\right]^{P_n} \geqslant \left[\frac{M_{n-1}(a,p)}{G_{n-1}(a,p)}\right]^{P_{n-1}} \tag{8}$$

**定理2** 设 $a_i, p_i, P_n, M_n(a,p), A_n(a,p)$ 的意义同式(3),则当 $m > 0, n \in \mathbf{N}, n \geqslant 2$ 时,有

$$P_n[M_n(a,p) - A_n(a,p)] \geqslant P_{n-1}[M_{n-1}(a,p) - A_{n-1}(a,p)] \tag{9}$$

**证明** 在 $(0, +\infty)$ 内定义函数

$$f(x) = \left(\frac{\sum\limits_{i=1}^{n-1} p_i a_i^m + p_n x^m}{P_n}\right)^{\frac{1}{m}} - \frac{\sum\limits_{i=1}^{n-1} p_i a_i + p_n x}{P_n}$$

$$f'(x) = \frac{1}{m} \cdot \frac{p_n}{P_n} \cdot m x^{m-1} \left(\frac{\sum\limits_{i=1}^{n-1} p_i a_i^m + p_n x^m}{P_n}\right)^{\frac{1}{m}-1} - \frac{p_n}{P_n} =$$

$$\frac{p_n}{P_n}\left(\frac{\sum\limits_{i=1}^{n-1} p_i a_i^m + p_n x^m}{P_n x^m}\right)^{\frac{1}{m}-1} - \frac{p_n}{P_n}$$

令 $f'(x) = 0$,得

$$x = \left(\frac{\sum\limits_{i=1}^{n-1} p_i a_i^m}{P_{n-1}}\right)^m = M_{n-1}(a,p)$$

$$f''(x) = (m-1)\frac{p_n}{P_n} x^{m-2} \left(\frac{\sum\limits_{i=1}^{n-1} p_i a_i^m + p_n x^m}{P_n}\right)^{\frac{1}{m}-1} +$$

$$\frac{p_n}{P_n} x^{m-1}\left(\frac{1}{m} - 1\right)\left(\frac{\sum\limits_{i=1}^{n-1} p_i a_i^m + p_n x^m}{P_n}\right)^{\frac{1}{m}-2} \frac{p_n}{P_n} m x^{m-1} =$$

$$(m-1)\frac{p_n}{P_n} x^{m-2}\left(\frac{\sum\limits_{i=1}^{n-1} p_i a_i^m + p_n x^m}{P_n}\right)^{\frac{1}{m}-1} - (m-1)\left(\frac{p_n}{P_n}\right)^2 x^{2m-2} \cdot$$

$$\left(\frac{\sum\limits_{i=1}^{n-1} p_i a_i^m + p_n x^m}{P_n}\right)^{\frac{1}{m}-2} =$$

$$(m-1)\frac{p_n}{P_n}x^{m-2}\left(\frac{\sum\limits_{i=1}^{n-1}p_ia_i^m+p_nx^m}{P_n}\right)^{\frac{1}{m}-1}\left[1-\frac{p_n}{P_n}x^m\left(\frac{\sum\limits_{i=1}^{n-1}p_ia_i^m+p_nx^m}{P_n}\right)^{-1}\right]=$$

$$(m-1)\frac{p_n}{P_n}x^{m-2}\left(\frac{\sum\limits_{i=1}^{n-1}p_ia_i^m+p_nx^m}{P_n}\right)^{\frac{1}{m}-1}\left[1-\frac{p_n}{P_n}x^m\frac{P_n}{\sum\limits_{i=1}^{n-1}p_ia_i^m+p_nx^m}\right]=$$

$$(m-1)\frac{p_n}{P_n}x^{m-2}\left(\frac{\sum\limits_{i=1}^{n-1}p_ia_i^m+p_nx^m}{P_n}\right)^{\frac{1}{m}-1}\cdot\frac{\sum\limits_{i=1}^{n-1}p_ia_i^m}{\sum\limits_{i=1}^{n-1}p_ia_i^m+p_nx^m}>0$$

所以,$f(x)$ 在 $(0,+\infty)$ 内当且仅当 $x=M_{n-1}(a,p)$ 时,取得最小值,因此 $f(x)\geqslant M_{n-1}((a,p))$,特别地,$f(a_n)\geqslant M_{n-1}((a,p))$,即

$$M_n(a,p)-A_n(a,p)\geqslant$$

$$\left(\frac{\sum\limits_{i=1}^{n-1}p_ia_i^m+p_n(M_{n-1}(a,p))^m}{P_n}\right)^{\frac{1}{m}}-\frac{\sum\limits_{i=1}^{n-1}p_ia_i+p_n\cdot M_{n-1}(a,p)}{P_n}=$$

$$\left(\frac{P_{n-1}(M_{n-1}(a,p))^m+p_n(M_{n-1}(a,p))^m}{P_n}\right)^{\frac{1}{m}}-$$

$$\frac{P_{n-1}A_{n-1}(a,p)+p_n\cdot M_{n-1}(a,p)}{P_n}=$$

$$M_{n-1}(a,p)-\frac{P_{n-1}}{P_n}A_{n-1}(a,p)-\frac{p_n}{P_n}M_{n-1}(a,p)=$$

$$\frac{P_{n-1}}{P_n}M_{n-1}(a,p)-\frac{P_{n-1}}{P_n}A_{n-1}(a,p)$$

故 $P_n[M_n(a,p)-A_n(a,p)]\geqslant P_{n-1}[M_{n-1}(a,p)-A_{n-1}(a,p)]$

## 参考文献

[1] 蒋明斌,洪绍芳. 加权平均不等式的加强[J]. 中学数学教学(上海师大),1986(6):194-195.

# 关于两个代数不等式的推广及其他

## 1 引　言

(1)1999 年,在江苏吴县市召开的全国不等式研究学术会议上,中科院成都计算机应用研究所杨路教授应用通用软件 Bottema 给出了如下不等式的一个机器证明:

设 $x,y,z > 0$（下文中的 $x,y,z$ 意义与此相同,不再说明）,则有

$$\sqrt{\frac{x}{y+z}} + \sqrt{\frac{y}{z+x}} + \sqrt{\frac{z}{x+y}} > 2 \tag{1}$$

不等式(1)发表后,有多篇文章给出了式(1)的证明(如文[1]～[5]),文[5]还给出了式(1)的推广.

(2)2000 年 11 月,刘保乾在文[6]给出了式(1)的一个"姐妹"不等式猜想

$$\sqrt{\frac{x}{x+y}} + \sqrt{\frac{y}{y+z}} + \sqrt{\frac{z}{z+x}} \leqslant \frac{3\sqrt{2}}{2} \tag{2}$$

吴善和[7]、舒金根[5]、李建潮[8,9]用不同的方法先后给出了式(2)的证明.安振平在文[10]中还给出了式(2)左边的一个下界估计

$$\sqrt{\frac{x}{x+y}} + \sqrt{\frac{y}{y+z}} + \sqrt{\frac{z}{z+x}} > 1 \tag{3}$$

本文首先推广式(1),然后探讨式(1),式(2)的类似不等式及有关问题,最后给出式(2),式(3)的推广.

## 2 不等式(1)的推广

**命题 1** 设 $m,k \in \mathbf{N},(m,k)=1,m > k > 0$,则

$$\sqrt[m]{\left(\frac{x}{y+z}\right)^k} + \sqrt[m]{\left(\frac{y}{z+x}\right)^k} + \sqrt[m]{\left(\frac{z}{x+y}\right)^k} > \frac{m}{k}\sqrt[m]{\left(\frac{k}{m-k}\right)^{m-k}} \tag{4}$$

**证明**　由均值不等式,有

$$\left(\frac{k}{m-k}\right)^{m-k} \cdot x^{m-k} \cdot (y+z)^k =$$

$$\underbrace{\left(\frac{k}{m-k}x\right)\left(\frac{k}{m-k}x\right)\cdots\left(\frac{k}{m-k}x\right)}_{m-k\text{个}} \underbrace{(y+z)(y+z)\cdots(y+z)}_{k\text{个}} \leqslant$$

$$\left(\frac{k(x+y+z)}{m}\right)^m$$

97

所以
$$\sqrt[m]{\left(\frac{x}{y+z}\right)^k} \geqslant \frac{m}{k}\sqrt[m]{\left(\frac{k}{m-k}\right)^{m-k}}\frac{x}{x+y+z}$$
同理可证
$$\sqrt[m]{\left(\frac{y}{z+x}\right)^k} \geqslant \frac{m}{k}\sqrt[m]{\left(\frac{k}{m-k}\right)^{m-k}}\frac{y}{x+y+z}$$

$$\sqrt[m]{\left(\frac{z}{x+y}\right)^k} \geqslant \frac{m}{k}\sqrt[m]{\left(\frac{k}{m-k}\right)^{m-k}}\frac{z}{x+y+z}$$

三式相加,并注意到等号不能同时成立,即得式(4).

**注记** 1  取 $k=1$,由式(4)可得文[5]中给出的式(1)的推广

$$\sqrt[m]{\frac{x}{y+z}} + \sqrt[m]{\frac{y}{z+x}} + \sqrt[m]{\frac{z}{x+y}} \geqslant m\frac{\sqrt[m]{m-1}}{m-1} \tag{5}$$

**注记** 2  取 $m=3,k=2$,由式(4)可得文[11]中的不等式

$$\sqrt[3]{\left(\frac{x}{y+z}\right)^2} + \sqrt[3]{\left(\frac{y}{z+x}\right)^2} + \sqrt[3]{\left(\frac{z}{x+y}\right)^2} \geqslant \frac{3}{\sqrt[3]{4}} \tag{6}$$

从命题 1 的证明不难把命题 1 推广到 $n$ 个的情形:

**命题** 2  设 $x_i > 0(i=1,2,\cdots,n)$,$n \geqslant 3$,$m,k \in \mathbf{N}$,$(m,k)=1$,$m > k > 0$,记 $s = \sum\limits_{i=1}^{n} x_i$,则

$$\sum_{i=1}^{n} \sqrt[m]{\left(\frac{x_i}{s-x_i}\right)^k} > \frac{m}{k}\sqrt[m]{\left(\frac{k}{m-k}\right)^{m-k}} \tag{7}$$

## 3  不等式(1),(2)的类似不等式

文[12]给出式(1)的一个类似不等式

$$\sqrt{\frac{y+z}{x}} + \sqrt{\frac{z+x}{y}} + \sqrt{\frac{x+y}{z}} \geqslant 3\sqrt{2} \tag{8}$$

类似的有

$$\sqrt{\frac{x+y}{x}} + \sqrt{\frac{y+z}{y}} + \sqrt{\frac{z+x}{z}} \geqslant 3\sqrt{2} \tag{9}$$

更一般地,我们有:

**命题** 3  设 $m,k \in \mathbf{N}$,$(m,k)=1$,$m > k > 0$,则

$$\sqrt[m]{\left(\frac{y+z}{x}\right)^k} + \sqrt[m]{\left(\frac{z+x}{y}\right)^k} + \sqrt[m]{\left(\frac{x+y}{z}\right)^k} \geqslant 3\sqrt[m]{2^k} \tag{10}$$

$$\sqrt[m]{\left(\frac{x+y}{x}\right)^k} + \sqrt[m]{\left(\frac{y+z}{y}\right)^k} + \sqrt[m]{\left(\frac{z+x}{z}\right)^k} \geqslant 3\sqrt[m]{2^k} \tag{11}$$

**证明**　因为

$$\sqrt[m]{\left(\frac{y+z}{x}\right)^k}+\sqrt[m]{\left(\frac{z+x}{y}\right)^k}+\sqrt[m]{\left(\frac{x+y}{z}\right)^k}\geqslant$$

$$3\left(\frac{y+z}{x}\cdot\frac{z+x}{y}\cdot\frac{x+y}{z}\right)^{\frac{k}{3m}}\geqslant$$

$$3\left(\frac{2\sqrt{yz}}{x}\cdot\frac{2\sqrt{zx}}{y}\cdot\frac{2\sqrt{xy}}{z}\right)^{\frac{k}{3m}}=3\sqrt[m]{2^k}$$

故式(10)成立.

同理可证式(11).

**注记1**　取 $m=2,k=1$,由式(10),式(11)即得式(8),式(9);

**注记2**　设 $a,b,c$ 为 $\triangle ABC$ 的三边,令

$$x=\frac{1}{2}(b+c-a),y=\frac{1}{2}(c+a-b),z=\frac{1}{2}(a+b-c)\qquad(12)$$

则由式(8)可得文[13]中的不等式

$$\sqrt{\frac{a}{b+c-a}}+\sqrt{\frac{b}{c+a-b}}+\sqrt{\frac{c}{a+b-c}}\geqslant 3\qquad(13)$$

由命题3的证明,不难将其推广到 $n$ 个的情形:

**命题4**　设 $x_i>0(i=1,2,\cdots,n),n\geqslant3,m,k\in\mathbf{N},(m,k)=1,m>k>0$,记 $s=\sum_{i=1}^{n}x_i$,则

$$\sum_{i=1}^{n}\sqrt[m]{\left(\frac{s-x_i}{x_i}\right)^k}\geqslant n\sqrt[m]{(n-1)^k}\qquad(14)$$

$$\sum_{i=1}^{n}\sqrt[m]{\left(\frac{s-x_{i-1}}{x_i}\right)^k}\geqslant n\sqrt[m]{(n-1)^k}\ (x_0=x_n)\qquad(15)$$

**注记**　取 $k=1$,可得到文[13]中关于式(8)的两个推广.

## 4　不等式(1),(8),(9)左边的上界问题

文[15]给出了如下的不等式:设 $a,b,c$ 为 $\triangle ABC$ 的三边,则

$$\sqrt{\frac{b+c-a}{a}}+\sqrt{\frac{c+a-b}{b}}+\sqrt{\frac{a+b-c}{c}}>2\sqrt{2}\qquad(16)$$

作变换(12)知式(16)等价于式(1),安振平在[15]中给出式(16)的一个证明后,提出了如下猜想

$$\sqrt{\frac{b+c-a}{a}}+\sqrt{\frac{c+a-b}{b}}+\sqrt{\frac{a+b-c}{c}}\leqslant 3\qquad(17)$$

作变换(12)知式(17)等价于

$$\sqrt{\frac{x}{y+z}} + \sqrt{\frac{y}{z+x}} + \sqrt{\frac{z}{x+y}} \leqslant \frac{3\sqrt{2}}{2} \qquad (18)$$

即上述猜想不等式(17)的等价不等式(18)试图给出式(1)左边的一个上界,

但式(18)并不成立,如取 $x=y=1, z=99$,则式(18)的左边 $= \frac{1}{5} + \sqrt{\frac{99}{2}} >$

$\frac{3\sqrt{3}}{2}$.

一般地,我们有:

**命题6** 有

$$\sqrt{\frac{x}{y+z}} + \sqrt{\frac{y}{z+x}} + \sqrt{\frac{z}{x+y}} \qquad (19)$$

$$\sqrt{\frac{y+z}{x}} + \sqrt{\frac{z+x}{y}} + \sqrt{\frac{x+y}{z}} \qquad (20)$$

$$\sqrt{\frac{x+y}{x}} + \sqrt{\frac{y+z}{y}} + \sqrt{\frac{z+x}{z}} \qquad (21)$$

均无上界.

**证明** 令 $x=y=1, z\to +\infty$,则式(19),式(20),式(21)均 $\to +\infty$.

文[16]取 $x=a, y=b, z=c$,当 $a,b,c$ 为 $\triangle ABC$ 的三边时,给出了式(19)的

一个上界

$$\sqrt{\frac{a}{b+c}} + \sqrt{\frac{b}{c+a}} + \sqrt{\frac{c}{a+b}} < 1 + \frac{2\sqrt{3}}{3} \qquad (22)$$

且 $1 + \frac{2\sqrt{3}}{3}$ 是最佳的.

结合前面对式(1)推广,我们有:

**猜想1** 设 $a,b,c$ 为 $\triangle ABC$ 的三边, $m,k \in \mathbf{N}, (m,k)=1, m>k>0$,则

$$\sqrt[m]{\left(\frac{a}{b+c}\right)^k} + \sqrt[m]{\left(\frac{b}{c+a}\right)^k} + \sqrt[m]{\left(\frac{c}{a+b}\right)^k} < 1 + 2\sqrt[m]{\frac{1}{3^k}} \qquad (23)$$

## 5 不等式(1)的再推广

下面我们从另一角度来推广式(1),通过运用计算机作了大量的验证,得

到:

**猜想2** 设 $\lambda_1, \lambda_2 (\lambda_1 < \lambda_2)$ 是方程 $1 + \sqrt{\frac{1}{\lambda}} = \frac{3}{\sqrt{1+\lambda}}$ 的根,即

$$\lambda_1 = \frac{9}{2} + 2\sqrt{10} - \sqrt{117 - 36\sqrt{10}} = 0.449\ 183\ 618\ 962\ 019\cdots$$

$$\lambda_2 = \frac{9}{2} + 2\sqrt{10} + \sqrt{117 - 36\sqrt{10}} = 2.262\,610\,607\,122\cdots$$

则:

(1) 当 $\lambda \in (0, \lambda_1] \cup [\lambda_2, +\infty)$ 时,有

$$\sqrt{\frac{x}{\lambda y + z}} + \sqrt{\frac{y}{\lambda z + x}} + \sqrt{\frac{z}{\lambda x + y}} \geqslant \frac{3}{\sqrt{1 + \lambda}} \qquad (24)$$

(2) 当 $\lambda \in (\lambda_1, \lambda_2)$ 时,有

$$\sqrt{\frac{x}{\lambda y + z}} + \sqrt{\frac{y}{\lambda z + x}} + \sqrt{\frac{z}{\lambda x + y}} > 1 + \sqrt{\frac{1}{\lambda}} \qquad (25)$$

特别地,当 $\lambda = 1 \in (\lambda_1, \lambda_2)$,由式(25)即得式(1).

**猜想**3  设 $\lambda_1, \lambda_2 (\lambda_1 < \lambda_2)$ 是方程 $1 + \sqrt[3]{\frac{1}{\lambda}} = \frac{3}{\sqrt[3]{1 + \lambda}}$ 的两个实根

$$\lambda_1 = 0.155\,728\,782\,725\cdots, \lambda_2 = 6.424\,142\,051\,398\cdots$$

则:

(1) 当 $\lambda \in (0, \lambda_1] \cup [\lambda_2, +\infty)$ 时,有

$$\sqrt[3]{\frac{x}{\lambda y + z}} + \sqrt[3]{\frac{y}{\lambda z + x}} + \sqrt[3]{\frac{z}{\lambda x + y}} \geqslant \frac{3}{\sqrt[3]{1 + \lambda}} \qquad (26)$$

(2) 当 $\lambda \in (\lambda_1, \lambda_2)$ 时,有

$$\sqrt[3]{\frac{x}{\lambda y + z}} + \sqrt[3]{\frac{y}{\lambda z + x}} + \sqrt[3]{\frac{z}{\lambda x + y}} > 1 + \sqrt[3]{\frac{1}{\lambda}} \qquad (27)$$

为了作更一般的推广,我们先给出:

**猜想**4  当 $0 < \alpha < \log_2 3 - 1 = 0.584\,962\,5\cdots$ 时,关于 $\lambda$ 的方程

$$1 + \left(\frac{1}{\lambda}\right)^{\alpha} = \frac{3}{(1 + \lambda)^{\alpha}} \qquad (*)$$

在 $(0, +\infty)$ 有且只有两个不等实根,它们互为倒数.

由此,猜想2,猜想3可推广为:

**猜想**5  (1) 当 $0 < \alpha < \log_2 3 - 1 = 0.584\,962\,5\cdots$ 时,设 $\lambda_1, \lambda_2 (\lambda_1 < \lambda_2)$ 是方程 $(*)$ 的两个实根,则:

当 $\lambda \in (0, \lambda_1] \cup [\lambda_2, +\infty)$ 时,有

$$\left(\frac{x}{\lambda y + z}\right)^{\alpha} + \left(\frac{y}{\lambda z + x}\right)^{\alpha} + \left(\frac{z}{\lambda x + y}\right)^{\alpha} \geqslant \frac{3}{(1 + \lambda)^{\alpha}} \qquad (28)$$

当 $\lambda \in (\lambda_1, \lambda_2)$ 时,有

$$\left(\frac{x}{\lambda y + z}\right)^{\alpha} + \left(\frac{y}{\lambda z + x}\right)^{\alpha} + \left(\frac{z}{\lambda x + y}\right)^{\alpha} > 1 + \frac{1}{\lambda^{\alpha}} \qquad (29)$$

(2) 当 $\alpha \geqslant \log_2 3 - 1 = 0.584\,962\,5\cdots$,或 $\alpha < 0$ 时,对 $\lambda > 0$ 有

$$\left(\frac{x}{\lambda y + z}\right)^{\alpha} + \left(\frac{y}{\lambda z + x}\right)^{\alpha} + \left(\frac{z}{\lambda x + y}\right)^{\alpha} \geqslant \frac{3}{(1+\lambda)^{\alpha}} \tag{30}$$

**注记 1**　取 $\alpha = 1, \lambda = \dfrac{m}{n}$，由式(30)可得文[18]中的不等式

$$\frac{x}{my + z} + \frac{y}{mz + x} + \frac{z}{mx + y} \geqslant \frac{3}{m + n} \tag{30-1}$$

**注记 2**　取 $\lambda = 1, \alpha = k$ 且 $k \geqslant \log_2 3 - 1 = 0.584\,962\,5\cdots$ 或 $k < 0$，由式(30)可得文[19]中的不等式 138

$$\left(\frac{x}{y+z}\right)^{k} + \left(\frac{y}{z+x}\right)^{k} + \left(\frac{z}{x+y}\right)^{k} \geqslant \frac{3}{2^{k}} \quad (\text{吴跃生},2000.2) \tag{30-2}$$

**注记 3**　在式(30-1)中取 $m = n = 1$，或在式(30-2)中取 $\alpha = 1$，得到熟知的不等式[27]（它曾作为1963年莫斯科数学竞赛题）

$$\frac{x}{y+z} + \frac{y}{z+x} + \frac{z}{x+y} \geqslant \frac{3}{2} \tag{30-3}$$

**注记 4**　设 $a,b,c$ 为 $\triangle ABC$ 的三边，作代换式(12)式(30-2)可得[19]中的不等式 133

$$\left(\frac{b+c-a}{a}\right)^{k} + \left(\frac{c+a-b}{b}\right)^{k} + \left(\frac{a+b-c}{c}\right)^{k} \geqslant 3 \tag{30-4}$$

其中，$k \geqslant p = \log_2 3 - 1$，且 $p$ 是使不等式成立的最小正数.（樊益武，2002,2）

## 6　不等式(3)的推广

第42届IMO(2001年)第二题为：设 $a,b,c > 0$，则

$$\frac{a}{\sqrt{a^2 + 8bc}} + \frac{b}{\sqrt{b^2 + 8ca}} + \frac{c}{\sqrt{c^2 + 8ab}} \geqslant 1 \tag{31}$$

令 $\dfrac{bc}{a^2} = \dfrac{y}{x}, \dfrac{ca}{b^2} = \dfrac{z}{y}, \dfrac{ab}{c^2} = \dfrac{x}{z}$，则式(31)等价于

$$\sqrt{\frac{x}{x + 8y}} + \sqrt{\frac{y}{y + 8z}} + \sqrt{\frac{z}{z + 8x}} \geqslant 1 \tag{32}$$

显然，式(32)是式(3)的加强. 文[21]，[22]，[23]，[24]给出了式(31)的一个推广：

设 $a,b,c > 0, \lambda \geqslant 8$，则

$$\frac{a}{\sqrt{a^2 + \lambda bc}} + \frac{b}{\sqrt{b^2 + \lambda ca}} + \frac{c}{\sqrt{c^2 + \lambda ab}} \geqslant \frac{3}{\sqrt{1+\lambda}} \tag{33}$$

由此可得：

**命题 7**　(1) 当 $\lambda \geqslant 8$ 时，有

$$\sqrt{\frac{x}{x + \lambda y}} + \sqrt{\frac{y}{y + \lambda z}} + \sqrt{\frac{z}{z + \lambda x}} \geqslant \frac{3}{\sqrt{1+\lambda}} \tag{34}$$

（2）当 $0 < \lambda < 8$ 时，有

$$\sqrt{\frac{x}{x+\lambda y}} + \sqrt{\frac{y}{y+\lambda z}} + \sqrt{\frac{z}{z+\lambda x}} > 1 \qquad (35)$$

文[22]，[24]还将式（33）推广到 $n$ 个的情形：

设 $a_i > 0 (i = 1,2,\cdots,n)$，$n \geqslant 3$，则当 $\lambda \geqslant n^2 - 1$ 时，有

$$\frac{a_1}{\sqrt{a_1^2 + \lambda a_2 a_3}} + \frac{a_2}{\sqrt{a_2^2 + \lambda a_3 a_4}} + \cdots + \frac{a_n}{\sqrt{a_n^2 + \lambda a_1 a_2}} \geqslant \frac{n}{\sqrt{1+\lambda}} \qquad (36)$$

由此可将命题 7 推广为：

**命题 8**　设 $x_i > 0 (i = 1,2,\cdots,n)$，$n \geqslant 3$，$x_{n+1} = x_1$，$\lambda > 0$，则：

（1）当 $\lambda \geqslant n^2 - 1$ 时，有

$$\sum_{i=1}^n \sqrt{\frac{x_i}{x_i + \lambda x_{i+1}}} \geqslant \frac{n}{\sqrt{1+\lambda}} \qquad (37)$$

（2）当 $0 < \lambda < n^2 - 1$ 时，有

$$\sum_{i=1}^n \sqrt{\frac{x_i}{x_i + \lambda x_{i+1}}} > 1 \qquad (38)$$

**注记 1**　取 $\lambda = 1$，由式（38）可得

$$\sum_{i=1}^n \sqrt{\frac{x_i}{x_i + x_{i+1}}} > 1 \qquad (38-1)$$

**注记 2**　设 $a_i > 0 (i = 1,2,\cdots,n)$，$n \geqslant 3$，在式（38 - 1）中，令

$$\frac{x_2}{x_1} = \frac{a_2 a_3 \cdots a_n}{a_1^{n-1}}, \frac{x_3}{x_2} = \frac{a_1 a_3 \cdots a_n}{a_2^{n-1}}, \cdots,$$

$$\frac{x_{i+1}}{x_i} = \frac{a_1 a_2 \cdots a_{i-1} a_{i+1} \cdots a_n}{a_i^{n-1}}, \cdots, \frac{x_1}{x_n} = \frac{a_1 a_2 \cdots a_{n-1}}{a_n^{n-1}}$$

则得文[28]中的不等式

$$\sqrt{\frac{a_1^{n-1}}{a_1^{n-1} + a_2 a_3 \cdots a_n}} + \sqrt{\frac{a_2^{n-1}}{a_2^{n-1} + a_1 a_3 \cdots a_n}} + \cdots +$$

$$\sqrt{\frac{a_i^{n-1}}{a_i^{n-1} + a_1 a_2 \cdots a_{i-1} a_{i+1} \cdots a_n}} + \cdots + \sqrt{\frac{a_n^{n-1}}{a_n^{n-1} + a_1 a_2 \cdots a_{n-1}}} > 1 \quad (38-2)$$

它曾是一道竞赛题，从此不等式中可以看到 IMO42 - 2 题即不等式（31）的影子。

考虑命题 7 中式（34），式（35）中各项的指数推广，我们有：

**猜想 6**　（1）当 $\lambda \geqslant 3^{\frac{1}{\alpha}} - 1$ 且 $\alpha > 0$ 或 $\alpha < 0$ 时，有

$$\left(\frac{x}{x+\lambda y}\right)^\alpha + \left(\frac{y}{y+\lambda z}\right)^\alpha + \left(\frac{z}{z+\lambda x}\right)^\alpha \geqslant \frac{3}{(1+\lambda)^\alpha} \qquad (39)$$

(2) 当 $0 < \lambda < 3^{\frac{1}{\alpha}} - 1$ 且 $\alpha > 0$ 时,有

$$\left(\frac{x}{x+\lambda y}\right)^{\alpha} + \left(\frac{y}{y+\lambda z}\right)^{\alpha} + \left(\frac{z}{z+\lambda x}\right)^{\alpha} > 1 \qquad (40)$$

此猜想等价于:

**猜想** $6'$　设 $x, y, z, \lambda > 0$ 则:

(1) 当 $\alpha \geqslant \log_{1+\lambda} 3$ 或 $\alpha < 0$ 时,有

$$\left(\frac{x}{x+\lambda y}\right)^{\alpha} + \left(\frac{y}{y+\lambda z}\right)^{\alpha} + \left(\frac{z}{z+\lambda x}\right)^{\alpha} \geqslant \frac{3}{(1+\lambda)^{\alpha}} \qquad (41)$$

(2) 当 $0 < \alpha < \log_{1+\lambda} 3$ 时,有

$$\left(\frac{x}{x+\lambda y}\right)^{\alpha} + \left(\frac{y}{y+\lambda z}\right)^{\alpha} + \left(\frac{z}{z+\lambda x}\right)^{\alpha} > 1 \qquad (42)$$

**注记** 1　取 $\alpha = 2, \lambda = 1$,由式(39) 可得文[6] 中的不等式

$$\left(\frac{x}{x+y}\right)^{2} + \left(\frac{y}{y+z}\right)^{2} + \left(\frac{z}{z+x}\right)^{2} \geqslant \frac{3}{4} \qquad (42-1)$$

**注记** 2　取 $\alpha = 1, \lambda = \frac{1}{k}, 0 \leqslant k \leqslant \frac{1}{2}$,由式(39) 可得文[25] 中的不等式

$$\frac{x}{kx+y} + \frac{y}{ky+z} + \frac{z}{kz+x} \geqslant \frac{3}{1+k}(\text{朱结根 } 2002.2) \qquad (42-2)$$

将猜想 6,猜想 $6'$ 推广到 $n$ 个的情形有:

**猜想** 7　设 $x_i > 0(i = 1, 2, \cdots, n), n \geqslant 3, x_{n+1} = x_1, \lambda > 0$,则:

(1) 当 $\lambda \geqslant n^{\frac{1}{\alpha}} - 1$ 且 $\alpha > 0$ 或 $\alpha < 0$ 时,有

$$\sum_{i=1}^{n} \left(\frac{x_i}{x_i + \lambda x_{i+1}}\right)^{\alpha} \geqslant \frac{n}{(1+\lambda)^{\alpha}} \qquad (43)$$

(2) 当 $0 < \lambda < n^{\frac{1}{\alpha}} - 1$ 且 $\alpha > 0$ 时,有

$$\sum_{i=1}^{n} \left(\frac{x_i}{x_i + \lambda x_{i+1}}\right)^{\alpha} > 1 \qquad (44)$$

**猜想** $7'$　设 $x_i > 0(i = 1, 2, \cdots, n), n \geqslant 3, x_{n+1} = x_1, \lambda > 0$,则:

(1) 当 $\alpha \geqslant \log_{1+\lambda} n$ 或 $\alpha < 0$ 时,有

$$\sum_{i=1}^{n} \left(\frac{x_i}{x_i + \lambda x_{i+1}}\right)^{\alpha} \geqslant \frac{n}{(1+\lambda)^{\alpha}} \qquad (45)$$

(2) 当 $0 < \alpha < \log_{1+\lambda} n$ 时,有

$$\sum_{i=1}^{n} \left(\frac{x_i}{x_i + \lambda x_{i+1}}\right)^{\alpha} > 1 \qquad (46)$$

# 7　不等式(2) 的推广

安振平在文[26] 给出了式(2) 的一个类似不等式

$$\sqrt{\frac{x}{2x + y}} + \sqrt{\frac{y}{2y + z}} + \sqrt{\frac{z}{2z + x}} \leqslant \sqrt{3} \qquad (47)$$

并提出如下猜想不等式：当 $\lambda \geqslant 1$ 时，有

$$\sqrt{\frac{x}{\lambda x + y}} + \sqrt{\frac{y}{\lambda y + z}} + \sqrt{\frac{z}{\lambda z + x}} \leqslant \frac{3}{\sqrt{\lambda + 1}} \qquad (48)$$

通过运用计算机作了大量的验证，我们发现上述猜想不等式应当修正为：

**猜想 8** （1）当 $\lambda \geqslant \frac{4}{5}$，式(48) 成立；

（2）当 $0 < \lambda < \frac{4}{5}$ 时，有

$$\sqrt{\frac{x}{\lambda x + y}} + \sqrt{\frac{y}{\lambda y + z}} + \sqrt{\frac{z}{\lambda z + x}} < \frac{2}{\lambda} \qquad (49)$$

它等价于：

**猜想 8′** （1）当 $0 < \lambda \leqslant \frac{5}{4}$ 时，有

$$\sqrt{\frac{x}{x + \lambda y}} + \sqrt{\frac{y}{y + \lambda z}} + \sqrt{\frac{z}{z + \lambda x}} \leqslant \frac{3}{\sqrt{\lambda + 1}} \qquad (50)$$

（2）当 $\lambda > \frac{5}{4}$ 时，有

$$\sqrt{\frac{x}{x + \lambda y}} + \sqrt{\frac{y}{y + \lambda z}} + \sqrt{\frac{z}{z + \lambda x}} < 2 \qquad (51)$$

推广到 $n$ 个，有：

**猜想 9** 设 $x_i > 0(i = 1, 2, \cdots, n)$，$n \geqslant 3$，$x_{n+1} = x_1$，$\lambda > 0$，则：

（1）当 $\lambda \geqslant \frac{(n - 1)^2}{2n - 1}$ 时，有

$$\sum_{i=1}^{n} \sqrt{\frac{x_i}{\lambda x_i + x_{i+1}}} \leqslant \frac{n}{\sqrt{1 + \lambda}} \qquad (52)$$

（2）当 $0 < \lambda < \frac{(n - 1)^2}{2n - 1}$ 时，有

$$\sum_{i=1}^{n} \sqrt{\frac{x_i}{\lambda x_i + x_{i+1}}} < \frac{n - 1}{\sqrt{\lambda}} \qquad (53)$$

**猜想 9′** 设 $x_i > 0(i = 1, 2, \cdots, n)$，$n \geqslant 3$，$x_{n+1} = x_1$，$\lambda > 0$，则：

（1）当 $0 < \lambda \leqslant \frac{2n - 1}{(n - 1)^2}$ 时，有

$$\sum_{i=1}^{n} \sqrt{\frac{x_i}{x_i + \lambda x_{i+1}}} \leqslant \frac{n}{\sqrt{1 + \lambda}} \qquad (54)$$

105

(2) 当 $\lambda \geqslant \dfrac{2n-1}{(n-1)^2}$ 时,有

$$\sum_{i=1}^{n} \sqrt{\frac{x_i}{x_i + \lambda x_{i+1}}} < n - 1 \qquad (55)$$

考虑式(50) ~ 式(55)的指数推广,我们有:

**猜想** 10  设 $x, y, z, \lambda > 0$,则:

(1) 当 $0 < \lambda \leqslant \left(\dfrac{3}{2}\right)^{\alpha} - 1$ 且 $\alpha > 0$ 时,有

$$\left(\frac{x}{x + \lambda y}\right)^{\alpha} + \left(\frac{y}{y + \lambda z}\right)^{\alpha} + \left(\frac{z}{z + \lambda x}\right)^{\alpha} \leqslant \frac{3}{(1 + \lambda)^{\alpha}} \qquad (56)$$

(2) 当 $\lambda > \left(\dfrac{3}{2}\right)^{\alpha} - 1$ 且 $\alpha > 0$ 时,有

$$\left(\frac{x}{x + \lambda y}\right)^{\alpha} + \left(\frac{y}{y + \lambda z}\right)^{\alpha} + \left(\frac{z}{z + \lambda x}\right)^{\alpha} < 2 \qquad (57)$$

此猜想等价于:

**猜想** 10′  设 $x, y, z, \lambda > 0$,则:

(1) 当 $0 < \alpha \leqslant \log_{1+\lambda} \dfrac{3}{2}$ 时,有

$$\left(\frac{x}{x + \lambda y}\right)^{\alpha} + \left(\frac{y}{y + \lambda z}\right)^{\alpha} + \left(\frac{z}{z + \lambda x}\right)^{\alpha} \leqslant \frac{3}{(1 + \lambda)^{\alpha}} \qquad (58)$$

(2) 当 $\alpha > \log_{1+\lambda} \dfrac{3}{2}$ 时,有

$$\left(\frac{x}{x + \lambda y}\right)^{\alpha} + \left(\frac{y}{y + \lambda z}\right)^{\alpha} + \left(\frac{z}{z + \lambda x}\right)^{\alpha} < 2 \qquad (59)$$

**注记**  取 $\alpha = 1, \lambda = \dfrac{1}{k}, k \geqslant 2$,由式(56)可得文[25]中的不等式

$$\frac{x}{kx + y} + \frac{y}{ky + z} + \frac{z}{kz + x} \leqslant \frac{3}{1 + k} (朱结根 2002.2) \qquad (56 - 1)$$

**猜想** 11  设 $x_i > 0 (i = 1, 2, \cdots, n), n \geqslant 3, x_{n+1} = x_1, \alpha > 0$,则:

(1) 当 $0 < \lambda \leqslant \left(\dfrac{n}{n-1}\right)^{\frac{1}{\alpha}} - 1$ 时,有

$$\sum_{i=1}^{n} \left(\frac{x_i}{x_i + \lambda x_{i+1}}\right)^{\alpha} \leqslant \frac{n}{(1 + \lambda)^{\alpha}} \qquad (60)$$

(2) 当 $\lambda > \left(\dfrac{n}{n-1}\right)^{\frac{1}{\alpha}} - 1$ 时,有

$$\sum_{i=1}^{n} \left(\frac{x_i}{x_i + \lambda x_{i+1}}\right)^{\alpha} < n - 1 \qquad (61)$$

**注记 1** 取 $\alpha = \lambda = 1 = \lambda = 1$ 由式(44),式(61)可得文[29]中的不等式

$$1 < \sum_{i=1}^{n} \frac{x_i}{x_i + x_{i+1}} < n - 1 \tag{61-1}$$

**注记 2** 在式(61-1)中令 $\dfrac{x_{i+1} x_{i+2}}{x_i} = \dfrac{a_{i+1}}{a_i}$,且 $a_i > 0 (i = 1, 2, \cdots, n)$, $x_{n+1} = x_1, x_{n+2} = x_2$,由左边的不等式可得第26届(1985)IMO的一道备选题

$$\sum_{i=1}^{n} \frac{a_i^2}{a_i^2 + a_{i+1} a_{i+2}} < n - 1 \tag{61-2}$$

## 8 待研究的问题

我们可以考虑更一般的:

**问题** 设 $\lambda, \mu, \nu, \alpha \in \mathbf{R}, \sum \left( \dfrac{x}{\lambda x + \mu y + \nu z} \right)^{\alpha}$ 的上界或下界是什么?

当 $\alpha = 1$ 时,有下列一些结果:

**命题 9** 设 $\lambda, \mu, \nu, \alpha \in \mathbf{R}, x, y, z > 0$,且 $\lambda x + \mu y + \nu z > 0, \lambda y + \mu z + \nu x > 0, \lambda z + \mu x + \nu y > 0$,则当 $\mu + \nu - 2\lambda > 0, \lambda + \mu + \nu > 0$ 时

$$\frac{x}{\lambda x + \mu y + \nu z} + \frac{y}{\nu x + \lambda y + \mu z} + \frac{z}{\mu x + \nu y + \lambda z} \geq \frac{3}{\lambda + \mu + \nu} \tag{62}$$

**证明** 应用柯西不等式,有

$$\frac{x}{\lambda x + \mu y + \nu z} + \frac{y}{\nu x + \lambda y + \mu z} + \frac{z}{\mu x + \nu y + \lambda z} =$$

$$\frac{x^2}{\lambda x^2 + \mu yx + \nu zx} + \frac{y^2}{\nu xy + \lambda y^2 + \mu zy} + \frac{z^2}{\mu xz + \nu yz + \lambda z^2} \geq$$

$$\frac{(x + y + z)^2}{\lambda (x^2 + y^2 + z^2) + (\mu + \nu)(xy + yz + zx)}$$

因此,要证式(62),只需证

$$\frac{(x + y + z)^2}{\lambda (x^2 + y^2 + z^2) + (\mu + \nu)(xy + yz + zx)} \geq \frac{3}{\lambda + \mu + \nu} \Leftrightarrow$$

$$(\lambda + \mu + \nu)(x + y + z)^2 \geq$$

$$3\lambda (x^2 + y^2 + z^2) + 3(\mu + \nu)(xy + yz + zx) \Leftrightarrow$$

$$(\mu + \nu - 2\lambda)(x^2 + y^2 + z^2 - xy - yz - zx) \geq 0$$

由 $\mu + \nu - 2\lambda > 0$ 知,后一不等式显然成立,因而式(62)成立.

**注记 1** 令 $\lambda = 0, \mu = m, \nu = n$,则由式(62)得到比式(30-1)更广泛的结果:即当 $m, n \in \mathbf{R}, m + n > 0, x, y, z > 0, mx + ny > 0, my + nz > 0, mz + nx > 0$ 时,式(30-1)成立.

**注记 2** 令 $\lambda = \mu = 1, \nu = 2$,设 $a, b, c$ 为 $\triangle ABC$ 三边,作代换(12),则由式

(62) 得到文[30]中的猜想不等式:在 $\triangle ABC$ 中, $p=\dfrac{1}{2}(a+b+c)$,则有

$$\frac{p-b}{b+c}+\frac{p-c}{c+a}+\frac{p-a}{a+b} \geqslant \frac{3}{4}$$

**注记3** 令 $\nu=9,\lambda=k,\mu=1$ 则由式(62)得到比式(42-2)更广泛的结果:即当 $k \in \mathbf{R}, -1 < k+1 < \dfrac{1}{2}, x,y,z > 0, kx+y > 0, ky+z > 0, kz+x > 0$ 时,式(42-2)成立.

文[31]给出了如下结果:

设 $\lambda,x,y,z \in \mathbf{R}, \lambda \neq -2, \lambda x+y+z > 0, \lambda y+z+x > 0, \lambda z+x+y > 0$,则有:

(1)当 $\lambda \leqslant -2$ 或 $\lambda \geqslant 1$ 时

$$\frac{x}{\lambda x+y+z}+\frac{y}{x+\lambda y+z}+\frac{z}{x+y+\lambda z} \leqslant \frac{3}{\lambda+2} \tag{63}$$

(2)当 $-2 < \lambda < 1$ 时

$$\frac{x}{\lambda x+y+z}+\frac{y}{x+\lambda y+z}+\frac{z}{x+y+\lambda z} \geqslant \frac{3}{\lambda+2} \tag{64}$$

文[32]212 中的给出了:其中 $\sum$ 表示循环和(陈胜利,2001,2)

$$\sum \frac{x}{x+ty+z} \leqslant \frac{3}{2+t}\left(\frac{1}{4} \leqslant t \leqslant 1\right) \tag{65}$$

$$\sum \frac{x}{x+ty+\frac{1}{2}z} \leqslant \frac{3}{t+\frac{3}{2}}\left(0 \leqslant t \leqslant \frac{9}{8}\right) \tag{66}$$

### 参考文献

[1] 宋庆. 一个不等式的简洁证明[J]. 中学数学,1999(11).

[2] 杨晓辉,刘建军. 长方体的若干性质及应用[J]. 中学数学月刊,2000(5).

[3] 宋庆. 数学奥林匹克问题(初)89[J]. 中等数学,2000(3).

[4] 段志强. 一个不等式的简洁证明[J]. 中学数学月刊,2000(11).

[5] 舒金根. 一个不等式简证、推广及其它[J]. 中学数学月刊,2001(5).

[6] 刘保乾. 试谈发现三角不等式的 7 种模型[J]. 中学教研(数学),2000(11).

[7] 吴善和. 一个猜想不等式的证明与推广[J]. 中学教研(数学),2001(4).

[8] 李建潮. 一个猜想不等式的证明[J]. 中学数学教学,2001(6).

[9] 李建潮. 也谈一个猜想不等式的证明[J]. 中学数学月刊,2001(12).

[10] 安振平. 一个不等式的下界估计[J]. 中学数学月刊,2001(12).

［11］宿晓阳.数学奥林匹克问题（初）107［J］.中等数学,2001（6）.

［12］宋庆.数学问题 1257［J］.数学通报,2000（6）.

［13］曾宪安.一个数学问题的简证及推广［J］.中学数学月刊,2000（12）.

［14］盛洪礼.数学问题 548［J］.数学教学,2001（6）.

［15］安振平.关于一个不等式猜想［J］.中国中小学教育网（教研论文交流中心）,2002（2）.

［16］林新群.关于 $\sum \sqrt{\dfrac{a}{b+c}}$ 的上界［J］.中学数学,2001（11）.

［17］方廷刚. $\sum \sqrt{\dfrac{a}{b+c}} < 1 + \dfrac{2\sqrt{3}}{3}$ 的初等证明［J］.中学数学,2002（7）.

［18］褚小光.数学问题 1305［J］.数学通报,2001（4）

［19］杨学枝.不等式研究集锦（11）［J］.中学数学,2001（6）.

［21］龚浩生,宋庆.IMO42 – 2 的推广［J］.中学数学,2002（1）.

［22］沈家书.第 42 届 IMO 试题二研讨［J］.中学数学月刊,2002（2）.

［23］相生亚,裘良.第 42 届 IMO 试题 2 的推广、证明及其它［J］.中学数学研究（南昌）,2002（2）.

［24］王卫华.第 42 届 IMO 第二题的简证、推广和变形［J］.中学教研（数学）,2002（7）.

［25］杨学枝.不等式研究集锦（12）［J］.中学数学,2001（8）.

［26］安振平.一个代数不等式的类似及猜想［J］.中学教研（数学）,2001（9）.

［27］NESBITT A M. Problem 15114［J］. Educ. Times,1903,3（2）:37-38.

［28］匡继昌.常用不等式［M］.长沙:湖南教育出版社,1989.

［29］ZULAUF A. Note on the expression…［J］. Math. Gaz. ,1958（42）:42.

［30］宋庆.一个代数不等式与一类几何不等式［J］.中学教研（数学）,1999（12）.

［31］夏中全.一个新发现的分式型不等式［J］.中学数学教学,2002（2）.

［32］杨学枝.不等式研究集锦（17）［J］.中学数学,2002（7）.

**后记** 本文写于 2002 年,发表于《中国初等数学研究文集（二）》（中国科学文化出版社,2003 年 6 月第 1 版）,文中的猜想有些已经解决或部分解决.其中猜想 2 ~ 猜想 5 应该作修正,具体见本书"三元 Shapiro 循环不等式的推广"一文.

# 三元 Shapiro 循环不等式的推广

设 $x_i > 0 (i = 1, 2, \cdots, n), n \geq 3, x_{n+1} = x_1, x_{n+2} = x_2$, 1954 年 Shapiro, H. S. 猜测[1]

$$\sum \frac{x_i}{x_{i+1} + x_{i+2}} \geq \frac{n}{2} \tag{1}$$

这个不等式在数学界引起了强烈的兴趣,经过 30 多年的研究,问题得以解决,现已得知当 $n \leq 12$ 或 $n$ 为不大于 23 的奇数时,这个不等式成立. 而对其余 $n$ 均不成立.

当 $n = 3$ 时的式(1)为:设 $x, y, z > 0$,则

$$\frac{x}{y + z} + \frac{y}{z + x} + \frac{z}{x + y} \geq \frac{3}{2} \tag{2}$$

这是式(1)最简单的情形,出现于 1903 年的文献[2],书[3]称"这很可能不是最早的". 它曾作为 1963 年莫斯科数学竞赛题.

本文将给出不等式(2)的加权及指数推广.

**命题**  设 $\lambda, \mu, x, y, z > 0$,则当 $\alpha \geq 1$ 或 $\alpha \leq 0$ 时,有

$$\left(\frac{x}{\lambda y + \mu z}\right)^{\alpha} + \left(\frac{y}{\lambda z + \mu x}\right)^{\alpha} + \left(\frac{z}{\lambda x + \mu y}\right)^{\alpha} \geq \frac{3}{(\lambda + \mu)^{\alpha}} \tag{3}$$

在命题中取 $\lambda = \mu = \alpha = 1$,即得式(2).

**证明**  应用柯西不等式,有

$$(\lambda + \mu)(xy + yz + zx)\left(\frac{x}{\lambda y + \mu z} + \frac{y}{\lambda z + \mu x} + \frac{z}{\lambda x + \mu y}\right) =$$

$$[(\lambda xy + \mu xz) + (\lambda yz + \mu yx) + (\lambda zx + \mu zy)] \cdot$$

$$\left(\frac{x^2}{\lambda xy + \mu xz} + \frac{y^2}{\lambda yz + \mu yx} + \frac{z^2}{\lambda zx + \mu zy}\right) \geq$$

$$(x + y + z)^2 = x^2 + y^2 + z^2 + 2xy + 2yz + 2zx \geq$$

$$3(xy + yz + zx)$$

所以

$$\frac{x}{\lambda y + \mu z} + \frac{y}{\lambda z + \mu x} + \frac{z}{\lambda x + \mu y} \geq \frac{3}{\lambda + \mu} \tag{4}$$

即当 $\alpha = 1$ 时,不等式(3)(即式(4))成立.

当 $\alpha \geq 1$ 时,由幂平均不等式及式(4),有

$$\left(\frac{x}{\lambda y + \mu z}\right)^{\alpha} + \left(\frac{y}{\lambda z + \mu x}\right)^{\alpha} + \left(\frac{z}{\lambda x + \mu y}\right)^{\alpha} \geq$$

$$3\left[\frac{1}{3}\left(\frac{x}{\lambda y+\mu z}+\frac{y}{\lambda z+\mu x}+\frac{z}{\lambda x+\mu y}\right)\right]^{\alpha}\geqslant$$

$$3\left(\frac{1}{3}\frac{3}{\lambda+\mu}\right)^{\alpha}=\frac{3}{(\lambda+\mu)^{\alpha}}$$

即当 $\alpha\geqslant1$ 时,不等式(3) 成立.

当 $\alpha\leqslant0$ 时,令 $\alpha=-\beta$,则 $\beta\geqslant0$,不等式(3) 等价于

$$\left(\frac{\lambda y+\mu z}{x}\right)^{\beta}+\left(\frac{\lambda z+\mu x}{y}\right)^{\beta}+\left(\frac{\lambda x+\mu y}{z}\right)^{\beta}\geqslant3(\lambda+\mu)^{\beta}\qquad(5)$$

由均值不等式,有

$$\left(\frac{\lambda y+\mu z}{x}\right)^{\beta}+\left(\frac{\lambda z+\mu x}{y}\right)^{\beta}+\left(\frac{\lambda x+\mu y}{z}\right)^{\beta}\geqslant$$

$$3\left(\frac{\lambda y+\mu z}{x}\cdot\frac{\lambda z+\mu x}{y}\cdot\frac{\lambda x+\mu y}{z}\right)^{\frac{\beta}{3}}$$

而

$$(\lambda y+\mu z)(\lambda z+\mu x)(\lambda x+\mu y)=$$
$$\lambda^{3}xyz+\lambda^{2}\mu(x^{2}y+y^{2}z+z^{2}x)+\lambda\mu^{2}(xy^{2}+yz^{2}+zx^{2})+\mu^{3}xyz\geqslant$$
$$\lambda^{3}xyz+3\lambda^{2}\mu xyz+\lambda\mu^{2}xyz+\mu^{3}xyz=(\lambda+\mu)^{3}xyz$$

所以

$$\left(\frac{\lambda y+\mu z}{x}\right)^{\beta}+\left(\frac{\lambda z+\mu x}{y}\right)^{\beta}+\left(\frac{\lambda x+\mu y}{z}\right)^{\beta}\geqslant$$

$$3\left(\frac{(\lambda+\mu)^{3}xyz}{xyz}\right)^{\frac{\beta}{3}}=3(\lambda+\mu)^{\beta}$$

即式(5) 成立,故当 $\alpha\leqslant0$ 时,不等式(3) 成立,证毕.

对于 $0<\alpha<1$,在文[4] 中我们曾提出:

**猜想** 1  设 $\lambda,\mu,x,y,z>0$,则:

(1) 当 $0.584\ 962\ 5\cdots=\log_{2}3-1<\alpha<1$ 时,有

$$\left(\frac{x}{\lambda y+\mu z}\right)^{\alpha}+\left(\frac{y}{\lambda z+\mu x}\right)^{\alpha}+\left(\frac{z}{\lambda x+\mu y}\right)^{\alpha}\geqslant\frac{3}{(\lambda+\mu)^{\alpha}}\qquad(6)$$

(2) 当 $0<\alpha<\log_{2}3-1=0.584\ 962\ 5\cdots$,设 $T_{1},T_{2}$ 是关于 $T$ 的方程

$$1+\frac{1}{T^{\alpha}}=\frac{3}{(1+T)^{\alpha}}\qquad(7)$$

的两个正实根,其中 $T_{1}<1,T_{2}=\frac{1}{T_{1}}>1$,则:

当 $\frac{\lambda}{\mu}\in(0,T_{1}]\cup[T_{2},+\infty)$ 时,有

$$\left(\frac{x}{\lambda y+\mu z}\right)^{\alpha}+\left(\frac{y}{\lambda z+\mu x}\right)^{\alpha}+\left(\frac{z}{\lambda x+\mu y}\right)^{\alpha}\geqslant\frac{3}{(\lambda+\mu)^{\alpha}}\qquad(8)$$

当 $\dfrac{\lambda}{\mu} \in (T_1, T_2)$ 时,有

$$\left(\frac{x}{\lambda y + \mu z}\right)^{\alpha} + \left(\frac{y}{\lambda z + \mu x}\right)^{\alpha} + \left(\frac{z}{\lambda x + \mu y}\right)^{\alpha} > \frac{1}{\lambda^{\alpha}} + \frac{1}{\mu^{\alpha}} \tag{9}$$

最近通过探索发现,式(2)应当修正为:

当 $0 < \alpha < \log_2 3 - 1 = 0.584\,962\,5\cdots$,设 $T_1, T_2$ 是关于 $T$ 的方程

$$\frac{3}{(1+T)^{\alpha}} = 2\sqrt{\frac{1}{T^{\alpha}}} \Leftrightarrow T^2 + \left[2 - \left(\frac{9}{4}\right)^{\frac{1}{\alpha}}\right]T + 1 = 0 \tag{10}$$

的两个正实根(容易证明:当 $0 < \alpha < \log_2 3 - 1$ 时,方程(10)在 $(0, +\infty)$ 有且只有两个不等实根,它们互为倒数),其中 $T_1 < 1, T_2 = \dfrac{1}{T_1} > 1$,则:

当 $\dfrac{\lambda}{\mu} \in (0, T_1] \cup [T_2, +\infty)$ 时,有

$$\left(\frac{x}{\lambda y + \mu z}\right)^{\alpha} + \left(\frac{y}{\lambda z + \mu x}\right)^{\alpha} + \left(\frac{z}{\lambda x + \mu y}\right)^{\alpha} \geqslant \frac{3}{(\lambda + \mu)^{\alpha}} \tag{11}$$

当 $\dfrac{\lambda}{\mu} \in (T_1, T_2)$ 时,有

$$\left(\frac{x}{\lambda y + \mu z}\right)^{\alpha} + \left(\frac{y}{\lambda z + \mu x}\right)^{\alpha} + \left(\frac{z}{\lambda x + \mu y}\right)^{\alpha} > 2\sqrt{\frac{1}{(\lambda\mu)^{\alpha}}} \tag{12}$$

当 $x \to 0, y = \sqrt{\lambda}, z = \sqrt{\mu}$ 时,式(12)左边 $\to 2\sqrt{\dfrac{1}{(\lambda\mu)^{\alpha}}}$.

特别地,取 $\alpha = \dfrac{1}{2}, \dfrac{1}{3}$,有:

**猜想 2** 设 $T_1, T_2 (T_1 < T_2)$ 是方程 $\dfrac{3}{\sqrt{1+T}} = 2\sqrt{\dfrac{1}{\sqrt{T}}}$ 的两个实根

$$T_1 = \frac{49 - 9\sqrt{17}}{32} = 0.371\,626\,542\,795\cdots$$

$$T_2 = \frac{49 + 9\sqrt{17}}{32} = 2.690\,873\,457\,20\cdots$$

则:当 $\dfrac{\lambda}{\mu} \in (0, T_1] \cup [T_2, +\infty)$ 时,有

$$\sqrt{\frac{x}{\lambda x + \mu z}} + \sqrt{\frac{y}{\lambda z + \mu x}} + \sqrt{\frac{z}{\lambda x + \mu y}} \geqslant \frac{3}{\sqrt{\lambda + \mu}} \tag{13}$$

当 $\dfrac{\lambda}{\mu} \in (T_1, T_2)$ 时,有

$$\sqrt{\frac{x}{\lambda x + \mu z}} + \sqrt{\frac{y}{\lambda z + \mu x}} + \sqrt{\frac{z}{\lambda x + \mu y}} > 2\sqrt[4]{\frac{1}{\lambda\mu}} \tag{14}$$

当 $x \to 0, y = \sqrt{\lambda}, z = \sqrt{\mu}$ 时,式(14) 左边 $\to 2\sqrt[4]{\dfrac{1}{\lambda\mu}}$

**猜想3** 设 $T_1, T_2 (T_1 < T_2)$ 是方程 $\dfrac{3}{\sqrt[3]{1+T}} = 2\sqrt{\dfrac{1}{\sqrt[3]{T}}}$ 的两个实根,则:

当 $\dfrac{\lambda}{\mu} \in (0, T_1] \cup [T_2, +\infty)$ 时,有

$$\sqrt[3]{\frac{x}{\lambda y + \mu z}} + \sqrt[3]{\frac{y}{\lambda z + \mu x}} + \sqrt[3]{\frac{z}{\lambda x + \mu y}} \geqslant \frac{3}{\sqrt[3]{\lambda + \mu}} \tag{15}$$

当 $\dfrac{\lambda}{\mu} \in (T_1, T_2)$ 时,有

$$\sqrt[3]{\frac{x}{\lambda y + \mu z}} + \sqrt[3]{\frac{y}{\lambda z + \mu x}} + \sqrt[3]{\frac{z}{\lambda x + \mu y}} > 2\sqrt[6]{\frac{1}{\lambda\mu}} \tag{16}$$

## 参考文献

[1] SHAPIRC H S. Problem 4603[J]. Amer. Math. Monthly,1954(61):571.

[2] Nesbitt,A. M.;Problem15114[J]. Educ. Times,1903,3(2):37-38.

[3] MITRINOVIC D D S,VASIC P M. 解析不等式[M]. 北京:科学出版社,1987.

[4] 蒋明斌. 关于两个不等式的推广及其它[M]. 中国初等数学研究文集(二). 北京:中国科学文化出版社,2003.

# 一个数学问题的证明、推广及其他

《数学通报》2003 年 2 期第 1 435 题：设 $a,b > 0$，求证

$$\sqrt{\frac{a}{a+3b}} + \sqrt{\frac{b}{3a+b}} \geq 1 \qquad (1)$$

原证法很显然是受 IMO42 - 2 的简证（见文[1]）的启发得出的，技巧性较强. 其实用通常的方法与技巧证明式(1) 并不复杂，倒显得朴实. 这里首先给出式(1) 的一个证明：

令 $x_1 = \dfrac{b}{a}$，$x_2 = \dfrac{a}{b}$，则 $x_1, x_2 > 0$，且 $x_1 \cdot x_2 = 1$，式(1) 等价于

$$\frac{1}{\sqrt{1+3x_1}} + \frac{1}{\sqrt{1+3x_2}} \geq 1 \qquad (2)$$

而

式(2) $\Leftrightarrow (\sqrt{1+3x_2} + \sqrt{1+3x_1})^2 \geq (1+3x_2)(1+3x_1) \Leftrightarrow$

$2 + 3(x_1 + x_2) + 2\sqrt{1+3x_2}\sqrt{1+3x_1} \geq 1 + 3(x_1 + x_2) + 9x_1x_2 \Leftrightarrow$

$\sqrt{1 + 3(x_1 + x_2) + 9x_1x_2} \geq 4 \Leftrightarrow 10 + 3(x_1 + x_2) \geq 16 \Leftrightarrow x_1 + x_2 \geq 2$

由 $x_1, x_2 > 0$，$x_1x_2 = 1$，有 $x_1 + x_2 \geq 2\sqrt{x_1x_2} = 2$，知后一不等式成立，因而式(2) 成立，故式(1) 成立.

下面考虑更一般的问题，即 $\sqrt{\dfrac{a}{a+\lambda b}} + \sqrt{\dfrac{b}{\lambda a+b}}$ 的上、下界问题，我们有：

**定理** 设 $a,b > 0$，(1) 当 $\lambda \geq 3$ 时

$$\sqrt{\frac{a}{a+\lambda b}} + \sqrt{\frac{b}{\lambda a+b}} \geq \frac{2}{\sqrt{1+\lambda}} \qquad (3)$$

当 $0 < \lambda < 3$ 时

$$\sqrt{\frac{a}{a+\lambda b}} + \sqrt{\frac{b}{\lambda a+b}} > 1 \qquad (4)$$

(2) 当 $0 < \lambda \leq 2$ 时

$$\sqrt{\frac{a}{a+\lambda b}} + \sqrt{\frac{b}{\lambda a+b}} \leq \frac{2}{\sqrt{1+\lambda}} \qquad (5)$$

当 $2 < \lambda$ 时

$$\sqrt{\frac{a}{a+\lambda b}} + \sqrt{\frac{b}{\lambda a+b}} < \frac{2}{\sqrt{3}} \qquad (6)$$

**证明**  令 $x_1 = \dfrac{b}{a}$，$x_2 = \dfrac{a}{b}$，则 $x_1, x_2 > 0$，且 $x_1 \cdot x_2 = 1$，则：

（1）当 $\lambda \geqslant 3$ 时，式（3）等价于

$$\frac{1}{\sqrt{1 + \lambda x_1}} + \frac{1}{\sqrt{1 + \lambda x_2}} \geqslant \frac{2}{\sqrt{1 + \lambda}} \Leftrightarrow$$

$$\sqrt{1 + \lambda}\left(\sqrt{1 + \lambda x_1} + \sqrt{1 + \lambda x_2}\right) \geqslant 2\sqrt{1 + \lambda x_1} \cdot \sqrt{1 + \lambda x_2} \Leftrightarrow$$

$$(1 + \lambda)\left[2 + \lambda(x_1 + x_2) + 2\sqrt{1 + \lambda x_1} \cdot \sqrt{1 + \lambda x_2}\right] \geqslant$$

$$4\left[1 + \lambda(x_1 + x_2) + \lambda^2\right] \Leftrightarrow$$

$$M_1 = -4\lambda^2 + 2\lambda - 2 + \lambda(\lambda - 3)(x_1 + x_2) +$$

$$2(1 + \lambda)\sqrt{1 + \lambda(x_1 + x_2) + \lambda^2} \geqslant 0 \qquad (7)$$

由 $\lambda \geqslant 3$，有 $\lambda(\lambda - 3) > 0$，又由 $x_1, x_2 > 0$，$x_1 x_2 = 1$ 有 $x_1 + x_2 \geqslant 2$，于是

$$M_1 \geqslant -4\lambda^2 + 2\lambda - 2 + 2\lambda(\lambda - 3) + 2(1 + \lambda)^2 =$$

$$-4\lambda^2 + 2\lambda - 2 + 2\lambda^2 - 6\lambda + 2\lambda^2 + 4\lambda + 2 = 0$$

所以式（7）成立，因而式（3）成立.

由式（3）知，当 $\lambda = 3$ 时，有 $\sqrt{\dfrac{a}{a + 3b}} + \sqrt{\dfrac{b}{3a + b}} \geqslant 1$，因此，当 $0 < \lambda < 3$ 时，有

$$\sqrt{\frac{a}{a + \lambda b}} + \sqrt{\frac{b}{\lambda a + b}} > \sqrt{\frac{a}{a + 3b}} + \sqrt{\frac{b}{3a + b}} \geqslant 1$$

即式（4）成立.

（2）当 $0 < \lambda \leqslant 2$ 时，式（5）等价于

$$\frac{1}{\sqrt{1 + \lambda x_1}} + \frac{1}{\sqrt{1 + \lambda x_2}} \leqslant \frac{2}{\sqrt{1 + \lambda}} \qquad (8)$$

由（1）的证明过程知式（8）等价于

$$M_2 = -4\lambda^2 + 2\lambda - 2 + \lambda(\lambda - 3)(x_1 + x_2) +$$

$$2(1 + \lambda)\sqrt{1 + \lambda(x_1 + x_2) + \lambda^2} \leqslant 0 \qquad (9)$$

令 $t = \sqrt{1 + \lambda(x_1 + x_2) + \lambda^2} \geqslant \sqrt{1 + 2\lambda + \lambda^2} = 1 + \lambda$，则

$$\lambda(x_1 + x_2) = t^2 - \lambda^2 - 1$$

$$M_2 = -4\lambda^2 + 2\lambda - 2 + (\lambda - 3)(t^2 - \lambda^2 - 1) + 2(1 + \lambda)t =$$

$$(\lambda - 3)t^2 + 2(1 + \lambda)t - \lambda^3 - \lambda^2 + \lambda + 1 =$$

$$\left[(\lambda - 3)t + \lambda^2 - 1\right]\left[t - (\lambda + 1)\right] =$$

$$(\lambda - 3)\left(t - \frac{\lambda^2 - 1}{3 - \lambda}\right)\left[t - (\lambda + 1)\right]$$

由 $0 < \lambda \leqslant 2$ 有 $\lambda - 3 < 0$，及 $\dfrac{\lambda^2 - 1}{3 - \lambda} \leqslant \lambda + 1$，而

$$t \geqslant \lambda + 1 \Rightarrow t - (\lambda + 1) \geqslant 0, t - \frac{\lambda^2 - 1}{3 - \lambda} \geqslant 0$$

于是 $M_2 \leqslant 0$,即式(8)成立,所以式(5)成立.

由式(5)知,当 $\lambda = 2$ 时,有

$$\sqrt{\frac{a}{a + 2b}} + \sqrt{\frac{b}{2 + b}} \leqslant \frac{2}{\sqrt{3}}$$

因此,当 $\lambda > 2$ 时,有

$$\sqrt{\frac{a}{a + \lambda b}} + \sqrt{\frac{b}{\lambda a + b}} < \sqrt{\frac{a}{a + 2b}} + \sqrt{\frac{b}{2 + b}} \leqslant \frac{2}{\sqrt{3}}$$

即式(6)成立.

## 参考文献

[1] 姜卫东. IMO42 - 2 的简证[J]. 中学数学月刊,2002(4).

[2] 蒋明斌. 关于两个不等式的推广及其它[J]. 中国初等数学研究文集
(二). 北京:中国科学文化出版社,2003.

[3] 蒋明斌. 对一个不等式的再探讨[J]. 中学教研(数学),2003(9).

# 一个猜想的证明与类比

作者在文[1] 给出了如下不等式:设 $a,b > 0, 0 < \lambda \leqslant 2$,则

$$\sqrt{\frac{a}{a+\lambda b}} + \sqrt{\frac{b}{b+\lambda a}} \leqslant \frac{2}{\sqrt{1+\lambda}} \tag{1}$$

最近文[2] 类比式(1) 得到:设 $a,b > 0, 0 < \lambda \leqslant 3$,则

$$\sqrt[3]{\frac{a}{a+\lambda b}} + \sqrt[3]{\frac{b}{b+\lambda a}} \leqslant \frac{2}{\sqrt[3]{1+\lambda}} \tag{2}$$

并在文末提出猜想:设 $a,b > 0, 2 \leqslant n \in \mathbf{N}, 0 < \lambda \leqslant n$,则

$$\sqrt[n]{\frac{a}{a+\lambda b}} + \sqrt[n]{\frac{b}{b+\lambda a}} \leqslant \frac{2}{\sqrt[n]{1+\lambda}} \tag{3}$$

本文将证明此猜想是成立的,并证明此猜想的一个类比.

**证明**　令 $x_1 = \frac{b}{a}, x_2 = \frac{a}{b}$,则 $x_1, x_2 > 0$,且 $x_1 \cdot x_2 = 1$,不等式(3) 等价于

$$\sqrt[n]{\frac{1}{1+\lambda x_1}} + \sqrt[n]{\frac{1}{1+\lambda x_2}} \leqslant \frac{2}{\sqrt[n]{1+\lambda}} \tag{4}$$

因 $x_1, x_2 > 0$,且 $x_1 x_2 = 1$,不妨设 $0 < x_1 \leqslant 1$,记 $x_1 = x$,则 $x_2 = \frac{1}{x_1} = \frac{1}{x}, x \in (0,1]$

$$\sqrt[n]{\frac{1}{1+\lambda x_1}} + \sqrt[n]{\frac{1}{1+\lambda x_2}} = (1+\lambda x)^{-\frac{1}{n}} + \left(1+\frac{\lambda}{x}\right)^{-\frac{1}{n}}$$

记

$$f(x) = (1+\lambda x)^{-\frac{1}{n}} + \left(1+\frac{\lambda}{x}\right)^{-\frac{1}{n}} (x \in (0,1])$$

$$f'(x) = -\frac{\lambda}{n}(1+\lambda x)^{-\frac{n+1}{n}} - \frac{1}{n}\left(1+\frac{\lambda}{x}\right)^{-\frac{n+1}{n}}\left(-\frac{\lambda}{x^2}\right) =$$

$$\frac{\lambda}{n(1+\lambda x)^{\frac{n+1}{n}}}\left[\frac{(1+\lambda x)^{\frac{n+1}{n}}}{x^{\frac{n-1}{n}}(x+\lambda)^{\frac{n+1}{n}}} - 1\right)$$

令

$$g(x) = \frac{(1+\lambda x)^{\frac{n+1}{n}}}{x^{\frac{n-1}{n}}(x+\lambda)^{\frac{n+1}{n}}} (x \in (0,1])$$

$$h(x) = \ln g(x) = \frac{n+1}{n}\ln(1+\lambda x) - \frac{n-1}{n}\ln x - \frac{n+1}{n}\ln(\lambda + x)\ (x \in (0,1])$$

$$h'(x) = \frac{(n+1)\lambda}{n(1+\lambda x)} - \frac{(n-1)}{nx} - \frac{n+1}{n(\lambda + x)} =$$

$$\frac{-(n-1)\lambda x^2 + 2(\lambda^2 - n)x - \lambda(n-1)}{nx(1+\lambda x)(\lambda + x)}$$

记

$$u(x) = -(n-1)\lambda x^2 + 2(\lambda^2 - n)x - \lambda(n-1)\ (x \in (0,1])$$

若 $0 < \lambda \leq 1$,对 $x \in (0,1]$,显然有 $u(x) = -(n-1)\lambda x^2 + 2(\lambda^2 - n)x - \lambda(n-1)$;若 $1 < \lambda \leq n$,由 $u(x)$ 的判别式 $\Delta = (\lambda^2 - n^2)(\lambda^2 - 1) \leq 0$,所以,对 $x \in (0,1]$,有 $u(x) \leq 0$,因此,当 $1 < \lambda \leq n$,对 $x \in (0,1]$,有 $u(x) \leq 0 \Rightarrow h'(x) \leq 0 \Rightarrow h(x)$ 在 $(0,1]$ 上单调递减,所以

$$h(x) \geq h(1) = 0 \Rightarrow g(x) = e^{h(x)} \geq 1 \Rightarrow f'(x) \geq 0$$

则 $f(x)$ 在 $(0,1]$ 上单调递增,从而 $f(x) \leq f(1)$,即

$$(1+\lambda x)^{-\frac{1}{n}} + \left(1 + \frac{\lambda}{x}\right)^{-\frac{1}{n}} \leq 2(1+\lambda)^{-\frac{1}{n}}$$

整理即得式(4),故不等式(3)成立.

下面给出(3)的一个类比.

**命题** 设 $a,b > 0, 2 \leq n \in \mathbf{N}, \lambda \geq \frac{1}{n}$,则

$$\left(\frac{a}{a+\lambda b}\right)^n + \left(\frac{a}{a+\lambda b}\right)^n \geq \frac{2}{(1+\lambda)^n} \tag{5}$$

**证明** 令 $x_1 = \frac{b}{a}, x_2 = \frac{a}{b}$,则 $x_1, x_2 > 0$,且 $x_1 \cdot x_2 = 1$

$$\left(\frac{a}{a+\lambda b}\right)^n + \left(\frac{a}{a+\lambda b}\right)^n = \left(\frac{1}{1+\lambda x_1}\right)^n + \left(\frac{1}{1+\lambda x_2}\right)^n$$

因 $x_1, x_2 > 0$,且 $x_1 x_2 = 1$,不妨设 $0 < x_1 \leq 1$,记 $x_1 = x$,则 $x_2 = \frac{1}{x_1} = \frac{1}{x}, x \in (0,1]$

$$\left(\frac{1}{1+\lambda x_1}\right)^n + \left(\frac{1}{1+\lambda x_2}\right)^n = (1+\lambda x)^{-n} + \left(1 + \frac{\lambda}{x}\right)^{-n}$$

记

$$f(x) = (1+\lambda x)^{-n} + \left(1 + \frac{\lambda}{x}\right)^{-n}\ (x \in (0,1])$$

$$f'(x) = -n\lambda(1+\lambda x)^{-(n+1)} - n\left(1 + \frac{\lambda}{x}\right)^{-(n+1)}\left(-\frac{\lambda}{x^2}\right) =$$

$$\frac{n\lambda}{(1+\lambda x)^{n+1}}\left[\frac{x^{n-1}(1+\lambda x)^{n+1}}{(\lambda + x)^{n+1}} - 1\right]$$

令
$$g(x) = \frac{x^{n-1}(1 + \lambda x)^{n+1}}{(\lambda + x)^{n+1}}(x \in (0,1])$$

又设

$$h(x) = \ln g(x) = (n-1)\ln x + (n+1)\ln(1 + \lambda x) - (n+1)\ln(x + \lambda)$$

$$h(x) = \frac{n-1}{x} + \frac{(n+1)\lambda}{1 + \lambda x} - \frac{n}{\lambda + x} =$$

$$\frac{(n-1)\lambda x^2 + 2(n^2\lambda^2 - 1)x + (n-1)\lambda}{x(1 + \lambda x)(\lambda + x)}$$

记

$$u(x) = (n-1)\lambda x^2 + 2(n^2\lambda^2 - 1)x + (n-1)\lambda \ (x \in (0,1])$$

若 $\lambda \geqslant 1$,显然有 $u(x) = (n-1)\lambda x^2 + 2(n^2\lambda^2 - 1)x + (n-1)\lambda \geqslant 0$;

若 $\frac{1}{n} \leqslant \lambda < 1$,由 $u(x)$ 的判别式 $\Delta = 4(\lambda^2 - 1)(n^2\lambda^2 - 1) \leqslant 0$,知

$u(x) \geqslant 0$.

因此,当 $\lambda \geqslant \frac{1}{n}$,对 $x \in (0,1]$ 有 $u(x) \geqslant 0 \Rightarrow h'(x) \geqslant 0 \Rightarrow h(x)$ 在 $(0,1]$

上单调递增,所以

$$h(x) \leqslant h(1) = 0 \Rightarrow g(x) = e^{h(x)} \leqslant 1 \Rightarrow f'(x) \leqslant 0$$

则 $f(x)$ 在 $(0,1]$ 上单调递减,从而 $f(x) \geqslant f(1)$,即

$$(1 + \lambda x)^{-n} + \left(1 + \frac{\lambda}{x}\right)^{-n} \geqslant 2(1 + \lambda)^{-n} \Leftrightarrow$$

$$\left(\frac{a}{a + \lambda b}\right)^n + \left(\frac{a}{a + \lambda b}\right)^n \geqslant \frac{2}{(1 + \lambda)^n}$$

故不等式(5) 成立.

## 参考文献

[1] 蒋明斌. 一个数学问题的证明推广及其它[J]. 数学通报,2004(9).

[2] 郭要红. 一个无理不等式的类比[J]. 数学通讯,2006(9).

# 对"一个无理不等式的证明"的质疑与推广

笔者在文[1]给出了如下不等式:设 $a,b>0$, $0<\lambda\leqslant 2$, 则

$$\sqrt{\frac{a}{a+\lambda b}}+\sqrt{\frac{b}{b+\lambda a}}\leqslant\frac{2}{\sqrt{1+\lambda}} \tag{1}$$

文[2]类比式(1)得到:设 $a,b>0$, $0<\lambda\leqslant 3$, 则

$$\sqrt[3]{\frac{a}{a+\lambda b}}+\sqrt[3]{\frac{b}{b+\lambda a}}\leqslant\frac{2}{\sqrt[3]{1+\lambda}} \tag{2}$$

并在文末提出猜想:设 $a,b>0$, $2\leqslant n\in\mathbf{N}$, $0<\lambda\leqslant n$, 则

$$\sqrt[n]{\frac{a}{a+\lambda b}}+\sqrt[n]{\frac{b}{b+\lambda a}}\leqslant\frac{2}{\sqrt[n]{1+\lambda}} \tag{3}$$

文[3]试图用数学归纳法明证这一猜想,但笔者发现其"证明"是错误的. 为分析方便,把其用数学归纳"证明"的第二步抄录在这里:"2) 假设当 $n=k$ 时,式(3) 成立,即

$$\sqrt[k]{\frac{a}{a+\lambda b}}+\sqrt[k]{\frac{b}{b+\lambda a}}\leqslant\frac{2}{\sqrt[k]{1+\lambda}} \qquad\qquad ①$$

考察当 $n=k+1$ 时

$$\sqrt[k+1]{\frac{a}{a+\lambda b}}+\sqrt[k+1]{\frac{b}{b+\lambda a}}=\left[\left(\frac{a}{a+\lambda b}\right)^{\frac{1}{k}}\right]^{\frac{k}{k+1}}+\left[\left(\frac{b}{b+\lambda a}\right)^{\frac{1}{k}}\right]^{\frac{k}{k+1}}\leqslant$$

$$\left[\frac{\left(\frac{a}{a+\lambda b}\right)^{\frac{1}{k}}+\left(\frac{b}{b+\lambda a}\right)^{\frac{1}{k}}}{2}\right]^{\frac{k}{k+1}}\leqslant\left(\frac{\frac{2}{\sqrt[k]{1+\lambda}}}{2}\right)^{\frac{k}{k+1}}=\frac{2}{\sqrt[k+1]{1+\lambda}} \qquad ②$$

因此当 $n=k+1$ 时,式(3) 也成立"(其中的编号 ①,② 为笔者所加).

注意到式(3) 中的 $\lambda$ 满足 $0<\lambda\leqslant n$,那么当 $n=k$ 时,$\lambda$ 满足 $0<\lambda\leqslant k$,即 ① 成立的条件为 $0<\lambda\leqslant k$,而当 $n=k+1$ 时,$\lambda$ 应满足 $0<\lambda\leqslant k+1$,此时 ① 不一定成立,因而 ② 不成立,因此,文[3]并没有证明当 $n=k+1$ 时,式(3) 也成立. 这就是文[3]"证明"的问题所在.

猜想不等式(3) 是成立的,但要用初等方法证明是困难的. 下面我们用导数证明更广泛的结果.

**定理** 设 $a,b>0$, $\lambda,\alpha\in\mathbf{R}$,则当 $0<\alpha<1$ 且 $0<\lambda\leqslant\frac{1}{\alpha}$ 时,有

$$\left(\frac{a}{a+\lambda b}\right)^{\alpha} + \left(\frac{a}{a+\lambda b}\right)^{\alpha} \leqslant \frac{2}{(1+\lambda)^{\alpha}} \tag{4}$$

当 $\alpha > 1$ 且 $\lambda \geqslant \dfrac{1}{\alpha}$ 时,式(4) 反向成立.

**证明**　令 $x_1 = \dfrac{b}{a}, x_2 = \dfrac{a}{b}$,则 $x_1, x_2 > 0, x_1 x_2 = 1$

$$\left(\frac{a}{a+\lambda b}\right)^{\alpha} + \left(\frac{a}{a+\lambda b}\right)^{\alpha} = \left(\frac{1}{1+\lambda x_1}\right)^{\alpha} + \left(\frac{1}{1+\lambda x_2}\right)^{\alpha}$$

因 $x_1, x_2 > 0$,且 $x_1 x_2 = 1$,不妨设 $0 < x_1 \leqslant 1$,记 $x_1 = x$,则 $x_2 = \dfrac{1}{x_1} = \dfrac{1}{x}$, $x \in (0, 1]$,且

$$\left(\frac{a}{a+\lambda b}\right)^{\alpha} + \left(\frac{a}{a+\lambda b}\right)^{\alpha} = (1+\lambda x)^{-\alpha} + \left(\frac{x}{x+\lambda}\right)^{\alpha} = f(x)$$

$$f(x) = -\lambda\alpha(1+\lambda x)^{-\alpha-1} + \frac{\lambda\alpha}{(x+\lambda)^2}\left(\frac{x}{x+\lambda}\right)^{\alpha-1} =$$

$$-\lambda\alpha(1+\lambda x)^{-\alpha-1} + \lambda\alpha x^{\alpha-1}(x+\lambda)^{-\alpha-1} =$$

$$\frac{\lambda\alpha}{(1+\lambda x)^{\alpha+1}}\left[\frac{x^{\alpha-1}(1+\lambda x)^{\alpha+1}}{(x+\lambda)^{\alpha+1}} - 1\right] =$$

$$\frac{\lambda\alpha}{(1+\lambda x)^{\alpha+1}}[g(x) - 1]$$

其中
$$g(x) = \frac{x^{\alpha-1}(1+\lambda x)^{\alpha+1}}{(x+\lambda)^{\alpha+1}}$$

又设

$$h(x) = \ln g(x) = (\alpha - 1)\ln x + (\alpha + 1)\ln(1+\lambda x) - (\alpha+1)\ln(\lambda+x)$$

$$h'(x) = \frac{\alpha-1}{x} + \frac{\lambda(\alpha+1)}{1+\lambda x} - \frac{(\alpha+1)}{\lambda+x} = \frac{\alpha-1}{x} + \frac{(\alpha+1)(\lambda^2-1)}{(1+\lambda x)(\lambda+x)} =$$

$$\frac{(\alpha-1)(1+\lambda x)(\lambda+x) + (\alpha+1)(\lambda^2 x - x)}{x(1+\lambda x)(\lambda+x)} =$$

$$\frac{\lambda(\alpha-1)x^2 + (2\alpha\lambda^2-2)x + \lambda(\alpha-1)}{x(1+\lambda x)(\lambda+x)} = \frac{u(x)}{x(1+\lambda x)(\lambda+x)}$$

(1) 当 $0 < \alpha < 1$ 且 $0 < \lambda \leqslant \dfrac{1}{\alpha}$ 时,若 $0 < \lambda \leqslant 1$,显然有

$$u(x) = \lambda(\alpha-1)x^2 + 2(\alpha\lambda \cdot \lambda - 1)x + \lambda(\alpha-1) < 0$$

若 $1 < \lambda \leqslant \dfrac{1}{\alpha}$,则 $0 < \alpha\lambda \leqslant 1$

$$u(x) = \lambda(\alpha-1)x^2 + (2\alpha\lambda^2-2)x + \lambda(\alpha-1)$$

的判别式 $\Delta = 4[(\alpha\lambda^2-1)^2 - \lambda^2(\alpha-1)^2] = 4(\lambda^2-1)(\alpha^2\lambda^2-1) \leqslant 0$,而 $\lambda(\alpha-1) < 0$,则 $u(x) \leqslant 0$.

因此,当 $0 < \lambda \leqslant \dfrac{1}{\alpha}$,对 $x \in (0,1]$ 有 $u(x) \leqslant 0 \Rightarrow h'(x) < 0$,故 $h(x)$ 在 $(0,1]$ 上严格单调递减,所以

$$h(x) \geqslant h(1) = 0 \Rightarrow g(x) = e^{h(x)} \geqslant 1 \Rightarrow f'(x) \geqslant 0$$

则 $f(x)$ 在 $(0,1]$ 上单调递增,从而 $f(x) \leqslant f(1)$,即

$$(1 + \lambda x)^{-\alpha} + \left(\frac{x}{x + \lambda}\right)^{\alpha} \leqslant \frac{2}{(1 + \lambda)^{\alpha}} \Leftrightarrow$$

$$\left(\frac{a}{a + \lambda b}\right)^{\alpha} + \left(\frac{a}{a + \lambda b}\right)^{\alpha} \leqslant \frac{2}{(1 + \lambda)^{\alpha}}$$

故不等式(4)成立.

(2) 当 $\alpha > 1$ 且 $\lambda \geqslant \dfrac{1}{\alpha}$ 时,有:

若 $\lambda \geqslant 1$,显然有

$$u(x) = \lambda(\alpha - 1)x^2 + 2(\alpha\lambda \cdot \lambda - 1)x + \lambda(\alpha - 1) > 0$$

若 $\dfrac{1}{\alpha} \leqslant \lambda < 1$,则 $1 \leqslant \alpha\lambda$,$u(x)$ 的判别式 $\Delta = 4(\lambda^2 - 1)(\alpha^2\lambda^2 - 1) \leqslant 0$.

又 $\lambda(\alpha - 1) > 0$,所以,$u(x) \geqslant 0$,因此,当 $\lambda \geqslant \dfrac{1}{\alpha}$,对 $x \in (0,1]$ 有 $u(x) \geqslant 0$,$h(x) \geqslant 0$,故 $h(x)$ 在 $(0,1]$ 上单调递增,所以

$$h(x) \leqslant h(1) = 0 \Rightarrow g(x) = e^{h(x)} \leqslant 1 \Rightarrow f'(x) \leqslant 0$$

则 $f(x)$ 在 $(0,1]$ 上单调递减,从而 $f(x) \geqslant f(1)$,即

$$(1 + \lambda x)^{-\alpha} + \left(\frac{x}{x + \lambda}\right)^{\alpha} \leqslant \frac{2}{(1 + \lambda)^{\alpha}} \Leftrightarrow \left(\frac{a}{a + \lambda b}\right)^{\alpha} + \left(\frac{a}{a + \lambda b}\right)^{\alpha} \geqslant \frac{2}{(1 + \lambda)^{\alpha}}$$

故不等式(4)反向成立.

### 参考文献

[1] 蒋明斌. 一个数学问题的证明推广及其它[J]. 数学通报,2004(9).

[2] 郭要红. 一个无理不等式的类比[J]. 数学通讯,2006(9).

[3] 王建荣. 一个无理不等式的证明[J]. 数学通讯,2006(17).

# 一个条件不等式的背景、简证与推广

文[1]在研究不等式:设 $x_1, x_2, \cdots, x_n \geq 0$,且 $x_1 + x_2 + \cdots + x_n = 1, m \in \mathbf{N}$,则

$$\frac{1}{1 + x_1^m} + \frac{1}{1 + x_2^m} + \cdots + \frac{1}{1 + x_n^m} \leq \frac{n^{m+1}}{1 + n^n} \qquad (*)$$

的证明时,需证明如下条件不等式:若 $a, b, c > 0$ 且 $a + b + c = 1$,则

$$\frac{1}{1 + a^2} + \frac{1}{1 + b^2} + \frac{1}{1 + c^2} \leq \frac{27}{10} \qquad (1)$$

文[1]为证如此简单的一个不等式,不仅用到导数、函数凸性和 Jensen 不等式等,而且运算量大、过程繁琐,用了整整一个版面.本文首先指出此不等式(1)的背景,然后给出此不等式的简证与推广.

## 1 背 景

笔者最早见到不等式(1)是在文[2],在那里证明(2)采用的是减元策略,即先证明

$$\frac{1}{1 + a^2} + \frac{1}{1 + b^2} \leq \frac{1}{1 + \left(\frac{t}{2}\right)^2} (a + b = t \leq 1)$$

然后化为一元问题,其证明过程并不简单.

笔者最近在研究 1997 年日本数学奥林匹克试题 2:设 $a, b, c > 0$,求证

$$\frac{(b + c - a)^2}{(b + c)^2 + a^2} + \frac{(c + a - b)^2}{(c + a)^2 + b^2} + \frac{(a + b - c)^2}{(a + b)^2 + c^2} \geq \frac{3}{5} \qquad (2)$$

的证明和推广时,意外发现在一定条件下(1)与(2)等价.事实上,因为不等式(2)左边各项分子、分母均为齐次的,不妨设 $a + b + c = 1$,则 $0 < a, b, c < 1$,因为

$$\frac{(b + c - a)^2}{(b + c)^2 + a^2} = \frac{(1 - 2a)^2}{(1 - a)^2 + a^2} = 2 - \frac{2}{1 + (1 - 2a)^2}$$

$$\frac{(c + a - b)^2}{(c + a)^2 + b^2} = 2 - \frac{2}{1 + (1 - 2b)^2}$$

$$\frac{(a + b - c)^2}{(a + b)^2 + c^2} = 2 - \frac{2}{1 + (1 - 2c)^2}$$

令 $1 - 2a = x, 1 - 2b = y, 1 - 2c = z$,则 $x + y + z = 1, -1 < x, y, z < 1$,则

式(2)等价于

$$\frac{1}{1+x^2}+\frac{1}{1+y^2}+\frac{1}{1+z^2}\leqslant\frac{27}{10} \tag{3}$$

很显然,式(3)与式(1)形式上完全一致,只是式(3)中字母的取值范围更宽一些,这也说明式(1)成立的条件可放宽. 事实上,当 $a,b,c\leqslant\frac{4}{3}$ 且 $a+b+c=1$ 时,式(1)成立,下面在这一条件下给出式(1)的简证.

## 2 简 证

设 $A$ 为待定常数,使

$$\frac{1}{1+a^2}-\frac{9}{10}\leqslant A\left(a-\frac{1}{3}\right)\Leftrightarrow-\frac{(3a-1)(3a+1)}{10(1+a^2)}\leqslant\frac{A}{3}(3a-1)$$

考虑此式等号成立,应有

$$-\frac{(3a-1)(3a+1)}{10(1+a^2)}=\frac{A}{3}(3a-1)$$

约去 $3a-1$,并令 $a=\frac{1}{3}$,得 $A=-\frac{27}{50}$,下面证明

$$\frac{1}{1+a^2}-\frac{9}{10}\leqslant-\frac{27}{50}\left(a-\frac{1}{3}\right)$$

事实上,此式等价于

$$-\frac{(3a-1)(3a+1)}{10(1+a^2)}\leqslant-\frac{27}{15}(3a-1)\Leftrightarrow(3a-1)^2(3a-4)\leqslant0$$

因 $a\leqslant\frac{4}{3}$,后一式显然成立,所以

$$\frac{1}{1+a^2}\leqslant\frac{9}{10}-\frac{27}{50}\left(a-\frac{1}{3}\right)$$

同理,有

$$\frac{1}{1+b^2}\leqslant\frac{9}{10}-\frac{27}{50}\left(b-\frac{1}{3}\right)$$

$$\frac{1}{1+c^2}\leqslant\frac{9}{10}-\frac{27}{50}\left(c-\frac{1}{3}\right)$$

三式相加并应用 $a+b+c=1$,得

$$\frac{1}{1+a^2}+\frac{1}{1+b^2}+\frac{1}{1+c^2}\leqslant3\times\frac{9}{10}-\frac{27}{50}(a+b+c)=\frac{27}{10}$$

即式(1)成立.

**注 1** 上述证明要比文[1],[2]的证明简单得多. 同时也给出了上述日本数学奥林匹克题的一个简单证明,而此题原证明是通过去分母化为整式去证明

的,过程很繁琐.

**注2** 当 $a,b,c \in \mathbf{R}$ 且 $a + b + c = 1$ 时,式(1)仍成立(从下一节的推广中可以得出).

## 3 推　广

对(1)作加权推广,得到:

**命题1** 设 $a,b,c \in \mathbf{R}$ 且 $a + b + c = 1, 0 < \lambda \leqslant \dfrac{9}{7}$,则

$$\frac{1}{1 + \lambda a^2} + \frac{1}{1 + \lambda b^2} + \frac{1}{1 + \lambda c^2} \leqslant \frac{27}{9 + \lambda} \tag{4}$$

将式(4)推广到 $n$ 个字母的情形,有:

**命题2** 设实数 $a_1, a_2, \cdots, a_n (n \geqslant 3)$ 满足 $a_1 + a_2 + \cdots + a_n = 1, 0 < \lambda \leqslant \dfrac{n^2}{2n + 1}$,则

$$\frac{1}{1 + \lambda a_1^2} + \frac{1}{1 + \lambda a_2^2} + \cdots + \frac{1}{1 + \lambda a_n^2} \leqslant \frac{n^3}{n^2 + \lambda} \tag{5}$$

显然式(5)是式(4)的推广,因此只证式(5).

式(5)的证明:注意到 $f(t) = \dfrac{t^2}{t^2 + \lambda a_i^2}$ 在 $[0, +\infty)$ 是增函数及

$$|a_1 + a_2 + \cdots + a_n| \leqslant |a_1| + |a_2| + \cdots + |a_n|$$

有

$$\frac{1}{1 + \lambda a_i^2} = \frac{(a_1 + a_2 + \cdots + a_n)^2}{(a_1 + a_2 + \cdots + a_n)^2 + \lambda a_i^2} \leqslant$$

$$\frac{(|a_1| + |a_2| + \cdots + |a_n|)^2}{(|a_1| + |a_2| + \cdots + |a_n|)^2 + \lambda a_i^2}$$

令 $x_i = |a_i| \geqslant 0$,则

$$\frac{1}{1 + \lambda a_i^2} \leqslant \frac{(x_1 + x_2 + \cdots + x_n)^2}{(x_1 + x_2 + \cdots + x_n)^2 + \lambda x_i^2}$$

注意到此式是齐次的,不妨设 $x_1 + x_2 + \cdots + x_n = 1$,则式(5)等价于

$$\frac{1}{1 + \lambda x_1^2} + \frac{1}{1 + \lambda x_2^2} + \cdots + \frac{1}{1 + \lambda x_n^2} \leqslant \frac{n^3}{n^2 + \lambda} \tag{6}$$

其中 $x_1, x_2, \cdots, x_n \geqslant 0$,且 $x_1 + x_2 + \cdots + x_n = 1, 0 < \lambda \leqslant \dfrac{n^2}{2n + 1}$.

设 $A$ 为待定常数,使

$$\frac{1}{1 + \lambda x_i^2} - \frac{n^2}{n^2 + \lambda} \leqslant A\left(x_i - \frac{1}{n}\right) \Leftrightarrow \frac{-\lambda(nx_i - 1)(nx_i + 1)}{(n^2 + \lambda)(1 + \lambda x_i^2)} \leqslant \frac{A}{n}(nx_i - 1)$$

125

考虑此式等号成立应有

$$\frac{-\lambda(nx_i-1)(nx_i+1)}{(n^2+\lambda)(1+\lambda x_i^2)}=\frac{A}{n}(nx_i-1)$$

约去 $nx_i-1$，并令 $x_i=\dfrac{1}{n}$，得 $A=-\dfrac{2\lambda n^3}{(n^2+\lambda)^2}$，下面先证明

$$\frac{1}{1+\lambda x_i^2}-\frac{n^2}{n^2+\lambda}\leqslant-\frac{2\lambda n^3}{(n^2+\lambda)^2}\Big(x_i-\frac{1}{n}\Big)$$

它等价于

$$\frac{-\lambda(nx_i-1)(nx_i+1)}{(n^2+\lambda)(1+\lambda x_i^2)}\leqslant-\frac{2\lambda n^2}{(n^2+\lambda)^2}(nx_i-1)\Leftrightarrow$$

$$(n^2+\lambda)(nx_i-1)(nx_i+1)\geqslant2n^2(nx_i-1)(1+\lambda x_i^2)\Leftrightarrow$$

$$(nx_i-1)^2(2n\lambda x_i-n^2+\lambda)\leqslant0\Leftrightarrow$$

$$(nx_i-1)^2\Big(x_i-\frac{n^2-\lambda}{2n\lambda}\Big)\leqslant0$$

后一式显然成立，这是因为由

$$0<\lambda\leqslant\frac{n^2}{2n+1}\Rightarrow\frac{n^2-\lambda}{2n\lambda}\geqslant1,\text{而 }x_i\leqslant1\Rightarrow x_i-\frac{n^2-\lambda}{2n\lambda}\leqslant0$$

因此 $\quad\dfrac{1}{1+\lambda x_i^2}\leqslant\dfrac{n^2}{n^2+\lambda}-\dfrac{2\lambda n^3}{(n^2+\lambda)^2}\Big(x_i-\dfrac{1}{n}\Big)\ (i=1,2,\cdots,n)$

求和并应用 $x_1+x_2+\cdots+x_n=1$，得

$$\frac{1}{1+\lambda x_1^2}+\frac{1}{1+\lambda x_2^2}+\cdots+\frac{1}{1+\lambda x_n^2}\leqslant$$

$$\frac{n\cdot n^2}{n^2+\lambda}-\frac{2\lambda n^3}{(n^2+\lambda)^2}(x_1+x_2+\cdots+x_n-1)=\frac{n^3}{n^2+\lambda}$$

即式(6)成立. 故不等式(5)成立.

考虑式中 $x_i$ 指数为 3 的情形，得到：

**命题3** 设 $x_1,x_2,\cdots,x_n\geqslant0$，且 $x_1+x_2+\cdots+x_n=1,0<\lambda\leqslant\dfrac{n^4+2n^3}{3n^2+2n+1}$，

则

$$\frac{1}{1+\lambda x_1^3}+\frac{1}{1+\lambda x_2^3}+\cdots+\frac{1}{1+\lambda x_n^3}\leqslant\frac{n^4}{n^3+\lambda}\qquad(7)$$

**证明** 设 $A$ 为待定常数，使

$$\frac{1}{1+\lambda x_i^3}-\frac{n^3}{n^3+\lambda}\leqslant A\Big(x_i-\frac{1}{n}\Big)\Leftrightarrow$$

$$\frac{-\lambda(nx_i-1)(nx_i^2+nx_i+1)}{(n^3+\lambda)(1+\lambda x_i^3)}\leqslant\frac{A}{n}(nx_i-1)$$

考虑此式等号成立应有

$$\frac{-\lambda(nx_i - 1)(nx_i^2 + nx_i + 1)}{(n^3 + \lambda)(1 + \lambda x_i^3)} = \frac{A}{n}(nx_i - 1)$$

约去 $nx_i - 1$，并令 $x_i = \dfrac{1}{n}$，得 $A = \dfrac{-3\lambda n^4}{(n^3 + \lambda)^2}$，下面先证明

$$\frac{1}{1 + \lambda x_i^3} - \frac{n^3}{n^3 + \lambda} \leqslant \frac{-3\lambda n^4}{(n^3 + \lambda)^2}\left(x_i - \frac{1}{n}\right)$$

它等价于

$$\frac{-\lambda(nx_i - 1)(nx_i^2 + nx_i + 1)}{(n^3 + \lambda)(1 + \lambda x_i^3)} \leqslant \frac{-3\lambda n^3}{(n^3 + \lambda)^2}(nx_i - 1) \Leftrightarrow$$

$$(n^3 + \lambda)(nx_i - 1)(nx_i^2 + nx_i + 1) \geqslant 3n^3(1 + \lambda x_i^3)(nx_i - 1) \Leftrightarrow$$

$$(nx_i - 1)[3n^3\lambda x_i^3 - (n^5 + \lambda n^2)x_i^2 - (n^4 + \lambda n)x_i + 2n^3 - \lambda] \leqslant 0 \Leftrightarrow$$

$$(nx_i - 1)^2[3n^2\lambda x_i^2 - n(n^3 - 2\lambda)x_i + \lambda - 2n^3] \leqslant 0 \qquad (8)$$

令 $f(x_i) = 3n^2\lambda x_i^2 - n(n^3 - 2\lambda)x_i + \lambda - 2n^3, 0 \leqslant x_i \leqslant 1$，由 $0 < \lambda \leqslant \dfrac{n^4 + 2n^3}{3n^2 + 2n + 1} < 2n^3$，知

$$f(0) = \lambda - 2n^3 < 0$$

$$f(1) = (3n^2 + 2n + 1)\lambda - (n^4 + 2n^3) =$$

$$(3n^2 + 2n + 1)\left(\lambda - \frac{n^4 + 2n^3}{3n^2 + 2n + 1}\right) \leqslant 0$$

则 $f(x_i) \leqslant 0 (0 \leqslant x_i \leqslant 1)$，所以式(8)成立，因此

$$\frac{1}{1 + \lambda x_i^3} \leqslant \frac{n^3}{n^3 + \lambda} + \frac{-3\lambda n^4}{(n^3 + \lambda)^2}\left(x_i - \frac{1}{n}\right)$$

对 $i$ 求和，得

$$\frac{1}{1 + \lambda x_1^3} + \frac{1}{1 + \lambda x_2^3} + \cdots + \frac{1}{1 + \lambda x_n^3} \leqslant$$

$$\frac{n \cdot n^3}{n^3 + \lambda} + \frac{-3\lambda n^4}{(n^3 + \lambda)^2}(x_1 + x_2 + \cdots + x_n - 1) = \frac{n^4}{n^3 + \lambda}$$

即式(7)成立. 证毕.

**注记** 更一般的问题是研究 $\dfrac{1}{1 + \lambda x_1^m} + \dfrac{1}{1 + \lambda x_2^m} + \cdots + \dfrac{1}{1 + \lambda x_n^m}(m \in \mathbf{N})$ 的上界，即当 $n \geqslant 4$ 时对不等式 $(*)$ 作加权推广，但当 $n \geqslant 4$ 时，上述证明命题 1 ～ 3 的方法已不能用. 因此我们提出如下待研究的.

**问题** 设 $x_1, x_2, \cdots, x_n \geqslant 0$，且 $x_1 + x_2 + \cdots + x_n = 1, m \in \mathbf{N}, \lambda > 0$，试确定正常数 $\lambda$ 的范围使下列不等式(9)成立.

$$\frac{1}{1 + \lambda x_1^m} + \frac{1}{1 + \lambda x_2^m} + \cdots + \frac{1}{1 + \lambda x_n^m} \leqslant \frac{n^{m+1}}{\lambda + n^n} \qquad (9)$$

下面从另一角度推广命题 2.

**命题 4**　设 $x_1, x_2, \cdots, x_n \geqslant 0$, 且 $x_1 + x_2 + \cdots + x_n = 1, k, s > 0, 0 < \lambda \leqslant n \dfrac{(n+2)k + ns}{k + (2n+1)s}$, 则

$$\frac{kx_1 + s}{1 + \lambda x_1^2} + \frac{kx_2 + s}{1 + \lambda x_2^2} + \cdots + \frac{kx_n + s}{1 + \lambda x_n^2} \leqslant n^2 \frac{k + ns}{n^2 + \lambda} \qquad (10)$$

**证明**　设 $A$ 为待定常数, 使

$$\frac{kx_1 + s}{1 + \lambda x_1^2} - \frac{n(k + ns)}{n^2 + \lambda} \leqslant A\left(x_i - \frac{1}{n}\right) \Leftrightarrow$$

$$\frac{-\lambda(nx_i - 1)\left[(\lambda k + n\lambda s)x_i - nk + \lambda s\right]}{(n^2 + \lambda)(1 + \lambda x_i^2)} \leqslant \frac{A}{n}(nx_i - 1)$$

考虑此式等号成立应有

$$\frac{-\lambda(nx_i - 1)\left[(\lambda k + n\lambda s)x_i - nk + \lambda s\right]}{(n^2 + \lambda)(1 + \lambda x_i^2)} = \frac{A}{n}(nx_i - 1)$$

约去 $nx_i - 1$, 并令 $x_i = \dfrac{1}{n}$, 得

$$A = -\frac{n^2\left[(\lambda - n^2)k + 2n\lambda s\right]}{(n^2 + \lambda)^2}$$

下面先证明

$$\frac{1}{1 + \lambda x_i^2} - \frac{n(k + ns)}{n^2 + \lambda} \leqslant -\frac{n^2\left[(\lambda - n^2)k + 2n\lambda s\right]}{(n^2 + \lambda)^2}\left(x_i - \frac{1}{n}\right)$$

它等价于

$$\frac{-(nx_i - 1)\left[(\lambda k + n\lambda s)x_i - nk + \lambda s\right]}{(n^2 + \lambda)(1 + \lambda x_i^2)} \leqslant -\frac{n\left[(\lambda - n^2)k + 2n\lambda s\right]}{(n^2 + \lambda)^2}(nx_i - 1) \Leftrightarrow$$

$$(n^2 + \lambda)(nx_i - 1)\left[(\lambda k + n\lambda s)x_i - nk + \lambda s\right] \geqslant$$

$$n\left[(\lambda - n^2)k + 2n\lambda s\right](1 + \lambda x_i^2)(nx_i - 1) \Leftrightarrow$$

$$\lambda\{\left[(\lambda n - n^3)k + 2n^2\lambda s\right]x_i^2 - \left[(n^2 + \lambda)k + n^3 s + n\lambda s\right]x_i -$$

$$2nk - n^2 s + \lambda s\}(nx_i - 1) \leqslant 0 \Leftrightarrow$$

$$(nx_i - 1)^2\{\left[(\lambda - n^2)k + 2n\lambda s\right]x_i - 2nk - n^2 s + \lambda s\} \leqslant 0 \qquad (11)$$

令

$$f(x_i) = \left[(\lambda - n^2)k + 2n\lambda s\right]x_i - 2nk - n^2 s + \lambda s (0 \leqslant x_i \leqslant 1)$$

因为 $0 < \lambda \leqslant n\dfrac{(n+2)k + ns}{k + (2n+1)s} < \dfrac{2nk + n^2 s}{s}$, 所以

$$f(0) = \lambda s - (2nk + n^2 s) < 0$$

$$f(1) = [k + (2n + 1)s]\lambda - [(n^2 + 2n)k + n^2 s] \leqslant 0$$

于是，$f(x_i) \leqslant 0 (0 \leqslant x_i \leqslant 1)$，所以式(10)成立，因此

$$\frac{1}{1 + \lambda x_i^2} \leqslant \frac{n(k + ns)}{n^2 + \lambda} - \frac{n^2[(\lambda - n^2)k + 2n\lambda s]}{(n^2 + \lambda)^2}(x_i - \frac{1}{n})$$

对 $i$ 求和，得

$$\frac{kx_1 + s}{1 + \lambda x_1^2} + \frac{kx_2 + s}{1 + \lambda x_2^2} + \cdots + \frac{kx_n + s}{1 + \lambda x_n^2} \leqslant$$

$$n \cdot \frac{n(k + ns)}{n^2 + \lambda} - \frac{n^2[(\lambda - n^2)k + 2n\lambda s]}{(n^2 + \lambda)^2}(x_1 +$$

$$x_2 + \cdots + x_n - 1) = n^2 \frac{k + ns}{n^2 + \lambda}$$

即式(9)成立.

**注** 命题2，命题4中 $x_i$ 的范围不同，因此，严格说来命题4不是命题2的直接推广.

## 参考文献

[1] 佟成军. 一个不等式的再质疑与另证[J]. 数学通讯,2005(21).

[2] 安振平,梁丽平. 精彩问题来自不断的反思与探索[J]. 中学数学教学参考, 2002(8).

# 两个条件不等式的推广

**题 1** 文[1]证明如下条件不等式:若 $x_i > 0 (i=1,2,3)$ 且 $x_1 + x_2 + x_3 = 1$,则

$$\frac{1}{1+x_1^2} + \frac{1}{1+x_2^2} + \frac{1}{1+x_3^2} \leqslant \frac{27}{10} \tag{1}$$

**题 2** 1996 年第 47 届波兰数学奥林匹克第二轮中有一个类似的一个试题:若 $x_i > -\frac{3}{4}(i=1,2,3)$ 且 $x_1 + x_2 + x_3 = 1$,求证

$$\frac{x_1}{1+x_1^2} + \frac{x_2}{1+x_2^2} + \frac{x_3}{1+x_3^2} \leqslant \frac{9}{10} \tag{2}$$

首先指出,不等式(1)成立的条件可放宽为" $x_i \leqslant \frac{4}{3}(i=1,2,3)$ 且 $x_1 + x_2 + x_3 = 1$ ".

本文拟给出这两个不等式的推广.

**定理 1** 设 $0 < \lambda < n^2, \sum_{i=1}^{n} x_i = 1$ 则:

(1)当 $x_i \leqslant \frac{n^2 - \lambda}{2n\lambda}(i=1,2,\cdots,n)$ 时,有

$$\frac{1}{1+\lambda x_1^2} + \frac{1}{1+\lambda x_2^2} + \cdots + \frac{1}{1+\lambda x_n^2} \leqslant \frac{n^3}{n^2 + \lambda} \tag{3}$$

(2)当 $x_i \geqslant \frac{2n}{n^2 - \lambda}(i=1,2,\cdots,n)$ 时,有

$$\frac{x_1}{1+\lambda x_1^2} + \frac{x_2}{1+\lambda x_2^2} + \cdots + \frac{x_n}{1+\lambda x_n^2} \leqslant \frac{n^2}{n^2 + \lambda} \tag{4}$$

**注** 当 $n=3, \lambda=1$ 时,由定理 1 中的式(3),式(4)分别可得式(1),式(2),可见定理 1 这两个不等式的推广.

**定理 1 的证明** (1)设 $A$ 为待定常数,使

$$\frac{1}{1+\lambda x_i^2} - \frac{n^2}{n^2 + \lambda} \leqslant A\left(x_i - \frac{1}{n}\right) \Leftrightarrow \frac{-\lambda(nx_i - 1)(nx_i + 1)}{(n^2 + \lambda)(1 + \lambda x_i^2)} \leqslant \frac{A}{n}(nx_i - 1)$$

考虑此式等号成立应有

$$\frac{-\lambda(nx_i - 1)(nx_i + 1)}{(n^2 + \lambda)(1 + \lambda x_i^2)} = \frac{A}{n}(nx_i - 1)$$

约去 $nx_i - 1$，并令 $x_i = \dfrac{1}{n}$，得 $A = -\dfrac{2\lambda n^3}{(n^2 + \lambda)^2}$，下面先证明

$$\frac{1}{1 + \lambda x_i^2} - \frac{n^2}{n^2 + \lambda} \leqslant -\frac{2\lambda n^3}{(n^2 + \lambda)^2}\left(x_i - \frac{1}{n}\right) \quad (i = 1, 2, \cdots, n)$$

它等价于

$$\frac{-\lambda(nx_i - 1)(nx_i + 1)}{(n^2 + \lambda)(1 + \lambda x_i^2)} \leqslant -\frac{2\lambda n^2}{(n^2 + \lambda)^2}(nx_i - 1) \Leftrightarrow$$

$$(n^2 + \lambda)(nx_i - 1)(nx_i + 1) \geqslant 2n^2(nx_i - 1)(1 + \lambda x_i^2) \Leftrightarrow$$

$$[2n^2\lambda x_i^2 - (n^3 + \lambda n)x_i + n^2 - \lambda](nx_i - 1) \leqslant 0 \Leftrightarrow$$

$$(nx_i - 1)^2\left(x_i - \frac{n^2 - \lambda}{2n\lambda}\right) \leqslant 0$$

由 $0 < \lambda < n^2, x_i \leqslant \dfrac{n^2 - \lambda}{2n\lambda}$，知后一式显然成立，因此

$$\frac{1}{1 + \lambda x_i^2} \leqslant \frac{n^2}{n^2 + \lambda} - \frac{2\lambda n^3}{(n^2 + \lambda)^2}\left(x_i - \frac{1}{n}\right) \quad (i = 1, 2, \cdots, n)$$

求和并应用 $\displaystyle\sum_{i=1}^n x_i = 1$，得

$$\frac{1}{1 + \lambda x_1^2} + \frac{1}{1 + \lambda x_2^2} + \cdots + \frac{1}{1 + \lambda x_n^2} \leqslant$$

$$\frac{n \cdot n^2}{n^2 + \lambda} - \frac{2\lambda n^3}{(n^2 + \lambda)^2}\left(\sum_{i=1}^n x_i - 1\right) = \frac{n^3}{n^2 + \lambda}$$

即式(3)成立.

（2）设 $B$ 为待定常数，使

$$\frac{x_i}{1 + \lambda x_i^2} - \frac{n}{n^2 + \lambda} \leqslant B\left(x_i - \frac{1}{n}\right) \Leftrightarrow$$

$$\frac{-(nx_i - 1)(\lambda x_i - n)}{(n^2 + \lambda)(1 + \lambda x_i^2)} \leqslant \frac{B}{n}(nx_i - 1)$$

考虑此式等号成立应有

$$\frac{-(nx_i - 1)(\lambda x_i - n)}{(n^2 + \lambda)(1 + \lambda x_i^2)} = \frac{B}{n}(nx_i - 1)$$

约去 $nx_i - 1$，并令 $x_i = \dfrac{1}{n}$，得 $B = -\dfrac{n^2(\lambda - n^2)}{(n^2 + \lambda)^2}$，下面先证明

$$\frac{1}{1 + \lambda x_i^2} - \frac{nk}{n^2 + \lambda} \leqslant -\frac{n^2(\lambda - n^2)}{(n^2 + \lambda)^2}\left(x_i - \frac{1}{n}\right)$$

它等价于

$$\frac{-(nx_i - 1)(\lambda x_i - n)}{(n^2 + \lambda)(1 + \lambda x_i^2)} \leqslant -\frac{n(\lambda - n^2)}{(n^2 + \lambda)^2}(nx_i - 1) \Leftrightarrow$$

$$(n^2 + \lambda)(nx_i - 1)(\lambda x_i - n) \geqslant n(\lambda - n^2)(1 + \lambda x_i^2)(nx_i - 1) \Leftrightarrow$$

$$\lambda [(n^3 - \lambda n)x_i^2 + (n^2 + \lambda)x_i - 2n](nx_i - 1) \geqslant 0 \Leftrightarrow$$

$$(n^2 - \lambda)(nx_i - 1)^2 \left(x_i + \frac{2n}{n^2 - \lambda}\right) \geqslant 0$$

由 $0 < \lambda < n^2, x_i \geqslant \dfrac{2n}{n^2 - \lambda}$,知后一式显然成立,因此

$$\frac{1}{1 + \lambda x_i^2} \leqslant \frac{n(k + ns)}{n^2 + \lambda} - \frac{n^2[(\lambda - n^2)k + 2n\lambda s]}{(n^2 + \lambda)^2}\left(x_i - \frac{1}{n}\right)(i = 1, 2, \cdots, n)$$

求和,得

$$\frac{x_1}{1 + \lambda x_1^2} + \frac{x_2}{1 + \lambda x_2^2} + \cdots + \frac{x_n}{1 + \lambda x_n^2} \leqslant$$

$$n \cdot \frac{n}{n^2 + \lambda} - \frac{n^2(\lambda - n^2)}{(n^2 + \lambda)^2}\left(\sum_{i=1}^{n} x_i - 1\right) = \frac{n^2}{n^2 + \lambda}$$

即式(4)成立.

不等式(3),(4)还可以推广为:

**命题 2** 设 $x_1 + x_2 + \cdots + x_n = 1, \lambda > 0, k, s \geqslant 0$,且 $k, s$ 不全为零,$\lambda s \leqslant sn^2 + 2kn$,且 $\lambda, k, s$ 满足:

(1) $\lambda > \dfrac{kn^2}{2sn + k}$ 且 $x_i \leqslant \dfrac{sn^2 + 2kn - \lambda s}{-kn^2 + 2\lambda sn + \lambda k}(i = 1, 2, \cdots, n)$.

(2) $\lambda < \dfrac{kn^2}{2sn + k}$ 且 $x_i \geqslant \dfrac{sn^2 + 2kn - \lambda s}{-kn^2 + 2\lambda sn + \lambda k}(i = 1, 2, \cdots, n)$ 时,有

$$\frac{kx_1 + s}{1 + \lambda x_1^2} + \frac{kx_2 + s}{1 + \lambda x_2^2} + \cdots + \frac{kx_n + s}{1 + \lambda x_n^2} \leqslant n^2 \frac{k + ns}{n^2 + \lambda} \tag{5}$$

**注记** 在命题 2 中取 $k = 0, s = 1$,由条件 $\lambda s \leqslant sn^2 + 2kn$ 及(1)变为:$0 < \lambda < n^2$ 且 $x_i \leqslant \dfrac{n^2 - \lambda}{2\lambda n}$,此时由式(5)即式(3);取 $s = 0, k = 1$,由条件 $\lambda s \leqslant sn^2 + 2kn$ 及(2)变为:$0 < \lambda < n^2$ 且 $x_i \geqslant \dfrac{2\lambda n}{n^2 - \lambda}$,此时由式(5)可得式(4).可见命题 2 是命题 1 的推广.

**命题 2 的证明** 设 $A$ 为待定常数,使

$$\frac{kx_i + s}{1 + \lambda x_i^2} - \frac{n(k + ns)}{n^2 + \lambda} \leqslant A\left(x_i - \frac{1}{n}\right) \Leftrightarrow$$

$$\frac{-(nx_i - 1)[(\lambda k + n\lambda s)x_i - nk + \lambda s]}{(n^2 + \lambda)(1 + \lambda x_i^2)} \leqslant \frac{A}{n}(nx_i - 1)$$

考虑此式等号成立应有

$$\frac{-(nx_i - 1)[(\lambda k + n\lambda s)x_i - nk + \lambda s]}{(n^2 + \lambda)(1 + \lambda x_i^2)} = \frac{A}{n}(nx_i - 1)$$

约去 $nx_i - 1$，并令 $x_i = \dfrac{1}{n}$，得 $A = -\dfrac{n^2\left[(\lambda - n^2)k + 2n\lambda s\right]}{(n^2 + \lambda)^2}$，下面先证明

$$\frac{1}{1 + \lambda x_i^2} - \frac{n(k + ns)}{n^2 + \lambda} \leqslant -\frac{n^2\left[(\lambda - n^2)k + 2n\lambda s\right]}{(n^2 + \lambda)^2}\left(x_i - \frac{1}{n}\right)$$

它等价于

$$\frac{-(nx_i - 1)\left[(\lambda k + n\lambda s)x_i - nk + \lambda s\right]}{(n^2 + \lambda)(1 + \lambda x_i^2)} \leqslant -\frac{n\left[(\lambda - n^2)k + 2n\lambda s\right]}{(n^2 + \lambda)^2}(nx_i - 1) \Leftrightarrow$$

$$(n^2 + \lambda)(nx_i - 1)\left[(\lambda k + n\lambda s)x_i - nk + \lambda s\right] \geqslant$$

$$n\left[(\lambda - n^2)k + 2n\lambda s\right](1 + \lambda x_i^2)(nx_i - 1) \Leftrightarrow$$

$$\lambda\left\{\left[(\lambda n - n^3)k + 2n^2\lambda s\right]x_i^2 - \left[(n^2 + \lambda)k + n^3 s + n\lambda s\right]x_i - \right.$$

$$\left. 2nk - n^2 s + \lambda s\right\}(nx_i - 1) \leqslant 0 \Leftrightarrow$$

$$(nx_i - 1)^2\left\{\left[(\lambda - n^2)k + 2n\lambda s\right]x_i - 2nk - n^2 s + \lambda s\right\} \leqslant 0 \qquad (6)$$

由 $\lambda s \leqslant sn^2 + 2kn$，且 $\lambda, k, s$ 满足 $(1)$ 或者 $(2)$ 均能推出

$$\left[(\lambda - n^2)k + 2n\lambda s\right]x_i - 2nk - n^2 s + \lambda s \leqslant 0$$

所以式 $(6)$ 成立，因此

$$\frac{1}{1 + \lambda x_i^2} \leqslant \frac{n(k + ns)}{n^2 + \lambda} - \frac{n^2\left[(\lambda - n^2)k + 2n\lambda s\right]}{(n^2 + \lambda)^2}\left(x_i - \frac{1}{n}\right) \ (i = 1, 2, \cdots, n)$$

对 $i$ 求和，得

$$\frac{kx_1 + s}{1 + \lambda x_1^2} + \frac{kx_2 + s}{1 + \lambda x_2^2} + \cdots + \frac{kx_n + s}{1 + \lambda x_n^2} \leqslant$$

$$n \cdot \frac{n(k + ns)}{n^2 + \lambda} - \frac{n^2\left[(\lambda - n^2)k + 2n\lambda s\right]}{(n^2 + \lambda)^2}\left(\sum_{i=1}^{n} x_i - 1\right) = n^2\frac{k + ns}{n^2 + \lambda}$$

即式 $(5)$ 成立.

## 参考文献

[1] 佟成军. 一个不等式的再质疑与另证[J]. 数学通讯, 2005(21).

# 一个二元不等式的推广

文[1] 有这样两个不等式:设 $a,b > 0, a+b = 1$,则

$$\frac{4}{3} \leqslant \frac{1}{a+1} + \frac{1}{b+1} < \frac{3}{2} \tag{1}$$

$$\frac{3}{2} < \frac{1}{a^2+1} + \frac{1}{b^2+1} \leqslant \frac{8}{5} \tag{2}$$

文[2] 建立了如下两个不等式:若 $a,b > 0, a+b = 1$,则

$$\frac{3}{2} < \frac{1}{a^3+1} + \frac{1}{b^3+1} \leqslant \frac{16}{9} \tag{3}$$

$$\frac{1}{a^n+1} + \frac{1}{b^n+1} > \frac{3}{2} \tag{4}$$

并在文末提出了猜想不等式:若 $a,b > 0, a+b = 1, n \in \mathbf{N}, n \geqslant 2$,则

$$\frac{1}{a^n+1} + \frac{1}{b^n+1} \leqslant \frac{2^{n+1}}{2^n+1} \tag{5}$$

文[3] 证明了当 $n \in \mathbf{R}, n \geqslant 2$ 时,式(4)是成立的. 式(4),(5)写成不等式链为

$$\frac{3}{2} < \frac{1}{a^n+1} + \frac{1}{b^n+1} \leqslant \frac{2^{n+1}}{2^n+1} \tag{6}$$

文[4] 用导数再一次给了 $n \in \mathbf{N}, n \geqslant 3$ 时的证明.

本文给出式(6) 的推广.

**定理** 1 设 $a,b > 0, a+b = 1, \alpha \in \mathbf{R}, \alpha \geqslant 2, 0 < \lambda < \min\left\{\frac{2^\alpha}{3}, 2\right\}$,则

$$\frac{2+\lambda}{1+\lambda} < \frac{1}{\lambda a^\alpha + 1} + \frac{1}{\lambda b^\alpha + 1} \leqslant \frac{2^{\alpha+1}}{2^\alpha + \lambda} \tag{7}$$

很显然,取 $\alpha = n, \lambda = 1$,由命题即得式(6),可见命题是式(6) 的推广,也是式(2),(3) 的推广.

**证明** 式(7) 右边的不等式等价于

$$(2^\alpha + \lambda)\left[\lambda(a^\alpha + b^\alpha) + 2\right] \leqslant 2^{\alpha+1}(\lambda a^\alpha + 1)(\lambda b^\alpha + 1) \Leftrightarrow$$

$$\lambda\left[2^{\alpha+1}\lambda a^\alpha b^\alpha + (2^\alpha - \lambda)(a^\alpha + b^\alpha) - 2\right] \geqslant 0 \Leftrightarrow$$

$$M = 2^{\alpha+1}\lambda a^\alpha b^\alpha + (2^\alpha - \lambda)(a^\alpha + b^\alpha) - 2 \geqslant 0$$

由 $\alpha \geqslant 2 \Rightarrow \frac{\alpha}{2} \geqslant 1$,应用幂平均不等式,有

$$a^{\alpha} + b^{\alpha} = (a^{\frac{\alpha}{2}} + b^{\frac{\alpha}{2}})^2 - 2(ab)^{\frac{\alpha}{2}} \geqslant$$

$$\left[2\left(\frac{a+b}{2}\right)^{\frac{\alpha}{2}}\right]^2 - 2(ab)^{\frac{\alpha}{2}} - 2 =$$

$$\frac{1}{2^{\alpha-2}} - 2(ab)^{\frac{\alpha}{2}} \cdot$$

又 $0 < \lambda < \min\left\{\dfrac{2^{\alpha}}{3}, 2\right\} \Rightarrow 0 < \lambda < \dfrac{2^{\alpha}}{3} \Rightarrow 2^{\alpha} - 3\lambda > 0$，因而 $2^{\alpha} - 2\lambda > 0$，

则

$$M \geqslant 2^{\alpha+1}\lambda a^{\alpha} b^{\alpha} + (2^{\alpha} - \lambda)\left[\frac{1}{2^{\alpha-2}} - 2(ab)^{\frac{\alpha}{2}}\right] - 2 =$$

$$2^{\alpha+1}\lambda a^{\alpha}b^{\alpha} - 2(2^{\alpha} - \lambda)(ab)^{\frac{\alpha}{2}} + 2 - \frac{\lambda}{2^{\alpha-2}} =$$

$$2^{\alpha+1}\lambda\left[(ab)^{\frac{\alpha}{2}} - \left(\frac{1}{2}\right)^{\alpha}\right]^2 - 2(2^{\alpha} - 3\lambda)(ab)^{\frac{\alpha}{2}} + 2 - \frac{6\lambda}{2^{\alpha}} \geqslant$$

$$-2(2^{\alpha} - 3\lambda)(ab)^{\frac{\alpha}{2}} + 2(2^{\alpha} - 3\lambda)\frac{1}{2^{\alpha}} =$$

$$2(2^{\alpha} - 3\lambda)\left[\frac{1}{2^{\alpha}} - (ab)^{\frac{\alpha}{2}}\right] \geqslant 0$$

（因为 $0 < ab \leqslant \left(\dfrac{a+b}{2}\right)^2 = \dfrac{1}{4} \Rightarrow (ab)^{\frac{\alpha}{2}} \leqslant \left(\dfrac{1}{2}\right)^{\alpha} = \dfrac{1}{2^{\alpha}}$ 及 $2^{\alpha} - 3\lambda > 0$）

故式(7)右边的不等式成立.

为证式(7)左边的不等式,先证

$$\frac{2+\lambda}{1+\lambda} < \frac{1}{\lambda a^2 + 1} + \frac{1}{\lambda b^2 + 1} \tag{8}$$

式(8) $\Leftrightarrow (2+\lambda)(\lambda a^2 + 1)(\lambda b^2 + 1) < (1+\lambda)[\lambda(a^2 + b^2) + 2] \Leftrightarrow$
$(2+\lambda)\lambda^2 a^2 b^2 + \lambda(a^2 + b^2) - \lambda < 0 \Leftrightarrow$
$(2+\lambda)\lambda^2 a^2 b^2 + \lambda[(a+b)^2 - 2ab] - \lambda < 0 \Leftrightarrow$
$(2+\lambda)\lambda^2 a^2 b^2 + \lambda[1 - 2ab] - \lambda < 0 \Leftrightarrow$

$$ab < \frac{2}{\lambda(\lambda + 2)} \tag{9}$$

由 $0 < \lambda < \min\left\{\dfrac{2^{\alpha}}{3}, 2\right\}$ 有 $0 < \lambda < 2$，则 $\dfrac{2}{\lambda(\lambda + 2)} > \dfrac{1}{4} \geqslant ab$，所以式(9)

显然成立,因而式(8)成立.

又因为 $0 < a, b < 1$，则当 $\alpha \geqslant 2$ 时，$0 < a^{\alpha} \leqslant a^2, 0 < b^{\alpha} \leqslant b^2$，因而

$$\frac{1}{\lambda a^{\alpha} + 1} + \frac{1}{\lambda b^{\alpha} + 1} \geqslant \frac{1}{\lambda a^2 + 1} + \frac{1}{\lambda b^2 + 1} > \frac{2+\lambda}{1+\lambda}$$

即式(5)左边的不等式成立,证毕.

135

将式(7)推广到 $n$ 个的情形,我们得到:

**猜想** 设 $a_i > 0 (i = 1, 2, \cdots, n)$, $\sum_{i=1}^{n} a_i = 1$, $\alpha \in \mathbf{R}$, $\alpha \geq 2$, 则

$$n - \frac{1}{2} < \sum_{i=1}^{n} \frac{1}{a_i^\alpha + 1} \leq \frac{n^{\alpha+1}}{n^\alpha + 1} \tag{10}$$

**问题** 设 $a_i > 0 (i = 1, 2, \cdots, n)$, $\sum_{i=1}^{n} a_i = 1$, $\alpha \in \mathbf{R}$, $\alpha \geq 2$, 实数 $\lambda$ 满足什么条件时, 不等式

$$n - 1 + \frac{1}{\lambda + 1} < \sum_{i=1}^{n} \frac{1}{\lambda a_i^\alpha + 1} \leq \frac{n^{\alpha+1}}{n^\alpha + \lambda} \tag{11}$$

成立?

很显然, 定理 1 不包含不等式(1), 下面给出式(1)的推广.

**定理 2** 设 $a, b > 0$, $a + b = 1$, $\lambda > 0$, $0 < \alpha \leq 1$, 则

$$\frac{2^{\alpha+1}}{2^\alpha + \lambda} \leq \frac{1}{\lambda a^\alpha + 1} + \frac{1}{\lambda b^\alpha + 1} < \frac{2 + \lambda}{1 + \lambda} \tag{12}$$

**证明** 因 $0 < \alpha \leq 1$ 由幂平均不等式, 有

$$\frac{a^\alpha + b^\alpha}{2} \leq \left(\frac{a+b}{2}\right)^\alpha = \left(\frac{1}{2}\right)^\alpha \Rightarrow a^\alpha + b^\alpha \leq \frac{1}{2^{\alpha-1}}$$

由柯西不等式, 有

$$\frac{1}{\lambda a^\alpha + 1} + \frac{1}{\lambda b^\alpha + 1} \geq \frac{4}{\lambda(a^\alpha + b^\alpha) + 2} \geq \frac{4}{\frac{\lambda}{2^{\alpha-1}} + 2} = \frac{2^{\alpha+1}}{2^\alpha + \lambda}$$

即式(12)左边的不等式成立. 为证右边的不等式, 先证

$$\frac{1}{\lambda a + 1} + \frac{1}{\lambda b + 1} < \frac{2 + \lambda}{1 + \lambda} \tag{13}$$

式(13)$\Leftrightarrow (\lambda + 1)[\lambda(a + b) + 2] < (\lambda + 2)(\lambda a + 1)(\lambda b + 1) \Leftrightarrow$
$(\lambda + 1)(\lambda + 2) < (\lambda + 2)(\lambda^2 ab + \lambda + 1) \Leftrightarrow (\lambda + 2)\lambda^2 ab > 0$
后一不等式成立, 故式(13)成立.

由 $0 < a, b < 1$, $0 < \alpha \leq 1$, 有 $a^\alpha \geq a$, $b^\alpha \geq b$, 那么

$$\frac{1}{\lambda a^\alpha + 1} + \frac{1}{\lambda b^\alpha + 1} \leq \frac{1}{\lambda a + 1} + \frac{1}{\lambda b + 1} < \frac{2 + \lambda}{1 + \lambda}$$

即式(12)右边的不等式成立, 证毕.

定理 2 还可以推广为:

**定理 3** 设 $x, y, a, b > 0$, $a + b = 1$, $\lambda > 0$, $0 < \alpha \leq 1$, 则

$$\frac{2^{\alpha-1}(\sqrt{x} + \sqrt{y})^2}{2^\alpha + \lambda} \leq \frac{x}{\lambda a^\alpha + 1} + \frac{y}{\lambda b^\alpha + 1} < \frac{2 + \lambda}{1 + \lambda} \max\{x, y\} \tag{14}$$

证明与定理 2 的证明类似, 这里从略.

式(13) 左边的不等式还可以推广到 $n$ 个的情形:

**定理 4**   设 $a_i, x_i > 0 (i = 1, 2, \cdots, n), \sum\limits_{i=1}^{n} a_i = 1, 0 < \alpha \leqslant 1, \lambda > 0$,则

$$\sum_{i=1}^{n} \frac{x_i}{\lambda a_i^{\alpha} + 1} \geqslant \frac{n^{\alpha-1} (\sum\limits_{i=1}^{n} \sqrt{x_i})^2}{n^{\alpha} + \lambda} \qquad (15)$$

式(14) 的证明与式(12) 左边的不等式完全类似,这里从略.

## 参考文献

[1] 安振平,梁丽平. 精彩问题来自不断的反思与探索[J]. 中学数学教学参考, 2002(8).

[2] 宋庆. 两个不等式引起的思索[J]. 中学数学杂志(高中),2002(6).

[3] 李建潮. 两个不等式的再思索[J]. 中学数学杂志(高中),2003(2).

[3] 刘才华. 一个二元不等式猜想的证明[J]. 中学数学杂志(高中),2003(6).

[4] 徐彦明. 几个二元不等式的推广[J]. 福建中学数学,2003(6).

# 一个分式不等式的再推广

文[1]得到如下两个分式不等式:设 $a > 0, b > 0, a + b = 1$,则

$$\frac{4}{3} \leqslant \frac{1}{a+1} + \frac{1}{b+1} < \frac{3}{2} \tag{1}$$

$$\frac{3}{2} < \frac{1}{a^2+1} + \frac{1}{b^2+1} \leqslant \frac{8}{5} \tag{2}$$

文[2]类比式(2)得到:设 $a > 0, b > 0, a + b = 1$,则

$$\frac{3}{2} < \frac{1}{a^3+1} + \frac{1}{b^3+1} \leqslant \frac{16}{9} \tag{3}$$

并由此提出猜想:若 $a > 0, b > 0, a + b = 1, m \in \mathbf{N}, m \geqslant 2$,则

$$\frac{3}{2} < \frac{1}{a^m+1} + \frac{1}{b^m+1} \leqslant \frac{2^{m+1}}{2^m+1} \tag{4}$$

文[3]证明了式(4)是成立的. 文[4]给出了式(4)的一个高维推广:

设 $x_1 + x_2 + \cdots + x_n = 1, x_1, x_2, \cdots, x_n > 0, m, n \in \mathbf{N}$ 且 $m, n \geqslant 2$,则

$$\frac{n+1}{n} < \frac{1}{1+x_1^m} + \frac{1}{1+x_2^m} + \cdots + \frac{1}{1+x_n^m} \leqslant \frac{n^{m+1}}{n^m+1} \tag{5}$$

文[5]已指出文[4]的证明存在问题,并给出了式(5)右边不等式的一个另证. 文[6]指出文[5]的证明也存在问题,并给出了式(5)右边不等式的一个完整的证明.

文[7]将式(5)左边的不等式加强为:

设 $x_1 + x_2 + \cdots + x_n = 1, x_1, x_2, \cdots, x_n > 0, n \geqslant 2, n \in \mathbf{N}, m \geqslant 2, m \in \mathbf{R}$,则

$$\frac{1}{1+x_1^m} + \frac{1}{1+x_2^m} + \cdots + \frac{1}{1+x_n^m} > n - \frac{1}{2} \tag{6}$$

本文将给出式(5)右边不等式,式(6)及式(1)的推广.

**命题** 若 $x_1, x_2, \cdots, x_n > 0, x_1 + x_2 + \cdots + x_n = s \leqslant 1, 2 \geqslant n, n \in \mathbf{N}, \lambda > 0$,则:

(1)当 $\alpha \geqslant 2, 0 < \lambda s^\alpha < 2$ 时,有

$$\frac{1}{1+\lambda x_1^\alpha} + \frac{1}{1+\lambda x_2^\alpha} + \cdots + \frac{1}{1+\lambda x_n^\alpha} \geqslant n - 1 + \frac{1}{1+\lambda s^\alpha} \tag{7}$$

(2)当 $\alpha \geqslant 2, 0 < \lambda s^\alpha < \min\left\{\frac{2^\alpha}{3}, 2\right\}$ 时,有

$$\frac{1}{1+\lambda x_1^\alpha} + \frac{1}{1+\lambda x_2^\alpha} + \cdots + \frac{1}{1+\lambda x_n^\alpha} \leqslant \frac{n^{\alpha+1}}{n^\alpha + \lambda s^\alpha} \tag{8}$$

(3) 当 $0 < \alpha \leqslant 1$ 时,有

$$\frac{n^{\alpha+1}}{n^{\alpha} + \lambda s^{\alpha}} \leqslant \frac{1}{1 + \lambda x_1^{\alpha}} + \frac{1}{1 + \lambda x_2^{\alpha}} + \cdots + \frac{1}{1 + \lambda x_n^{\alpha}} < n - 1 + \frac{1}{1 + \lambda s^{\alpha}} \quad (9)$$

**注** 在定理中取 $\alpha = m \geqslant 2, m \in \mathbf{N}, \lambda = 1, s = 1$,由式(8)即得式(5)右边不等式,由式(7)即得式(6);$\alpha = 1, n = 2, \lambda = 1, s = 1$,由式(9)即得式(1),可见定理是式(5)右边不等式,不等式(6)及式(1)的推广.

**证明** (1)用数学归纳法证明.

① 当 $n = 2$ 时,先证:当 $s = 1$ 时,式(7)成立,即当 $x_1, x_2 > 0, x_1 + x_2 = 1$, $0 < \lambda < 2, \alpha \geqslant 2$,时,有

$$\frac{1}{1 + \lambda x_1^{\alpha}} + \frac{1}{1 + \lambda x_2^{\alpha}} > 1 + \frac{1}{1 + \lambda} \quad (10)$$

由 $0 < x_1, x_2 < 1$ 及 $\alpha \geqslant 2$,有 $0 < x_1^{\alpha} \leqslant x_1^2, 0 < x_2^{\alpha} \leqslant x_2^2$,所以

$$\frac{1}{1 + \lambda x_1^{\alpha}} + \frac{1}{1 + \lambda x_2^{\alpha}} \geqslant \frac{1}{1 + \lambda x_1^2} + \frac{1}{1 + \lambda x_2^2}$$

要证式(10),只需证

$$\frac{1}{1 + \lambda x_1^2} + \frac{1}{1 + \lambda x_2^2} > \frac{2 + \lambda}{1 + \lambda} \Leftrightarrow$$

$$(1 + \lambda)[\lambda(x_1^2 + x_2^2) + 2] > (2 + \lambda)(\lambda x_1^2 + 1)(\lambda x_2^2 + 1) \Leftrightarrow$$

$$(2 + \lambda)\lambda^2 x_1^2 x_2^2 + \lambda(x_1^2 + x_2^2 - 1) < 0 \Leftrightarrow$$

$$(2 + \lambda)\lambda^2 x_1^2 x_2^2 - 2\lambda x_1 x_2 < 0 \Leftrightarrow x_1 x_2 < \frac{2}{\lambda(\lambda + 2)}$$

由 $0 < \lambda < 2$,有 $\dfrac{2}{\lambda(\lambda + 2)} > \dfrac{1}{4} \geqslant x_1 x_2$,知后一不等式成立,所以式(10)成立.

当 $x_1, x_2 > 0, x_1 + x_2 = s$,令 $x'_1 = \dfrac{x_1}{s}, x'_2 = \dfrac{x_2}{s}, \lambda' = \lambda s^{\alpha}$,显然 $x'_1 + x'_2 = 1$,由 $0 < s \leqslant 1, \alpha \geqslant 2$ 知 $0 < s^{\alpha} \leqslant 1$,所以 $0 < \lambda' = \lambda s^{\alpha} < \lambda < 2$,对 $x'_1, x'_2, \lambda'$ 应用式(10),有

$$\frac{1}{1 + \lambda s^{\alpha}\left(\dfrac{x_1}{s}\right)^{\alpha}} + \frac{1}{1 + \lambda s^{\alpha}\left(\dfrac{x_2}{s}\right)^{\alpha}} > 1 + \frac{1}{1 + \lambda s^{\alpha}} \Leftrightarrow$$

$$\frac{1}{1 + \lambda x_1^{\alpha}} + \frac{1}{1 + \lambda x_2^{\alpha}} > 1 + \frac{1}{1 + \lambda s^{\alpha}} \quad (11)$$

故当 $n = 2$ 时,不等式(7)成立.

② 假设当 $n = k(k \geqslant 2)$ 时,在命题题设下式(7)成立,那么 $n = k + 1$ 时,因 $(x_1 + x_2) + x_3 + \cdots + x_{k+1} = s \leqslant 1, 0 < \lambda s^{\alpha} < 2$,对 $(x_1 + x_2), x_3, \cdots, x_{k+1}$ 应用归纳假设有

$$\frac{1}{1 + \lambda (x_1 + x_2)^\alpha} + \frac{1}{1 + \lambda x_3^\alpha} + \cdots + \frac{1}{1 + \lambda x_{k+1}^\alpha} > k - 1 + \frac{1}{1 + \lambda s^\alpha}$$

又因为 $0 < x_1 + x_2 < s$,所以 $\lambda (x_1 + x_2)^\alpha \leqslant \lambda s^\alpha < 2$,应用①$n = 2$ 时的结论(即不等式(11)),有

$$\frac{1}{1 + \lambda x_1^\alpha} + \frac{1}{1 + \lambda x_2^\alpha} > 1 + \frac{1}{1 + \lambda (x_1 + x_2)^\alpha}$$

所以

$$\frac{1}{1 + \lambda x_1^\alpha} + \frac{1}{1 + \lambda x_2^\alpha} + \frac{1}{1 + \lambda x_3^\alpha} + \cdots + \frac{1}{1 + \lambda x_{k+1}^\alpha} \geqslant$$
$$1 + \frac{1}{1 + \lambda (x_1 + x_2)^\alpha} + \frac{1}{1 + \lambda x_3^\alpha} + \cdots + \frac{1}{1 + \lambda x_{k+1}^\alpha} >$$
$$1 + k - 1 + \frac{1}{1 + \lambda s^\alpha} = (k + 1) - 1 + \frac{1}{1 + \lambda s^\alpha}$$

即当 $n = k + 1$ 时,式(7) 仍成立. 综合上述①,②可知,对于一切 $2 \leqslant n \in \mathbf{N}$,式(7) 成立.

(2) 用数学归纳法证明.

① 当 $n = 2$ 时,先证:当 $s = 1$ 时,式(8) 成立,即当 $x_1, x_2 > 0$,$x_1 + x_2 = 1$,$\alpha \geqslant 2, 0 < \lambda < \min\left\{\dfrac{2^\alpha}{3}, 2\right\}$ 时,有

$$\frac{1}{1 + \lambda x_1^\alpha} + \frac{1}{1 + \lambda x_2^\alpha} \leqslant \frac{2^{\alpha+1}}{2^\alpha + \lambda} \tag{12}$$

事实上,式(12) 等价于
$$(2^\alpha + \lambda)\left[\lambda (x_1^\alpha + x_2^\alpha) + 2\right] \leqslant 2^{\alpha+1}(\lambda x_1^\alpha + 1)(\lambda x_2^\alpha + 1) \Leftrightarrow$$
$$M = 2^{\alpha+1} \lambda x_1^\alpha x_2^\alpha + (2^\alpha - \lambda)(x_1^\alpha + x_2^\alpha) - 2 \geqslant 0$$

由 $\alpha \geqslant 2$,有 $\dfrac{\alpha}{2} \geqslant 1$,应用幂平均不等式,有

$$x_1^\alpha + x_2^\alpha = (x_1^{\frac{\alpha}{2}} + x_2^{\frac{\alpha}{2}})^2 - 2(x_1 x_2)^{\frac{\alpha}{2}} \geqslant$$
$$\left[2\left(\frac{x_1 + x_2}{2}\right)^{\frac{\alpha}{2}}\right]^2 - 2(x_1 x_2)^{\frac{\alpha}{2}} =$$
$$\frac{1}{2^{\alpha-2}} - 2(x_1 x_2)^{\frac{\alpha}{2}}$$

又由 $0 < \lambda < \min\left\{\dfrac{2^\alpha}{3}, 2\right\}$,有 $0 < \lambda < \dfrac{2^\alpha}{3}$,即 $2^\alpha - \lambda > 0$,则

$$M \geqslant 2^{\alpha+1} \lambda x_1^\alpha x_2^\alpha + (2^\alpha - \lambda)\left[\frac{1}{2^{\alpha-2}} - 2(x_1 x_2)^{\frac{\alpha}{2}}\right] - 2 =$$
$$2^{\alpha+1} \lambda x_1^\alpha x_2^\alpha - 2(2^\alpha - \lambda)(x_1 x_2)^{\frac{\alpha}{2}} + 2 - \frac{\lambda}{2^{\alpha-2}}$$

$$2^{\alpha+1}\lambda\left[(x_1x_2)^{\frac{\alpha}{2}}-\left(\frac{1}{2}\right)^{\alpha}\right]^2-2(2^{\alpha}-3\lambda)(x_1x_2)^{\frac{\alpha}{2}}+2-\frac{3\lambda}{2^{\alpha-1}}\geqslant$$

$$-2(2^{\alpha}-3\lambda)(x_1x_2)^{\frac{\alpha}{2}}+2-\frac{3\lambda}{2^{\alpha-1}}$$

而 $0<\lambda<\min\left\{\frac{2^{\alpha}}{3},2\right\}$，所以

$$0<\lambda<\frac{2^{\alpha}}{3}\Leftrightarrow 2^{\alpha}-3\lambda>0\Leftrightarrow-2(2^{\alpha}-3\lambda)<0$$

又 $\qquad 0<x_1x_2\leqslant\left(\frac{x_1+x_2}{2}\right)^2=\frac{1}{4}\Leftrightarrow 0<(x_1x_2)^{\frac{\alpha}{2}}\leqslant\left(\frac{1}{2}\right)^{\alpha}$

于是

$$-2(2^{\alpha}-3\lambda)(x_1x_2)^{\frac{\alpha}{2}}\geqslant-2(2^{\alpha}-3\lambda)\left(\frac{1}{2}\right)^{\alpha}=-2+\frac{3\lambda}{2^{\alpha-1}}$$

所以 $\qquad M\geqslant-2+\frac{3\lambda}{2^{\alpha-1}}+2-\frac{3\lambda}{2^{\alpha-1}}=0$

故不等式(11)成立.

当 $x_1,x_2>0,x_1+x_2=s$ 时,令 $x'_1=\dfrac{x_1}{s},x'_2=\dfrac{x_2}{s},\lambda'=\lambda s^{\alpha}$,显然 $x'_1+x'_2=1$,由 $0<s\leqslant 1,\alpha\geqslant 2$ 知,$0<s^{\alpha}\leqslant 1$,所以 $0<\lambda'=\lambda s^{\alpha}<\lambda<\min\left\{\dfrac{2^{\alpha}}{3},2\right\}$,对 $x'_1,x'_2,\lambda'$ 应用式(12),有

$$\frac{1}{1+\lambda s^{\alpha}\left(\dfrac{x_1}{s}\right)^{\alpha}}+\frac{1}{1+\lambda s^{\alpha}\left(\dfrac{x_2}{s}\right)^{\alpha}}>\frac{2^{\alpha+1}}{2^{\alpha}+\lambda s^{\alpha}}\Leftrightarrow$$

$$\frac{1}{1+\lambda x_1^{\alpha}}+\frac{1}{1+\lambda x_2^{\alpha}}\leqslant\frac{2^{\alpha+1}}{2^{\alpha}+\lambda s^{\alpha}} \tag{13}$$

故当 $n=2$ 时,不等式(8)成立

② 假设当 $n=k(k\geqslant 2)$ 时,在命题题设下,式(7)成立,那么 $n=k+1$ 时,设 $x_1+x_2+\cdots+x_k=A\leqslant s\leqslant 1,0<\lambda A^{\alpha}\leqslant\lambda s^{\alpha}<\min\left\{\dfrac{2^{\alpha}}{3},2\right\}$,对 $x_1,x_2,\cdots,x_k$ 应用归纳假设,有

$$\frac{1}{1+\lambda x_1^{\alpha}}+\frac{1}{1+\lambda x_2^{\alpha}}+\cdots+\frac{1}{1+\lambda x_k^{\alpha}}\leqslant\frac{k^{\alpha+1}}{k^{\alpha}+\lambda A^{\alpha}} \tag{14}$$

由式(8)的对称性,不妨设 $x_{k+1}$ 是 $x_1,x_2,\cdots,x_{k+1}$ 中的最小者,则 $x_{k+1}\leqslant\dfrac{s}{k+1}$,又设

$$B=\frac{x_1+x_2+\cdots+x_{k+1}}{k+1}=\frac{s}{k+1}$$

$$x_{k+1} + (k-1)B = x_{k+1} + \underbrace{B + B + \cdots + B}_{(k-1)\uparrow B} = C$$

由 $0 < C \leqslant \dfrac{s}{k+1} + \dfrac{k-1}{k+1}s = \dfrac{k}{k+1}s < s \leqslant 1$，有 $0 < \lambda C^{\alpha} < \lambda s^{\alpha} <$

$\min\left\{\dfrac{2^{\alpha}}{3}, 2\right\}$，对 $x_{k+1}, \underbrace{B, \cdots, B}_{(k-1)\uparrow}$ 应用归纳假设，有

$$\frac{1}{1 + \lambda x_{k+1}^{\alpha}} + \frac{k-1}{1 + \lambda B^{\alpha}} =$$

$$\frac{1}{1 + \lambda x_{k+1}^{\alpha}} + \underbrace{\frac{1}{1 + \lambda B^{\alpha}} + \frac{1}{1 + \lambda B^{\alpha}} + \cdots + \frac{1}{1 + \lambda B^{\alpha}}}_{(k-1)\uparrow} \leqslant \frac{k^{\alpha+1}}{k^{\alpha} + \lambda C^{\alpha}} \Leftrightarrow$$

$$\frac{1}{1 + \lambda x_{k+1}^{\alpha}} \leqslant \frac{k^{\alpha+1}}{k^{\alpha} + \lambda C^{\alpha}} - \frac{k-1}{1 + \lambda B^{\alpha}} \qquad (15)$$

由式(13)，式(14) 有

$$\frac{1}{1 + \lambda x_1^{\alpha}} + \frac{1}{1 + \lambda x_2^{\alpha}} + \cdots + \frac{1}{1 + \lambda x_{k+1}^{\alpha}} \leqslant \frac{k^{\alpha+1}}{k^{\alpha} + \lambda A^{\alpha}} + \frac{k^{\alpha+1}}{k^{\alpha} + \lambda C^{\alpha}} - \frac{k-1}{1 + \lambda B^{\alpha}}$$

因

$$\frac{A}{k} + \frac{C}{k} = \frac{A + x_{k+1} + \dfrac{k-1}{k+1}s}{k} = \frac{s + \dfrac{k-1}{k+1}s}{k} = \frac{2s}{k+1} = 2B$$

$$0 < \lambda(2B)^{\alpha} = \lambda\left(\frac{2s}{k+1}\right)^{\alpha} < \lambda s^{\alpha} < \min\left\{\frac{2^{\alpha}}{3}, 2\right\}$$

对数组 $\dfrac{A}{k}, \dfrac{C}{k}$ 应用前面已证的 $n = 2$ 时的结论(即不等式(13))，有

$$\frac{k^{\alpha}}{k^{\alpha} + \lambda_1} + \frac{k^{\alpha}}{k^{\alpha} + \lambda_2} = \frac{1}{1 + \lambda\left(\dfrac{A}{k}\right)^{\alpha}} + \frac{1}{1 + \lambda\left(\dfrac{C}{k}\right)^{\alpha}} \leqslant \frac{2^{\alpha+1}}{2^{\alpha} + \lambda(2B)^{\alpha}}$$

因此

$$\frac{1}{1 + \lambda x_1^{\alpha}} + \frac{1}{1 + \lambda x_2^{\alpha}} + \cdots + \frac{1}{1 + \lambda x_{k+1}^{\alpha}} \leqslant$$

$$k \cdot \frac{2^{\alpha+1}}{2^{\alpha} + \lambda(2B)^{\alpha}} - \frac{k-1}{1 + \lambda B^{\alpha}} =$$

$$\frac{2k}{1 + \lambda B^{\alpha}} - \frac{k-1}{1 + \lambda B^{\alpha}} = \frac{k+1}{1 + \lambda\left(\dfrac{s}{k+1}\right)^{\alpha}} =$$

$$\frac{(k+1)^{\alpha+1}}{(k+1)^{\alpha} + \lambda s^{\alpha}}$$

即 $n = k+1$ 时，式(8) 也成立. 综合上述①,②知:对于一切 $n \geqslant 2, n \in \mathbf{N}$，式(8)
成立.

(3) 因 $0 < \alpha \le 1$，由幂平均不等式，有

$$\frac{x_1^\alpha + x_2^\alpha + \cdots + x_n^\alpha}{n} \le \left(\frac{x_1 + x_2 + \cdots + x_n}{n}\right)^\alpha = \left(\frac{s}{n}\right)^\alpha$$

即

$$x_1^\alpha + x_2^\alpha + \cdots + x_n^\alpha \le \frac{s^\alpha}{n^{\alpha-1}}$$

由柯西不等式，有

$$\frac{1}{1 + \lambda x_1^\alpha} + \frac{1}{1 + \lambda x_2^\alpha} + \cdots + \frac{1}{1 + \lambda x_n^\alpha} \ge$$

$$\frac{n^2}{n + \lambda(x_1^\alpha + x_2^\alpha + \cdots + x_n^\alpha)} \ge$$

$$\frac{n^2}{n + \frac{\lambda s^\alpha}{n^{\alpha-1}}} = \frac{n^{\alpha+1}}{n^\alpha + \lambda s^\alpha}$$

即式(9) 左端成立.

用数学归纳法证明式(9) 的右端.

① 当 $n = 2$ 时，先证：当 $s = 1$ 时，式(9) 的右端成立，即当 $x_1, x_2 > 0, x_1 + x_2 = 1, 0 < \alpha \le 1, \lambda > 0$ 时，有

$$\frac{1}{1 + \lambda x_1^\alpha} + \frac{1}{1 + \lambda x_2^\alpha} < 1 + \frac{1}{\lambda + 1} \qquad (16)$$

事实上，由 $0 < x_1, x_2, \alpha \le 1$，有 $0 < x_1 \le x_1^\alpha, 0 < x_2 \le x_2^\alpha$，那么

$$\frac{1}{1 + \lambda x_1^\alpha} + \frac{1}{1 + \lambda x_2^\alpha} \le \frac{1}{1 + \lambda x_1} + \frac{1}{1 + \lambda x_2}$$

因此，只需证明

$$\frac{1}{1 + \lambda x_1} + \frac{1}{1 + \lambda x_2} < 1 + \frac{1}{1 + \lambda} \Leftrightarrow$$

$$(\lambda + 1)[\lambda(x_1 + x_2) + 2] < (\lambda + 2)(\lambda x_1 + 1)(\lambda x_2 + 1) \Leftrightarrow$$

$$(\lambda + 1)(\lambda + 2) < (\lambda + 2)(\lambda^2 x_1 x_2 + \lambda + 1) \Leftrightarrow$$

$$(\lambda + 2)\lambda^2 x_1 x_2 > 0$$

后一不等式显然成立，所以式(16) 成立.

当 $x_1, x_2 > 0, x_1 + x_2 = s$ 时，令 $x'_1 = \frac{x_1}{s}, x'_2 = \frac{x_2}{s}, \lambda' = \lambda s^\alpha$，显然 $x'_1 + x'_2 = 1$，对 $x'_1, x'_2, \lambda'$ 应用式(16)，有

$$\frac{1}{1 + \lambda s^\alpha \left(\frac{x_1}{s}\right)^\alpha} + \frac{1}{1 + \lambda s^\alpha \left(\frac{x_2}{s}\right)^\alpha} < 1 + \frac{1}{1 + \lambda s^\alpha} \Leftrightarrow$$

$$\frac{1}{1 + \lambda x_1^\alpha} + \frac{1}{1 + \lambda x_2^\alpha} < 1 + \frac{1}{1 + \lambda s^\alpha} \qquad (17)$$

故当 $n = 2$ 时,不等式(9)右端成立.

② 假设当 $n = k(k \geqslant 2)$ 时,在命题题设下式(9)右端成立,那么当 $n = k + 1(k \geqslant 2)$,由①$n = 2$ 的结论及归纳假设,有

$$\frac{1}{\lambda x_1^\alpha + 1} + \frac{1}{\lambda x_2^\alpha + 1} + \cdots + \frac{1}{\lambda x_{k+1}^\alpha + 1} =$$

$$\left( \frac{1}{1 + \lambda x_1^\alpha} + \frac{1}{1 + \lambda x_2^\alpha} \right) + \left( \frac{1}{\lambda x_3^\alpha + 1} + \cdots + \frac{1}{1 + \lambda x_{k+1}^\alpha} \right) <$$

$$1 + \frac{1}{\lambda (x_1 + x_2)^\alpha + 1} + \frac{1}{\lambda x_3^\alpha + 1} + \cdots + \frac{1}{\lambda x_{k+1}^\alpha + 1} <$$

$$1 + \left( k - 1 + \frac{1}{1 + \lambda s^\alpha} \right) = (k + 1) - 1 + \frac{1}{1 + \lambda s^\alpha}$$

即式(9)右端对于 $n = k + 1$ 时仍成立.

综合上述①,②知:对于一切 $2 \leqslant n \in \mathbf{N}$,式(9)右端成立,故式(9)成立.命题得证.

## 参考文献

[1] 安振平,梁丽平. 精彩问题来自不断的反思与探索[J]. 中学数学教学参考,2002(8).

[2] 章彦琼,宋庆. 一个新发现的分式不等式[J]. 数学通讯,2003(6).

[3] 刘碧楠,于润兴. 一个猜想的证明[J]. 数学通讯,2003(24).

[4] 曹学锋,汪飞. 一个不等式的高维推广[J]. 数学通讯,2004(21).

[5] 万家练. 对"一个不等式的高维推广"的质疑与另证[J]. 数学通讯,2005(7).

[6] 佟成军. 一个不等式的再质疑与另证[J]. 数学通讯,2005(21).

[7] 佟成军. 一个不等式的加强及证明[J]. 数学通讯,2006(5).

# 一个代数不等式的加强、推广及应用

文[1]给出了如下不等式:设 $x_1,x_2,\cdots,x_n$ 是正实数,则

$$\frac{1}{1+x_1}+\frac{1}{1+x_2}+\cdots+\frac{1}{1+x_n}\geq\frac{n^{n+1}}{n^{n+1}+x_1x_2\cdots x_n}\quad(1)$$

本文首先给出式(1)的加强,然后给出加强结果的推广,最后给出推广结果的一些应用.

## 1　加　强

**定理1**　设 $x_1,x_2,\cdots,x_n$ 是正实数, $n\geq2$, $G_n=\sqrt[n]{x_1x_2\cdots x_n}$ ,则:

(1)当 $G_n\geq n-1$ 时

$$\frac{1}{1+x_1}+\frac{1}{1+x_2}+\cdots+\frac{1}{1+x_n}\geq\frac{n}{1+G_n}\quad(2)$$

(2)当 $G_n<n-1$ 时

$$\frac{1}{1+x_1}+\frac{1}{1+x_2}+\cdots+\frac{1}{1+x_n}>1\quad(3)$$

**注记**　当 $G_n=\sqrt[n]{x_1x_2\cdots x_n}<n-1$ 时,显然式(3)是式(1)的加强;当 $G_n\geq n-1$ 时,有

$$\frac{n}{1+\sqrt[n]{x_1x_2\cdots x_n}}\geq\frac{n^{n+1}}{n^{n+1}+x_1x_2\cdots x_n}\quad(4)$$

事实上,式(4)等价于

$$n^{n+1}+x_1x_2\cdots x_n\geq n^n+n^n\sqrt[n]{x_1x_2\cdots x_n}\Leftrightarrow$$
$$P=n^{n+1}-n^n+x_1x_2\cdots x_n-n^n\sqrt[n]{x_1x_2\cdots x_n}\geq0$$

令 $t=\sqrt[n]{x_1x_2\cdots x_n}\geq n-1$ ,则

$$P=P(t)=n^{n+1}-n^n+t^n-n^nt,t\in[n-1,+\infty)$$
$$P'(t)=nt^{n-1}-n^n=n(t^{n-1}-n^{n-1})$$

当 $t=n$ 时, $P'(t)=0$ ;当 $t>n$ 时, $P'(t)>0$ ;当 $n-1<t<n$ 时, $P'(t)<0$ .因此当 $t=n$ 时, $P(t)$ 取最小值 $P(n)=0$ ,即 $P(t)\geq P(n)=0$ ,故式(4)成立,即当 $\sqrt[n]{x_1x_2\cdots x_n}\geq n-1$ 时,式(2)是式(1)的加强.因此定理1是不等式(1)的加强.

145

## 2 推 广

文[2] 给出式(2) 的一个类似不等式:设 $x_i > 0(i = 1, 2, \cdots, n)$, $n \geq 2$, $x_1 x_2 \cdots x_n = p^n$, $p$ 为正实数,则当 $p \geq n^2 - 1$ 时,有

$$\frac{1}{\sqrt{1 + x_1}} + \frac{1}{\sqrt{1 + x_2}} + \cdots + \frac{1}{\sqrt{1 + x_n}} \geq \frac{n}{\sqrt{1 + p}} \tag{5}$$

文[3] 将式(5) 推广为:设 $x_i > 0(i = 1, 2, \cdots, n)$, $n \geq 2$, $0 < \alpha \leq \frac{1}{2}$ 或 $\alpha = 1$,则当 $G_n \geq n^{\frac{1}{\alpha}} - 1$ 时,有

$$\sum_{i=1}^{n} \frac{1}{(1 + x_i)^\alpha} \geq \frac{n}{(1 + G_n)^\alpha} \tag{6}$$

下面将对式(6) 作进一步推广.

将证明当 $0 < \alpha \leq n - 1$, $n \geq 2$, $G_n \geq n^{\frac{1}{\alpha}} - 1$ 时,式(6) 成立,并给出当 $0 < G_n < n^{\frac{1}{\alpha}} - 1$ 时, $\sum_{i=1}^{n} \frac{1}{(1 + x_i)^\alpha}$ 的一个下界.

**引理** 1 设 $a_i, b_i \in \mathbf{R}^+ (i = 1, 2, \cdots, n)$, $m > 0$,则

$$\sum_{i=1}^{n} \frac{a_i^{m+1}}{b_i^m} \geq \frac{\left( \sum_{i=1}^{n} a_i \right)^{m+1}}{\left( \sum_{i=1}^{n} b_i \right)^m} \tag{7}$$

这就是著名的权方和不等式,证明可见文[4].

**引理** 2[5] 设 $x_i \in \mathbf{R}^+ (i = 1, 2, \cdots, n)$, $n \geq 2$,则当 $r \in \mathbf{R}$, $r \geq \frac{n}{n-1}$ 时,有

$$\left( \sum_{i=1}^{n} x_i \right)^r \geq \sum_{i=1}^{n} x_i^r + (n^r - n)(x_1 x_2 \cdots x_n)^{\frac{r}{n}} \tag{8}$$

**定理** 2 设 $x_i > 0(i = 1, 2, \cdots, n)$, $n \geq 2$, $\alpha$ 是正常数, $0 < \alpha \leq n - 1$,则:

(1) 当 $G_n \geq n^{\frac{1}{\alpha}} - 1$ 时

$$\sum_{i=1}^{n} \frac{1}{(1 + x_i)^\alpha} \geq \frac{n}{(1 + G_n)^\alpha} \tag{9}$$

(2) 当 $0 < G_n < n^{\frac{1}{\alpha}} - 1$ 时

$$\sum_{i=1}^{n} \frac{1}{(1 + x_i)^\alpha} > 1 \tag{10}$$

**注记** 1 在定理 2 中取 $\alpha = 1$,当 $n \geq 2$ 时,显然满足 $0 < \alpha \leq n - 1$,由定理 2 即得定理 1,所以定理 2 是定理 1 的推广.因此只需证明定理 2.

**注记** 2 当 $n \geq 2$ 时, $n - 1 \geq 1$,此时式(9) 对 $0 < \alpha \leq 1$ 成立,因而在定

理 2 推广了文[3] 的不等式(6).

**定理的证明** (1) 令 $x_i = \dfrac{a_1 a_2 \cdots a_n}{a_i^n}, a_i > 0 (i = 1, 2, \cdots, n)$，设 $T = a_1 a_2 \cdots a_n$，

$\lambda = G_n$，则式(9) 等价于

$$\sum_{i=1}^{n} \frac{a_i^{n\alpha}}{(a_i^n + \lambda T)^\alpha} \geqslant \frac{n}{(1 + \lambda)^\alpha} \tag{11}$$

由引理 1，有

$$\sum_{i=1}^{n} \frac{a_i^{n\alpha}}{(a_i^n + \lambda T)^\alpha} = \sum_{i=1}^{n} \frac{\left[ a_i^{n\alpha/(\alpha+1)} \right]^{\alpha+1}}{(a_i^n + \lambda T)^\alpha} \geqslant \frac{\left[ \sum\limits_{i=1}^{n} a_i^{n\alpha/(\alpha+1)} \right]^{\alpha+1}}{\left( \sum\limits_{i=1}^{n} a_i^n + \lambda n T \right)^\alpha}$$

因此，要证式(11)，只需证

$$\frac{\left[ \sum\limits_{i=1}^{n} a_i^{\frac{n\alpha}{(\alpha+1)}} \right]^{\alpha+1}}{\left( \sum\limits_{i=1}^{n} a_i^n + \lambda n T \right)^\alpha} \geqslant \frac{n}{(1 + \lambda)^\alpha} \Leftrightarrow$$

$$(1 + \lambda) \left[ \sum_{i=1}^{n} a_i^{\frac{n\alpha}{(\alpha+1)}} \right]^{\frac{\alpha+1}{\alpha}} \geqslant n^{\frac{1}{\alpha}} \left( \sum_{i=1}^{n} a_i^n + \lambda n T \right) \tag{12}$$

又 $0 < \alpha \leqslant n - 1 \Rightarrow \dfrac{\alpha + 1}{\alpha} \geqslant \dfrac{n}{n-1}$，由引理 2，有

$$\left[ \sum_{i=1}^{n} a_i^{\frac{n\alpha}{(\alpha+1)}} \right]^{\frac{\alpha+1}{\alpha}} \geqslant \sum_{i=1}^{n} a_i^{\frac{n\alpha}{\alpha+1} \cdot \frac{\alpha+1}{\alpha}} + (n^{\frac{\alpha+1}{\alpha}} - n) \left( \prod_{i=1}^{n} a_i^{\frac{n\alpha}{\alpha+1}} \right)^{\frac{\alpha+1}{n\alpha}} =$$

$$\sum_{i=1}^{n} a_i^n + (n^{\frac{1}{\alpha}} - 1) n \prod_{i=1}^{n} a_i$$

因而，要证式(12)，只需证明

$$(1 + \lambda) \left[ \sum_{i=1}^{n} a_i^n + (n^{\frac{1}{\alpha}} - 1) n \prod_{i=1}^{n} a_i \right] \geqslant n^{\frac{1}{\alpha}} \left( \sum_{i=1}^{n} a_i^n + \lambda n T \right) \Leftrightarrow$$

$$(1 + \lambda - n^{\frac{1}{\alpha}}) \left( \sum_{i=1}^{n} a_i^n - n \prod_{i=1}^{n} a_i \right) \geqslant 0 \tag{13}$$

由 $\lambda \geqslant n^{\frac{1}{\alpha}} - 1$ 及 $\sum\limits_{i=1}^{n} a_i^n \geqslant n \prod\limits_{i=1}^{n} a_i$ 知不等式(13) 成立，因而不等式(9) 成立.

(2) 令 $\sqrt[n]{x_1 x_2 \cdots x_n} = \lambda, x_1 = \lambda y_1, x_2 = \lambda y_2, \cdots, x_n = \lambda y_n$，则 $y_1 y_2 \cdots y_n = 1$ 且

$y_i > 0, i = 1, 2, \cdots, n$，式(9) 变为：当 $\lambda \geqslant n^{\frac{1}{\alpha}} - 1$ 时，有

$$\sum_{i=1}^{n} \left( \frac{1}{1 + \lambda y_i} \right)^\alpha \geqslant n \left( \frac{1}{1 + \lambda} \right)^\alpha$$

特别地，当 $\lambda = n^{\frac{1}{\alpha}} - 1$ 时，有

147

$$\sum_{i=1}^{n} \left( \frac{1}{1 + (n^{\frac{1}{\alpha}} - 1)y_i} \right)^{\alpha} \geq 1$$

因此当 $0 < \lambda < n^{\frac{1}{\alpha}} - 1$ 时

$$\sum_{i=1}^{n} \left( \frac{1}{1 + \lambda y_i} \right)^{\alpha} > \sum_{i=1}^{n} \left[ \frac{1}{1 + (n^{\frac{1}{\alpha}} - 1)y_i} \right]^{\alpha} \geq 1 \Leftrightarrow \sum_{i=1}^{n} \left( \frac{1}{1 + x_i} \right)^{\frac{1}{m}} > 1$$

即式(10)成立. 证毕.

## 3 应 用

设 $x_i = \lambda y_i (i = 1, 2, \cdots, n)$，$n \geq 2$，$y_1 y_2 \cdots y_n = 1$，$\lambda > 0, G_n = \sqrt[n]{x_1 x_2 \cdots x_n} = \lambda$，由定理 2 即得:

**推论** 设 $y_i > 0 (i = 1, 2, \cdots, n)$，$n \geq 2, y_1 y_2 \cdots y_n = 1, \lambda > 0, 0 < \alpha \leq n - 1$，则:

当 $\lambda \geq n^{\frac{1}{\alpha}} - 1$ 时,有

$$\sum_{i=1}^{n} \frac{1}{(1 + \lambda y_i)^{\alpha}} \geq \frac{n}{(1 + \lambda)^{\alpha}} \tag{14}$$

当 $0 < \lambda < n^{\frac{1}{\alpha}} - 1$ 时,有

$$\sum_{i=1}^{n} \frac{1}{(1 + \lambda y_i)^{\alpha}} > 1 \tag{15}$$

笔者于 2003 年在[6]中猜测式(14),式(15)对 $\alpha > 0$ 成立,由推论知前述猜测对 $0 < \alpha \leq n - 1$ 成立.

(1) 当 $n \geq 3$ 时,$n - 1 \geq 2$,由推论可得式(14),(15)对适合 $0 < \alpha \leq 2$ 的一切 $\alpha$ 成立.

设 $\alpha = 2, y_i = \lambda \frac{x_{i+1}}{x_i}, x_i > 0, i = 1, 2, \cdots, n, n \geq 3, x_{n+1} = x_1$，则由推论知,当 $\lambda \geq \sqrt{n} - 1$ 时,有

$$\sum_{i=1}^{n} \left( \frac{x_i}{x_i + \lambda x_{i+1}} \right)^2 \geq \frac{n}{(1 + \lambda)^2} \tag{16}$$

当 $n = 3, \lambda = 1$ 时,满足 $\lambda \geq \sqrt{n} - 1$,由式(16)得到刘保乾提出、陈胜利证明的一个不等式[7]

$$\left( \frac{x_1}{x_1 + x_2} \right)^2 + \left( \frac{x_2}{x_2 + x_3} \right)^2 + \left( \frac{x_3}{x_3 + x_1} \right)^2 \geq \frac{3}{4} \tag{17}$$

当 $n = 4, \lambda = 1$ 时,满足 $\lambda \geq \sqrt{n} - 1$,由式(16)得到刘保乾于 2000 年提出的不等式 LBQ109[8]

$$\left( \frac{x_1}{x_1 + x_2} \right)^2 + \left( \frac{x_2}{x_2 + x_3} \right)^2 + \left( \frac{x_3}{x_3 + x_4} \right)^2 + \left( \frac{x_4}{x_4 + x_1} \right)^2 \geq 1 \tag{18}$$

马占山、田彦武于 2004 年 5 月给出了一个较繁琐的证明[9].

(2)设 $\alpha = 3$, $n \geqslant 4$, $y_i = \lambda \dfrac{x_{i+1}}{x_i}$, $x_i > 0$, $i = 1, 2, \cdots, n$, $n \geqslant 4$, $x_{n+1} = x_1$,

因为 $n - 1 \geqslant 3 \geqslant \alpha$, 由推论可得, 当 $\lambda \geqslant \sqrt[3]{n} - 1$ 时, 有

$$\sum_{i=1}^{n} \left( \frac{x_i}{x_i + \lambda x_{i+1}} \right)^3 \geqslant \frac{n}{(1 + \lambda)^3} \tag{19}$$

当 $n = 5$, $\lambda = 1$ 时, 满足 $\lambda \geqslant \sqrt[3]{n} - 1$, 由式(19)得到刘保乾于 2003 年 2 月提出的猜想不等式[10]

$$\left( \frac{x_1}{x_1 + x_2} \right)^3 + \left( \frac{x_2}{x_2 + x_3} \right)^3 + \left( \frac{x_3}{x_3 + x_4} \right)^3 + \left( \frac{x_4}{x_4 + x_5} \right)^3 + \left( \frac{x_5}{x_5 + x_1} \right)^3 \geqslant \frac{5}{8}$$
$$\tag{20}$$

(3)取 $m = 2$, $n = 3$, 由定理 2 可得：设 $x_1, x_2, x_3$ 是正实数, 当 $\sqrt{x_1 x_2 x_3} \geqslant 8$ 时, 有

$$\frac{1}{\sqrt{1 + x_1}} + \frac{1}{\sqrt{1 + x_2}} + \frac{1}{\sqrt{1 + x_3}} \geqslant \frac{3}{\sqrt{1 + \sqrt{x_1 x_2 x_3}}} \tag{21}$$

令 $x_1 = \dfrac{8bc}{a^2}$, $x_2 = \dfrac{8ca}{b^2}$, $x_3 = \dfrac{8ab}{c^2}$, $a, b, c$ 为正实数, 则 $\sqrt{x_1 x_2 x_3} = 8$, 由式(19)可得第 42 届 IMO 第 2 题中的不等式：对所有正实数 $a, b, c$, 有

$$\frac{a}{\sqrt{a^2 + 8bc}} + \frac{b}{\sqrt{b^2 + 8ca}} + \frac{c}{\sqrt{c^2 + 8ab}} \geqslant 1 \tag{22}$$

## 参考文献

[1] 邬天泉, 等. 关于一道 IMO 训练题的引申[J]. 数学通讯, 2004(1).

[2] 叶军. 数学奥林匹克典型试题剖析[M]. 长沙: 湖南师范大学出版社, 2002(7).

[3] 周金锋, 谷焕春. IMO$_{42-2}$ 的进一步推广[J]. 数学通讯, 2004(17).

[4] 俞武扬. 一个猜想的证明[J]. 数学通报. 2002(2).

[5] 陈计, 王振. 一个分析不等式的证明[J]. 宁波大学学报(理工版), 1992(2):12-14.

[6] 蒋明斌. 对一个不等式的再探讨[J]. 中学教研, 2003(9).

[7] 陈胜利. 几个轮换不等式[J]. 不等式研究通讯, 2000(3):35-37.

[8] 刘保乾. 110 个有趣的不等式问题[M]. 杨学枝. 不等式研究. 拉萨: 西藏人民出版社, 2000.

[9] 马占山, 田彦武. LBQ109 的证明及推广[J]. 不等式研究通讯, 2003(6): 75-76.

[10] 刘保乾. CIQ74[J]. 不等式研究通讯, 2004(1):134.

# 一个分式不等式的加权推广

在文[1]笔者研究两道竞赛题的推广时得到:设 $a,b,c,d > 0$,且 $abcd = 1$, $k \in \mathbf{R}, k \geqslant 2$,则

$$\frac{1}{(1 + a)^k} + \frac{1}{(1 + b)^k} + \frac{1}{(1 + c)^k} + \frac{1}{(1 + d)^k} \geqslant \frac{4}{2^k} \tag{1}$$

特别地,取 $k = 2$, $a = \dfrac{Y}{X}$, $b = \dfrac{Z}{Y}$, $c = \dfrac{X}{Z}$, $d = 1, X, Y, Z > 0$,由式(1)得到: 设 $X, Y, Z > 0$,则

$$\left(\frac{X}{X + Y}\right)^2 + \left(\frac{Y}{Y + Z}\right)^2 + \left(\frac{Z}{Z + X}\right)^2 \geqslant \frac{3}{4} \tag{2}$$

这是在 2000 年左右由刘保乾提出,陈胜利证明的一个不等式(参见文[2]),本文拟给出式(2)的加权推广.

**定理** 设 $X, Y, Z, k > 0$,则:

当 $k \geqslant \sqrt{3} - 1$ 时,有

$$\left(\frac{X}{X + kY}\right)^2 + \left(\frac{Y}{Y + kZ}\right)^2 + \left(\frac{Z}{Z + kX}\right)^2 \geqslant \frac{3}{(1 + k)^2} \tag{3}$$

当 $0 < k < \sqrt{3} - 1$ 时,有

$$\left(\frac{X}{X + kY}\right)^2 + \left(\frac{Y}{Y + kZ}\right)^2 + \left(\frac{Z}{Z + kX}\right)^2 > 1 \tag{4}$$

**注** 当 $\dfrac{Y}{X} \to +\infty$, $\dfrac{Z}{Y} \to +\infty$, $\dfrac{X}{Z} \to 0$ 时

$$\left(\frac{X}{X + kY}\right)^2 + \left(\frac{Y}{Y + kZ}\right)^2 + \left(\frac{Z}{Z + kX}\right)^2 \to 1$$

即式(4)左边的下界 1 不可再改进.

**证明** 首先证明一个不等式:设 $a_i, b_i, c_i > 0 (i = 1,2,3)$,则

$$(a_1 + b_1 + c_1)(a_2 + b_2 + c_2)(a_3 + b_3 + c_3) \geqslant$$
$$\left(\sqrt[3]{a_1 a_2 a_3} + \sqrt[3]{b_1 b_2 b_3} + \sqrt[3]{c_1 c_2 c_3}\right)^3 \tag{5}$$

因为

$$\frac{\sqrt[3]{a_1 a_2 a_3} + \sqrt[3]{b_1 b_2 b_3} + \sqrt[3]{c_1 c_2 c_3}}{\sqrt[3]{(a_1 + b_1 + c_1)(a_2 + b_2 + c_2)(a_3 + b_3 + c_3)}} \leqslant$$

$$\frac{1}{3}\left(\frac{a_1}{a_1 + b_1 + c_1} + \frac{a_2}{a_2 + b_2 + c_2} + \frac{a_3}{a_3 + b_3 + c_3} + \frac{b_1}{a_1 + b_1 + c_1} + \right.$$

$$\frac{b_2}{a_2 + b_2 + c_2} + \frac{b_3}{a_3 + b_3 + c_3} + \frac{c_1}{a_1 + b_1 + c_1} + \frac{c_2}{a_2 + b_2 + c_2} + \frac{c_3}{a_3 + b_3 + c_3}\Big) = 1$$

整理即得式(5).

对 $x_i, y_i > 0 (i = 1, 2, 3)$,应用式(5)得

$$\left(\frac{y_1^3}{x_1^2} + \frac{y_2^3}{x_2^2} + \frac{y_3^3}{x_3^2}\right)(x_1 + x_2 + x_3)(x_1 + x_2 + x_3) \geqslant (y_1 + y_2 + y_3)^3 \Leftrightarrow$$

$$\frac{y_1^3}{x_1^2} + \frac{y_2^3}{x_2^2} + \frac{y_3^3}{x_3^2} \geqslant \frac{(y_1 + y_2 + y_3)^3}{(x_1 + x_2 + x_3)^2} \tag{6}$$

令 $\dfrac{Y}{X} = \dfrac{yz}{x^2}, \dfrac{Z}{Y} = \dfrac{zx}{y^2}, \dfrac{X}{Z} = \dfrac{xy}{z^2}, x, y, z > 0$,应用不等式(6)有

$$\left(\frac{X}{X + kY}\right)^2 + \left(\frac{Y}{Y + kZ}\right)^2 + \left(\frac{Z}{Z + kX}\right)^2 =$$

$$\frac{x^6}{(x^3 + kxyz)^2} + \frac{y^6}{(y^3 + kxyz)^2} + \frac{z^6}{(z^3 + kxyz)^2} =$$

$$\frac{(x^2)^3}{(x^3 + kxyz)^2} + \frac{(y^2)^3}{(y^3 + kxyz)^2} + \frac{(z^2)^3}{(z^3 + kxyz)^2} \geqslant$$

$$\frac{(x^2 + y^2 + z^2)^3}{(x^3 + y^3 + z^3 + 3kxyz)^2}$$

因此,要证不等式(3),只需证

$$\frac{(x^2 + y^2 + z^2)^3}{(x^3 + y^3 + z^3 + 3kxyz)^2} \geqslant \frac{3}{(1 + k)^2} \Leftrightarrow$$

$$(1 + k)^2 (x^2 + y^2 + z^2)^3 \geqslant 3 (x^3 + y^3 + z^3 + 3kxyz)^2 \Leftrightarrow$$

$$(1 + k)(x^2 + y^2 + z^2)^{\frac{3}{2}} \geqslant \sqrt{3}(x^3 + y^3 + z^3 + 3kxyz) \tag{7}$$

下面先证

$$(x^2 + y^2 + z^2)^{\frac{3}{2}} \geqslant x^3 + y^3 + z^3 + 3(\sqrt{3} - 1)xyz \tag{8}$$

因为式(8)两边是齐次的,不妨设 $x^2 + y^2 + z^2 = 1$,显然,$0 < x, y, z < 1$,只需证明

$$x^3 + y^3 + z^3 + 3(\sqrt{3} - 1)xyz \leqslant x^2 + y^2 + z^2 \Leftrightarrow$$

$$x^2(1 - x) + y^2(1 - y) + z^2(1 - z) \geqslant 3(\sqrt{3} - 1)xyz \tag{9}$$

注意到 $0 < x, y, z < 1$,则

$$x^2(1 - x) + y^2(1 - y) + z^2(1 - z) \geqslant 3\sqrt[3]{x^2(1 - x)y^2(1 - y)z^2(1 - z)} =$$

$$xyz \cdot 3\sqrt[3]{\left(\frac{1}{x} - 1\right)\left(\frac{1}{y} - 1\right)\left(\frac{1}{z} - 1\right)}$$

因

$$\left(\frac{1}{x} - 1\right)\left(\frac{1}{y} - 1\right)\left(\frac{1}{z} - 1\right) =$$

$$\frac{1}{xyz}(1-x^2)(1-y^2)(1-z^2)\frac{1}{(1+x)(1+y)(1+z)}$$

$$\frac{1}{xyz}(1-x^2)(1-y^2)(1-z^2)=$$

$$\frac{1}{xyz}\left[1-(x^2+y^2+z^2)+(x^2y^2+y^2z^2+z^2x^2)-x^2y^2z^2\right]=$$

$$\frac{1}{xyz}\left[(x^2y^2+y^2z^2+z^2x^2)-x^2y^2z^2\right]\geqslant$$

$$\frac{1}{xyz}\left[\sqrt{3(x^2y^2\cdot y^2z^2+y^2z^2\cdot z^2x^2+z^2x^2\cdot y^2z^2)}-x^2y^2z^2\right]=$$

$$\frac{1}{xyz}\left[\sqrt{3x^2y^2z^2(x^2+y^2+z^2)}-x^2y^2z^2\right]=$$

$$\sqrt{3}-xyz=\sqrt{3}-(x^2y^2z^2)^{\frac{1}{2}}\geqslant$$

$$\sqrt{3}-\left(\frac{x^2+y^2+z^2}{3}\right)^{\frac{3}{2}}=\sqrt{3}-\frac{1}{3\sqrt{3}}=\left(\sqrt{3}-\frac{1}{\sqrt{3}}\right)^3$$

又

$$(1+x)(1+y)(1+z)\leqslant\left(\frac{3+x+y+z}{3}\right)^3\leqslant$$

$$\left[\frac{3+\sqrt{3(x^2+y^2+z^2)}}{3}\right]^3=\left(\frac{\sqrt{3}+1}{\sqrt{3}}\right)^3$$

所以

$$\left(\frac{1}{x}-1\right)\left(\frac{1}{y}-1\right)\left(\frac{1}{z}-1\right)\geqslant\left(\sqrt{3}-\frac{1}{\sqrt{3}}\right)^3\left(\frac{\sqrt{3}}{\sqrt{3}+1}\right)^3=(\sqrt{3}-1)^3$$

因此

$$x^2(1-x)+y^2(1-y)+z^2(1-z)\geqslant$$

$$xyz\cdot3\sqrt[3]{\left(\frac{1}{x}-1\right)\left(\frac{1}{y}-1\right)\left(\frac{1}{z}-1\right)}\geqslant$$

$$3(\sqrt{3}-1)xyz$$

即式(9)成立,因而式(8)成立.

应用式(8),知要证式(7),只需证

$$(1+k)[x^3+y^3+z^3+3(\sqrt{3}-1)xyz]\geqslant\sqrt{3}(x^3+y^3+z^3+3kxyz)\Leftrightarrow$$

$$[k-(\sqrt{3}-1)](x^3+y^3+z^3-3xyz)\geqslant0$$

由 $k\geqslant\sqrt{3}-1$ 及 $x^3+y^3+z^3\geqslant3xyz$ 知后一不等式显然成立,故不等式式(3)成立.

当 $k=\sqrt{3}-1$ 时,应用式(3)有

$$\left[\frac{X}{X+(\sqrt{3}-1)Y}\right]^2 + \left[\frac{Y}{Y+(\sqrt{3}-1)Z}\right]^2 + \left[\frac{Z}{Z+(\sqrt{3}-1)X}\right]^2 \geq 1$$

因此,当 $0 < k < \sqrt{3}-1$ 时,有

$$\left(\frac{X}{X+kY}\right)^2 + \left(\frac{Y}{Y+kZ}\right)^2 + \left(\frac{Z}{Z+kX}\right)^2 >$$

$$\left[\frac{X}{X+(\sqrt{3}-1)Y}\right]^2 + \left[\frac{Y}{Y+(\sqrt{3}-1)Z}\right]^2 + \left[\frac{Z}{Z+(\sqrt{3}-1)X}\right]^2 > 1$$

即不等式(4)成立.

## 参考文献

[1] 蒋明斌. 两道竞赛题的统一推广[J]. 中学教研(数学),2006(5).

[2] 刘保乾. 试谈发现三角形不等式的 7 种模型[J]. 中学教研(数学),2000(11).

# 对一个数学问题的再探索

文[1] 对如下问题:已知 $a, b > 0, a + b = 1$,则

$$\frac{1}{a+1} + \frac{1}{b+1} < \frac{3}{2} \tag{1}$$

作了一些探索,得到:

(1) 已知 $a, b > 0, a + b = 1$,则

$$\frac{4}{3} \leqslant \frac{1}{a+1} + \frac{1}{b+1} < \frac{3}{2} \tag{2}$$

$$2\sqrt{\frac{2}{3}} \leqslant \frac{1}{\sqrt{a+1}} + \frac{1}{\sqrt{b+1}} < \frac{3}{2} \tag{3}$$

$$\frac{3}{2} < \frac{1}{a^2+1} + \frac{1}{b^2+1} \leqslant \frac{8}{5} \tag{4}$$

(2) 已知 $a, b, c > 0, a + b + c = 1$,则

$$\frac{9}{4} \leqslant \frac{1}{a+1} + \frac{1}{b+1} + \frac{1}{c+1} < \frac{5}{2} \tag{5}$$

$$\frac{3\sqrt{3}}{2} \leqslant \frac{1}{\sqrt{a+1}} + \frac{1}{\sqrt{b+1}} + \frac{1}{\sqrt{c+1}} < 1 + \frac{\sqrt{2}}{2} \tag{6}$$

$$\frac{5}{2} < \frac{1}{a^2+1} + \frac{1}{b^2+1} + \frac{1}{c^2+1} \leqslant \frac{27}{10} \tag{7}$$

文[2] 类比式(2),式(4) 得到

$$\frac{3}{2} < \frac{1}{a^3+1} + \frac{1}{b^3+1} \leqslant \frac{16}{9} \tag{8}$$

并猜测

$$\frac{3}{2} < \frac{1}{a^{n+1}+1} + \frac{1}{b^{n+1}+1} \leqslant \frac{2^{n+1}}{2^n+1} \tag{9}$$

对此问题,我们还可以作进一步探索:

**探索 1** 由式(5),式(6) 考虑更一般的 $\left(\frac{1}{a+1}\right)^k + \left(\frac{1}{b+1}\right)^k + \left(\frac{1}{c+1}\right)^k$ $(k > 0)$ 的上、下界,有何结论?

**命题 1** 若 $a, b, c > 0, a + b + c = 1, k > 0$,则

$$\frac{3^{k+1}}{4^k} \leqslant \left(\frac{1}{a+1}\right)^k + \left(\frac{1}{b+1}\right)^k + \left(\frac{1}{c+1}\right)^k < 2 + \frac{1}{2^k} \tag{10}$$

**探索 2** 在式(10)中的 $a,b,c$ 前面分别乘以一个系数,结论又如何?

**命题 2** 若 $a,b,c > 0, a+b+c = 1, m,k > 0$,则

$$\frac{3^{k+1}}{(m+3)^k} \leqslant \left(\frac{1}{ma+1}\right)^k + \left(\frac{1}{mb+1}\right)^k + \left(\frac{1}{mc+1}\right)^k < 2 + \frac{1}{(m+1)^k}$$

$$(11)$$

很显然命题 2 是命题 1 的推广.

**证明** 先证左边不等式,由三元均值不等式有

$$\left(\frac{1}{ma+1}\right)^k + \left(\frac{1}{mb+1}\right)^k + \left(\frac{1}{mc+1}\right)^k \geqslant$$

$$3\left[\left(\frac{1}{ma+1}\right)^k \left(\frac{1}{mb+1}\right)^k \left(\frac{1}{mc+1}\right)^k\right]^{\frac{1}{3}} =$$

$$3^{m+1} \frac{1}{\left[3\sqrt[3]{(ma+1)(mb+1)(mc+1)}\right]^m} \geqslant$$

$$\frac{3^{m+1}}{\left[(ma+1)+(mb+1)+(mc+1)\right]^m} = \frac{3^{m+1}}{(m+3)^m}$$

右边的不等式笔者尚未得到证明,属猜测.

**探索 3** 不等式(10)是否有类似(11)的推广?

**猜想 1** 若 $a,b,c > 0, a+b+c = 1, m,k,t > 0$,则

$$2 + \frac{1}{(m+1)^k} < \left(\frac{1}{ma^2+1}\right)^k + \left(\frac{1}{mb^2+1}\right)^k + \left(\frac{1}{mc^2+1}\right)^k \leqslant \frac{3^{2k+1}}{(m+9)^k}$$

$$(12)$$

$$2 + \frac{1}{(m+1)^k} < \left(\frac{1}{ma^t+1}\right)^k + \left(\frac{1}{mb^t+1}\right)^k + \left(\frac{1}{mc^t+1}\right)^k \leqslant \frac{3^{tk+1}}{(m+3^t)^k}$$

$$(13)$$

**探索 4** 将条件 $a+b+c = 1$ 换成 $abc = 1$ 结论又如何?

**命题 3** 若 $a,b,c > 0, abc = 1$,则

$$1 < \frac{1}{a+1} + \frac{1}{b+1} + \frac{1}{c+1} < 2 \tag{14}$$

$$1 < \frac{1}{\sqrt{a+1}} + \frac{1}{\sqrt{b+1}} + \frac{1}{\sqrt{c+1}} \leqslant \frac{3\sqrt{3}}{2} \tag{15}$$

$$1 < \frac{1}{a^2+1} + \frac{1}{b^2+1} + \frac{1}{c^2+1} < 1 \tag{16}$$

很显然,式(16)与式(14)等价,只证式(14),式(15).

**证明** 令 $a = \frac{y}{x}, b = \frac{z}{y}, c = \frac{x}{z} (x,y,z > 0)$,则式(14),式(15)分别等价

于

$$1 < \frac{x}{x+y} + \frac{y}{y+z} + \frac{z}{z+x} < 2 \qquad (17)$$

$$1 < \sqrt{\frac{x}{x+y}} + \sqrt{\frac{y}{y+z}} + \sqrt{\frac{z}{z+x}} \leqslant \frac{3\sqrt{2}}{2} \qquad (18)$$

由

$$\frac{x}{x+y} + \frac{y}{y+z} + \frac{z}{z+x} > \frac{x}{x+y+z} + \frac{y}{x+y+z} + \frac{z}{x+y+z} = 1$$

及

$$\frac{x}{x+y} + \frac{y}{y+z} + \frac{z}{z+x} + 1 =$$

$$\frac{x}{x+y} + \frac{y}{y+z} + \frac{z}{z+x} + \frac{x}{x+y+z} + \frac{y}{x+y+z} + \frac{z}{x+y+z} <$$

$$\frac{x}{x+y} + \frac{y}{y+z} + \frac{z}{z+x} + \frac{x}{x+z} + \frac{y}{x+y} + \frac{z}{y+z} = 3 \Leftrightarrow$$

$$\frac{x}{x+y} + \frac{y}{y+z} + \frac{z}{z+x} < 2$$

知式(17)成立,故式(14)成立.由

$$\sqrt{\frac{x}{x+y}} + \sqrt{\frac{y}{y+z}} + \sqrt{\frac{z}{z+x}} \geqslant \frac{x}{x+y} + \frac{y}{y+z} + \frac{z}{z+x} > 1$$

知式(18)左边的不等式成立;式(18)右边的不等式等价于

$$2\left[\sqrt{x(y+z)(z+x)} + \sqrt{y(z+x)(x+y)} + \sqrt{z(x+y)(y+z)}\right]^2 \leqslant$$
$$9(x+y)(y+z)(z+x) \Leftrightarrow$$

$$M = 4\left[\sqrt{xy(x+y)(y+z)(z+x)^2} + \sqrt{yz(y+z)(z+x)(x+y)^2} + \right.$$
$$\left. \sqrt{zx(z+x)(x+y)(y+z)^2}\right] -$$
$$5(x^2y + y^2z + z^2x) - 5(xy^2 + yz^2 + zx^2) - 12xyz \leqslant 0$$

由均值不等式,有

$$2\sqrt{xy(x+y)(y+z)(z+x)^2} \leqslant x(x+y)(y+z) + y(z+x)^2$$

$$2\sqrt{yz(y+z)(z+x)(x+y)^2} \leqslant y(y+z)(z+x) + z(x+y)^2$$

$$2\sqrt{zx(z+x)(x+y)(y+z)^2} \leqslant z(z+x)(x+y) + x(y+z)^2$$

因此

$$M \leqslant 2x(x+y)(y+z) + 2y(z+x)^2 + 2y(y+z)(z+x) + 2z(x+y)^2 +$$
$$2z(z+x)(x+y) + 2x(y+z)^2 - 5(x^2y + y^2z + z^2x) -$$
$$5(xy^2 + yz^2 + zx^2) - 12xyz =$$
$$6xyz - (x^2y + y^2z + z^2x) - (xy^2 + yz^2 + zx^2)$$

由均值不等式,有

$$x^2y + y^2z + z^2x + xy^2 + yz^2 + zx^2 \geqslant 6\sqrt[6]{x^2y \cdot y^2z \cdot z^2x \cdot xy^2 \cdot yz^2 \cdot zx^2} = 6xyz$$

于是

$$M \leqslant 6xyz - (x^2y + y^2z + z^2x) - (xy^2 + yz^2 + zx^2) \leqslant 0$$

即式(18)成立,故式(15)成立.

式(15),式(16)可以推广为:

**猜想2**　若 $a,b,c > 0, abc = 1, m,k > 0$,则:

(1)当 $k \geqslant \log_2 3$ 或 $k < 0$ 时,有

$$\left(\frac{1}{a+1}\right)^k + \left(\frac{1}{b+1}\right)^k + \left(\frac{1}{c+1}\right)^k \geqslant \frac{3}{2^k} \tag{19}$$

(2)当 $0 < k < \log_2 3$ 时,有

$$\left(\frac{1}{a+1}\right)^k + \left(\frac{1}{b+1}\right)^k + \left(\frac{1}{c+1}\right)^k > 1 \tag{20}$$

(3)当 $0 < k \leqslant \log_2 3 - 1$ 时,有

$$\left(\frac{1}{a+1}\right)^k + \left(\frac{1}{b+1}\right)^k + \left(\frac{1}{c+1}\right)^k \leqslant \frac{3}{2^k} \tag{21}$$

(4)当 $k > \log_2 3 - 1$ 时,有

$$\left(\frac{1}{a+1}\right)^k + \left(\frac{1}{b+1}\right)^k + \left(\frac{1}{c+1}\right)^k < 2 \tag{22}$$

更一般地,对 $m > 0$ 有:

(1)当 $k \geqslant \log_{1+m} 3$ 或 $k < 0$ 时,有

$$\left(\frac{1}{ma+1}\right)^k + \left(\frac{1}{mb+1}\right)^k + \left(\frac{1}{mc+1}\right)^k \geqslant \frac{3}{(m+1)^k} \tag{23}$$

(2)当 $0 < k < \log_{1+m} 3$ 时,有

$$\left(\frac{1}{ma+1}\right)^k + \left(\frac{1}{mb+1}\right)^k + \left(\frac{1}{mc+1}\right)^k > 1 \tag{24}$$

(3)当 $0 < k \leqslant \log_{1+m} \frac{3}{2}$ 时,有

$$\left(\frac{1}{ma+1}\right)^k + \left(\frac{1}{mb+1}\right)^k + \left(\frac{1}{mc+1}\right)^k \leqslant \frac{3}{(m+1)^k} \tag{25}$$

(4)当 $k > \log_{1+m} \frac{3}{2}$ 时,有

$$\left(\frac{1}{ma+1}\right)^k + \left(\frac{1}{mb+1}\right)^k + \left(\frac{1}{mc+1}\right)^k < 2 \tag{26}$$

**探索5**　将以上不等式推广到 $n$ 个的情形,结论又如何?

**猜想3**　设 $a_i > 0(i = 1,2,\cdots,n), \sum_{i=1}^{n} a_i = 1, m,k,r > 0$,则

$$\frac{n^2}{n+1} \leqslant \sum_{i=1}^{n} \frac{1}{a_i + 1_i} < n - \frac{1}{2} \tag{27}$$

$$\sqrt{\frac{n}{n+1}} \leqslant \sum_{i=1}^{n} \sqrt{\frac{1}{a_i + 1_i}} < n - 1 + \frac{1}{\sqrt{2}} \tag{28}$$

$$n - \frac{1}{2} < \sum_{i=1}^{n} \frac{1}{a_i^2 + 1_i} \leqslant \frac{n^3}{n^2 + 1} \tag{29}$$

$$\frac{n^{k+1}}{(n+1)^k} \leqslant \sum_{i=1}^{n} \left(\frac{1}{a_i + 1}\right)^k < n - 1 + \frac{1}{2^k} < n - 1 + \frac{1}{2^k} \tag{30}$$

$$\frac{n^{k+1}}{(n+m)^k} \leqslant \sum_{i=1}^{n} \left(\frac{1}{ma_i + 1_i}\right)^k < n - 1 + \frac{1}{(1+m)^k} \tag{31}$$

$$n - 1 + \frac{1}{(1+m)^k} < \sum_{i=1}^{n} \left(\frac{1}{ma_i^2 + 1}\right)^k \leqslant \frac{n^{2k+1}}{(n^2 + m)^k} \tag{32}$$

$$n - 1 + \frac{1}{(1+m)^k} < \sum_{i=1}^{n} \left(\frac{1}{ma_i^r + 1}\right)^k \leqslant \frac{n^{rk+1}}{(n^r + m)^k} \tag{33}$$

**猜想4** 设 $a_i > 0 (i = 1, 2, \cdots, n)$, $\prod_{i=1}^{n} a_i = 1, m, k > 0$, 则

$$1 < \sum_{i=1}^{n} \frac{1}{a_i + 1} < n - 1 \tag{34}$$

$$1 < \sum_{i=1}^{n} \frac{1}{\sqrt{a_i + 1}} < n - 1 \tag{35}$$

$$1 < \sum_{i=1}^{n} \frac{1}{a_i^2 + 1} < n - 1 \tag{36}$$

当 $k \geqslant \log_2 n$ 或 $k < 0$ 时, 有

$$\sum_{i=1}^{n} \left(\frac{1}{a_i + 1}\right)^k \geqslant \frac{n}{2^k} \tag{37}$$

当 $0 < k < \log_2 n$ 时, 有

$$\sum_{i=1}^{n} \left(\frac{1}{a_i + 1}\right)^k > 1 \tag{38}$$

当 $0 < k \leqslant \log_2 \frac{n}{n-1}$ 时, 有

$$\sum_{i=1}^{n} \left(\frac{1}{a_i + 1}\right)^k \leqslant \frac{1}{2^k} \leqslant \frac{n}{2^k} \tag{39}$$

当 $k > \log_2 \frac{n}{n-1}$ 时, 有

$$\sum_{i=1}^{n} \left(\frac{1}{a_i + 1}\right)^k < n - 1 \tag{40}$$

更一般地,有:

当 $k \geqslant \log_{1+m} n$ 或 $k < 0$ 时,有

$$\sum_{i=1}^{n} \left( \frac{1}{ma_i + 1} \right)^k \geqslant \frac{n}{(m+1)^k} \tag{41}$$

当 $0 < k < \log_{1+m} n$ 时,有

$$\sum_{i=1}^{n} \left( \frac{1}{ma_i + 1} \right)^k > 1 \tag{42}$$

当 $0 < k \leqslant \log_{1+m} \dfrac{n}{n-1}$ 时,有

$$\sum_{i=1}^{n} \left( \frac{1}{ma_i + 1} \right)^k \leqslant \frac{n}{(m+1)^k} \tag{43}$$

当 $k > \log_{1+m} \dfrac{n}{n-1}$ 时,有

$$\sum_{i=1}^{n} \left( \frac{1}{ma_i + 1} \right)^k < 2 \tag{44}$$

## 参考文献

[1] 安振平,梁丽平. 精彩问题来自不断的反思与探索[J]. 中学数学教学参考, 2002(8).

[2] 章彦琼. 一个新发现的分式不等式[J]. 数学通讯,2003(6).

# 一个猜想不等式的推广

文[1]给出了如下代数不等式:设 $x, y, z \in \mathbf{R}^+$ 且 $x + y + z = 1$,则

$$\left(\frac{1}{x} - x\right)\left(\frac{1}{y} - y\right)\left(\frac{1}{z} - z\right) \geq \left(\frac{8}{3}\right)^3 \tag{1}$$

并在文末提出了如下猜想不等式:设 $a_i \in \mathbf{R}^+ (i = 1, 2, \cdots, n)$, $\sum_{i=1}^{n} a_i = 1$,则

$$\left(\frac{1}{a_1} - a_1\right)\left(\frac{1}{a_2} - a_2\right) \cdots \left(\frac{1}{a_n} - a_n\right) \geq \left(n - \frac{1}{n}\right)^n \tag{2}$$

文[2],[3]用不同方法证明了上述猜想不等式(2)成立,文[3]还将式(2)作了推广,得到:

**命题 1** 设 $a_i \in \mathbf{R}^+ (i = 1, 2, \cdots, n)$, $\sum_{i=1}^{n} a_i = s \leq 1$,则

$$\prod_{i=1}^{n}\left(\frac{1}{a_i} - a_i\right) \geq \left(\frac{n}{s} - \frac{s}{n}\right)^n \tag{3}$$

本文将进一步推式(3),得到:

**命题 2** 设 $a_i \in \mathbf{R}^+ (i = 1, 2, \cdots, n)$, $n \geq 3$, $\sum_{i=1}^{n} a_i = s \leq 1$, $k \in \mathbf{N}$,则

$$\prod_{i=1}^{n}\left(\frac{1}{a_i^k} - a_i^k\right) \geq \left[\left(\frac{n}{s}\right)^k - \left(\frac{s}{n}\right)^k\right]^n \tag{4}$$

**引理 1** 设 $a_{ij} > 0 (i = 1, 2, \cdots, n; j = 1, 2, \cdots, m)$,则

$$(a_{11} + a_{12} + \cdots + a_{1m})(a_{21} + a_{22} + \cdots + a_{2m}) \cdots (a_{n1} + a_{n2} + \cdots + a_{nm}) \geq$$
$$\left[(a_{11}a_{21}\cdots a_{n1})^{\frac{1}{n}} + (a_{12}a_{22}\cdots a_{n2})^{\frac{1}{n}} + \cdots + (a_{m1}a_{2m}\cdots a_{nm})^{\frac{1}{n}}\right]^n \tag{5}$$

**证明** 令

$$T_i = (a_{i1} + a_{i2} + \cdots + a_{im})(i = 1, 2, \cdots, n)$$

$$T = (a_{11} + a_{12} + \cdots + a_{1m})(a_{21} + a_{22} + \cdots + a_{2m}) \cdots (a_{n1} + a_{n2} + \cdots + a_{nm}) =$$
$$T_1 T_2 \cdots T_n$$

由算术 - 几何平均值不等式,有

$$\left(\frac{a_{11}a_{21}\cdots a_{n1}}{T}\right)^{\frac{1}{n}} \leq \frac{1}{n}\left(\frac{a_{11}}{T_1} + \frac{a_{21}}{T_2} + \cdots + \frac{a_{n1}}{T_n}\right)$$

$$\left(\frac{a_{12}a_{22}\cdots a_{n2}}{T}\right)^{\frac{1}{n}} \leq \frac{1}{n}\left(\frac{a_{12}}{T_1} + \frac{a_{22}}{T_2} + \cdots + \frac{a_{n2}}{T_n}\right)$$

$$\vdots$$

$$\left(\frac{a_{1m}a_{2m}\cdots a_{nm}}{T}\right)^{\frac{1}{n}} \leqslant \frac{1}{n}\left(\frac{a_{1m}}{T_1} + \frac{a_{2m}}{T_2} + \cdots + \frac{a_{nm}}{T_n}\right)$$

将这 $m$ 个不等式相加得

$$\left(\frac{a_{11}a_{21}\cdots a_{n1}}{T}\right)^{\frac{1}{n}} + \left(\frac{a_{12}a_{22}\cdots a_{n2}}{T}\right)^{\frac{1}{n}} + \cdots + \left(\frac{a_{1m}a_{2m}\cdots a_{nm}}{T}\right)^{\frac{1}{n}} \leqslant$$

$$\frac{1}{n}\left(\frac{a_{11} + a_{12} + \cdots + a_{1m}}{T_1} + \frac{a_{21} + a_{22} + \cdots + a_{2m}}{T_2} + \cdots + \frac{a_{n1} + a_{n2} + \cdots + a_{nm}}{T_n}\right) =$$

$$\frac{1}{n}\left(\frac{T_1}{T_1} + \frac{T_2}{T_2} + \cdots + \frac{T_n}{T_n}\right) = 1 \Leftrightarrow$$

$$\left[ (a_{11}a_{21}\cdots a_{n1})^{\frac{1}{n}} + (a_{12}a_{22}\cdots a_{n2})^{\frac{1}{n}} + \cdots + (a_{m1}a_{2m}\cdots a_{nm})^{\frac{1}{n}} \right]^n \leqslant$$

$$T = (a_{11} + a_{12} + \cdots + a_{1m})(a_{21} + a_{22} + \cdots + a_{2m})\cdots(a_{n1} + a_{n2} + \cdots + a_{nm})$$

即不等式(5)成立.

**引理 2**　设 $a_i \in \mathbf{R}^+$ $(i = 1, 2, \cdots, n)$, $n \geqslant 3$, $\sum_{i=1}^{n} a_i = s \leqslant 1$, $\alpha_i \in \mathbf{R}^+$ $(i = 1, 2, \cdots, l)$, $\lambda \geqslant 0$, 则

$$\prod_{i=1}^{n}\left[\sum_{j=1}^{l}\left(a_i^{\alpha_j} + \frac{1}{a_i^{\alpha_j}}\right) + \lambda\right] \geqslant \left\{\sum_{j=1}^{l}\left[\left(\frac{n}{s}\right)^{\alpha_j} + \left(\frac{s}{n}\right)^{\alpha_j}\right] + \lambda\right\}^n \tag{6}$$

**证明**　由引理 1 有

$$\prod_{i=1}^{n}\left[\sum_{j=1}^{l}\left(a_i^{\alpha_j} + \frac{1}{a_i^{\alpha_j}}\right) + \lambda\right] \geqslant \left\{\sum_{j=1}^{l}\left[(a_1 a_2 \cdots a_n)^{\frac{\alpha_j}{n}} + \left(\frac{1}{a_1 a_2 \cdots a_n}\right)^{\frac{\alpha_j}{n}}\right] + \lambda\right\}^n$$

由 $(a_1 a_2 \cdots a_n)^{\frac{1}{n}} \leqslant \frac{1}{n}\sum_{i=1}^{n} a_i = \frac{s}{n} < 1$ 且 $\alpha_j \geqslant 0$, 有 $(a_1 a_2 \cdots a_n)^{\frac{\alpha_j}{n}} \leqslant \left(\frac{s}{n}\right)^{\alpha_j} <$

$1$, 而 $f(x) = x + \frac{1}{s}$ 在 $(0,1)$ 内是减函数, 则

$$(a_1 a_2 \cdots a_n)^{\frac{\alpha_j}{n}} + \frac{1}{(a_1 a_2 \cdots a_n)^{\frac{\alpha_j}{n}}} \geqslant \left(\frac{s}{n}\right)^{\alpha_j} + \left(\frac{n}{s}\right)^{\alpha_j} (j = 1, 2, \cdots, l) \Rightarrow$$

$$\left\{\sum_{j=1}^{l}\left[(a_1 a_2 \cdots a_n)^{\frac{\alpha_j}{n}} + \left(\frac{1}{a_1 a_2 \cdots a_n}\right)^{\frac{\alpha_j}{n}}\right] + \lambda\right\}^n \geqslant \left\{\sum_{j=1}^{l}\left[\left(\frac{s}{n}\right)^{\alpha_j} + \left(\frac{n}{s}\right)^{\alpha_j}\right] + \lambda\right\}^n$$

故

$$\prod_{i=1}^{n}\left[\sum_{j=1}^{l}\left(a_i^{\alpha_j} + \frac{1}{a_i^{\alpha_j}}\right) + \lambda\right] \geqslant \left\{\sum_{j=1}^{l}\left[\left(\frac{s}{n}\right)^{\alpha_j} + \left(\frac{n}{s}\right)^{\alpha_j}\right] + \lambda\right\}^n$$

即式(6)成立.

　　**命题 2 的证明**　当 $k = 0$ 时, 式(4)取等号, 显然成立; 当 $k = 1$ 时, 式(4)即为式(3)成立.

161

下面设 $k \in \mathbf{N}, k \geqslant 2$，若 $k$ 为奇数，由式(3)及引理2有

$$\prod_{i=1}^{n}\left(\frac{1}{a_i^k} - a_i^k\right) = \left[\prod_{i=1}^{n}\left(\frac{1}{a_i} - a_i\right)\right] \cdot$$

$$\prod_{i=1}^{n}\left(\frac{1}{a_i^{k-1}} + \frac{1}{a_i^{k-3}} + \cdots + \frac{1}{a_i^4} + \frac{1}{a_i^2} + 1 + a_i^2 + a_i^4 + \cdots + a_i^{k-3} + a_i^{k-1}\right) =$$

$$\left[\prod_{i=1}^{n}\left(\frac{1}{a_i} - a_i\right)\right] \prod_{i=1}^{n}\left[\sum_{j=1}^{\frac{k-1}{2}}\left(a_i^{2j} + \frac{1}{a_i^{2j}}\right) + 1\right] \geqslant$$

$$\left(\frac{n}{s} - \frac{s}{n}\right)^n \left\{\sum_{j=1}^{\frac{k-1}{2}}\left[\left(\frac{n}{s}\right)^{2j} + \left(\frac{s}{n}\right)^{2j}\right] + 1\right\}^n = \left[\left(\frac{n}{s}\right)^k - \left(\frac{s}{n}\right)^k\right]^n$$

即式(4)成立.

若 $k$ 为偶数，由式(3)及引理2有

$$\prod_{i=1}^{n}\left(\frac{1}{a_i^k} - a_i^k\right) = \left[\prod_{i=1}^{n}\left(\frac{1}{a_i} - a_i\right)\right] \cdot$$

$$\prod_{i=1}^{n}\left(\frac{1}{a_i^{k-1}} + \frac{1}{a_i^{k-3}} + \cdots + \frac{1}{a_i^3} + \frac{1}{a_i^1} + a_i^1 + a_i^3 + \cdots + a_i^{k-3} + a_i^{k-1}\right) =$$

$$\prod_{i=1}^{n}\left(\frac{1}{a_i} - a_i\right) \prod_{i=1}^{n}\sum_{j=1}^{\frac{k}{2}}\left(a_i^{2j-1} + \frac{1}{a_i^{2j-1}}\right) \geqslant$$

$$\left(\frac{n}{s} - \frac{s}{n}\right)^n \left[\sum_{j=1}^{\frac{k}{2}}\left[\left(\frac{n}{s}\right)^{2j-1} + \left(\frac{s}{n}\right)^{2j-1}\right]\right]^n = \left[\left(\frac{n}{s}\right)^k - \left(\frac{s}{n}\right)^k\right]^n$$

即式(4)成立. 证毕.

最后，我们猜测：当 $k \in \mathbf{R}^+$ 时，不等式(4)成立.

## 参考文献

[1] 杨先义. 一个不等式的推广[J]. 数学通讯,2002(19).

[2] 戴承鸿,刘天兵. 一个猜想的证明[J]. 数学通讯 2002,(23).

[3] 吴善和. 一个猜想不等式的加细与推广[J]. 中学数学,2003(10).

# 一个条件不等式的再推广及其他

## 1 引 言

文[1](2002年10月)给出了如下条件不等式:

设 $x,y,z > 0$ 且 $x + y + z = 1$,则

$$\left(\frac{1}{x} - x\right)\left(\frac{1}{y} - y\right)\left(\frac{1}{z} - z\right) \geq \left(\frac{8}{3}\right)^3 \tag{1}$$

并在文末提出了如下猜想不等式:

设 $x_i > 0(i = 1,2,\cdots,n), n \geq 3, \sum\limits_{i=1}^{n} x_i = 1$,则

$$\left(\frac{1}{x_1} - x_1\right)\left(\frac{1}{x_2} - x_2\right)\cdots\left(\frac{1}{x_n} - x_n\right) \geq \left(n - \frac{1}{n}\right)^n \tag{2}$$

文[2](2002年12月),文[3](2003年10月)用不同方法证明了上述猜想不等式(2)是成立的,文[3]还将式(2)推广为(2006年2月,文[4]也得到这一结论):

设 $x_i > 0(i = 1,2,\cdots,n), n \geq 3, \sum\limits_{i=1}^{n} x_i = s \leq 1$,则

$$\left(\frac{1}{x_1} - x_1\right)\left(\frac{1}{x_2} - x_2\right)\cdots\left(\frac{1}{x_n} - x_n\right) \geq \left(\frac{n}{s} - \frac{s}{n}\right)^n \tag{3}$$

本文作者在文[5](2004年9月)给出了式(2)的另一个证明,并提出猜想:

设 $x_i > 0(i = 1,2,\cdots,n), n \geq 3, \sum\limits_{i=1}^{n} x_i = 1, k \in \mathbf{N}$,则

$$\left(\frac{1}{x_1^k} - x_1^k\right)\left(\frac{1}{x_2^k} - x_2^k\right)\cdots\left(\frac{1}{x_n^k} - x_n^k\right) \geq \left(n^k - \frac{1}{n^k}\right)^n \tag{4}$$

并在文[6](2005年3月)证明了猜想不等式(4)是成立的,在文[7](2005年5月)将式(4)推广为:

设 $x_i \in \mathbf{R}^+ (i = 1,2,\cdots,n), n \geq 3, \sum\limits_{i=1}^{n} x_i = s \leq 1, k \in \mathbf{N}$,则

$$\left(\frac{1}{x_1^k} - x_1^k\right)\left(\frac{1}{x_2^k} - x_2^k\right)\cdots\left(\frac{1}{x_n^k} - x_n^k\right) \geq \left[\left(\frac{n}{s}\right)^k - \left(\frac{s}{n}\right)^k\right]^n \tag{5}$$

最近(2010年1月)文[8]称式(4)还未得证,给出了一个证明.本文将进一步推广式(5)并给出几个相关问题的推广.

## 2 推广及证明

**定理 1** 设 $x_1, x_2, \cdots, x_n > 0, y_1, y_2, \cdots, y_n$ 是 $x_1, x_2, \cdots, x_n$ 的一个排列,且 $x_1 + x_2 + \cdots + x_n = s, k, m \in \mathbf{N}$ 且 $k \geqslant m \geqslant 1$,当 $n \geqslant 3, s \leqslant 1$ 时,有

$$\left[\frac{1}{(\sqrt{x_1})^k} - (\sqrt{y_1})^m\right]\left[\frac{1}{(\sqrt{x_2})^k} - (\sqrt{y_2})^m\right]\cdots\left[\frac{1}{(\sqrt{x_n})^k} - (\sqrt{y_n})^m\right] \geqslant$$

$$\left[\left(\sqrt{\frac{n}{s}}\right)^k - \left(\sqrt{\frac{s}{n}}\right)^m\right]^n \tag{6}$$

**注** 在定理 1 中取 $(y_1, y_2, \cdots, y_n) = (x_2, x_3, \cdots, x_1), s = 1, k = m \to 2k$,由式 (6) 即得式 (5).

为证明定理 1,先证如下:

**引理** 设 $a_{ij} > 0 (i = 1, 2, \cdots, n; j = 1, 2, \cdots, m)$,则

$$(a_{11} + a_{12} + \cdots + a_{1m})(a_{21} + a_{22} + \cdots + a_{2m})\cdots(a_{n1} + a_{n2} + \cdots + a_{nm}) \geqslant$$

$$(\sqrt[n]{a_{11}a_{21}\cdots a_{n1}} + \sqrt[n]{a_{12}a_{22}\cdots a_{n2}} + \cdots + \sqrt[n]{a_{m1}a_{2m}\cdots a_{nm}})^n \tag{7}$$

**证明** 令

$$T_i = (a_{i1} + a_{i2} + \cdots + a_{im})(i = 1, 2, \cdots, n)$$

$T = (a_{11} + a_{12} + \cdots + a_{1m})(a_{21} + a_{22} + \cdots + a_{2m})\cdots(a_{n1} + a_{n2} + \cdots + a_{nm}) = T_1 T_2 \cdots T_n$

由算术 - 几何平均值不等式,有

$$\sqrt[n]{\frac{a_{11}a_{21}\cdots a_{n1}}{T}} = \sqrt[n]{\frac{a_{11}}{T_1}\frac{a_{21}}{T_2}\cdots\frac{a_{n1}}{T_n}} \leqslant \frac{1}{n}\left(\frac{a_{11}}{T_1} + \frac{a_{21}}{T_2} + \cdots + \frac{a_{n1}}{T_n}\right)$$

$$\sqrt[n]{\frac{a_{12}a_{22}\cdots a_{n2}}{T}} = \sqrt[n]{\frac{a_{12}}{T_1}\frac{a_{22}}{T_2}\cdots\frac{a_{n2}}{T_n}} \leqslant \frac{1}{n}\left(\frac{a_{12}}{T_1} + \frac{a_{22}}{T_2} + \cdots + \frac{a_{n2}}{T_n}\right)$$

$$\vdots$$

$$\sqrt[n]{\frac{a_{1m}a_{2m}\cdots a_{nm}}{T}} = \sqrt[n]{\frac{a_{1m}}{T_1}\frac{a_{2m}}{T_2}\cdots\frac{a_{nm}}{T_n}} \leqslant \frac{1}{n}\left(\frac{a_{1m}}{T_1} + \frac{a_{2m}}{T_2} + \cdots + \frac{a_{nm}}{T_n}\right)$$

将这 $m$ 个不等式相加得

$$\sqrt[n]{\frac{a_{11}a_{21}\cdots a_{n1}}{T}} + \sqrt[n]{\frac{a_{12}a_{22}\cdots a_{n2}}{T}} + \cdots + \sqrt[n]{\frac{a_{1m}a_{2m}\cdots a_{nm}}{T}} \leqslant$$

$$\frac{1}{n}\left(\frac{a_{11} + a_{12} + \cdots + a_{1m}}{T_1} + \frac{a_{21} + a_{22} + \cdots + a_{2m}}{T_2} + \cdots + \frac{a_{n1} + a_{n2} + \cdots + a_{nm}}{T_n}\right) =$$

$$\frac{1}{n}\left(\frac{T_1}{T_1} + \frac{T_2}{T_2} + \cdots + \frac{T_n}{T_n}\right) = 1 \Rightarrow$$

$$(\sqrt[n]{a_{11}a_{21}\cdots a_{n1}} + \sqrt[n]{a_{12}a_{22}\cdots a_{n2}} + \cdots + \sqrt[n]{a_{m1}a_{2m}\cdots a_{nm}})^n \leqslant$$

$$T = (a_{11} + a_{12} + \cdots + a_{1m})(a_{21} + a_{22} + \cdots + a_{2m})\cdots(a_{n1} + a_{n2} + \cdots + a_{nm})$$

即不等式(7)成立..

**定理1的证明** （1）先证当$(y_1, y_2, \cdots, y_n) = (x_1, x_2, \cdots, x_n)$，式(6)成立.

1）当$k = m = 1$时，需证：当$x_i > 0 (i = 1, 2, \cdots, n), n \geq 3, \sum_{i=1}^{n} x_i = s \leq 1$时，有

$$\left(\frac{1}{\sqrt{x_1}} - \sqrt{x_1}\right)\left(\frac{1}{\sqrt{x_2}} - \sqrt{x_2}\right)\cdots\left(\frac{1}{\sqrt{x_n}} - \sqrt{x_n}\right) \geq \left(\sqrt{\frac{n}{s}} - \sqrt{\frac{s}{n}}\right)^n \quad (8)$$

下面用数学归纳法证明式(8).

① 当$n = 3$时，由熟知的不等式：$(a + b + c)^2 \geq 3(ab + bc + ca)(a, b, c \in \mathbf{R}^+)$，易得

$$x_1 x_2 + x_2 x_3 + x_3 x_1 \geq \sqrt{3(x_1 x_2^2 x_3 + x_1 x_2 x_3^2 + x_1^2 x_2 x_3)} =$$
$$\sqrt{3 x_1 x_2 x_3 (x_1 + x_2 + x_3)} = \sqrt{3 x_1 x_2 x_3 s}$$

则

$$\left(\frac{1}{\sqrt{x_1}} - \sqrt{x_1}\right)\left(\frac{1}{\sqrt{x_2}} - \sqrt{x_2}\right)\left(\frac{1}{\sqrt{x_3}} - \sqrt{x_3}\right) =$$
$$\frac{1}{\sqrt{x_1 x_2 x_3}}(1 - x_1)(1 - x_2)(1 - x_3) =$$
$$\frac{1}{\sqrt{x_1 x_2 x_3}}[1 - (x_1 + x_2 + x_3) + (x_1 x_2 + x_2 x_3 + x_3 x_1) - x_1 x_2 x_3] \geq$$
$$\frac{1}{\sqrt{x_1 x_2 x_3}}(1 - s + \sqrt{3 s x_1 x_2 x_3} - x_1 x_2 x_3) =$$
$$-\sqrt{x_1 x_2 x_3} + \frac{1 - s}{\sqrt{x_1 x_2 x_3}} + \sqrt{3 s}$$

因为$0 < s \leq 1$，所以$f(t) = -t + \frac{1 - s}{t} + \sqrt{3 s}$在$(0, +\infty)$上是减函数，而

$$0 < \sqrt{x_1 x_2 x_3} \leq \sqrt{\left(\frac{x_1 + x_2 + x_3}{3}\right)^3} = \sqrt{\left(\frac{s}{3}\right)^3} \Rightarrow f(\sqrt{x_1 x_2 x_3}) \geq f\left(\sqrt{\left(\frac{s}{3}\right)^3}\right) \Leftrightarrow$$

$$-\sqrt{x_1 x_2 x_3} + \frac{1 - s}{\sqrt{x_1 x_2 x_3}} + \sqrt{3 s} \geq -\sqrt{\left(\frac{s}{3}\right)^3} + \frac{1 - s}{\sqrt{\left(\frac{s}{3}\right)^3}} + \sqrt{3 s} =$$

$$\left(\sqrt{\frac{3}{s}} - \sqrt{\frac{s}{3}}\right)^3$$

因此

$$\left(\frac{1}{\sqrt{x_1}} - \sqrt{x_1}\right)\left(\frac{1}{\sqrt{x_2}} - \sqrt{x_2}\right)\left(\frac{1}{\sqrt{x_3}} - \sqrt{x_3}\right) \geq \left(\sqrt{\frac{3}{s}} - \sqrt{\frac{s}{3}}\right)^3 \quad (9)$$

即当 $n=3$ 时,式(8) 成立.

② 假设当 $n=k(k\geqslant 3)$ 时,式(8) 成立,那么当 $n=k+1$ 时,记 $A=s-x_{k+1}$,显然 $A<s\leqslant 1$,即 $\sum\limits_{i=1}^{k}x_i=A\leqslant 1$,对数组$(x_1,x_2,\cdots,x_k)$ 应用归纳假设有

$$\prod_{i=1}^{k}\left(\frac{1}{\sqrt{x_i}}-\sqrt{x_i}\right)\geqslant\left(\sqrt{\frac{k}{A}}-\sqrt{\frac{A}{k}}\right)^k \tag{10}$$

不妨设 $x_{k+1}\leqslant x_i(i=1,2,\cdots,k)$,记 $B=x_{k+1}+\underbrace{\dfrac{s}{k+1}+\cdots+\dfrac{s}{k+1}}_{k-1\text{个}}=x_{k+1}+$

$\dfrac{(k-1)s}{k+1}$,由 $\sum\limits_{i=1}^{k+1}x_i=s$ 知 $x_{k+1}\leqslant\dfrac{s}{k+1}$,所以 $B\leqslant\dfrac{s}{k+1}+\dfrac{(k-1)s}{k+1}<s\leqslant 1$,因此对数组$(x_{k+1},\underbrace{\dfrac{s}{k+1},\cdots,\dfrac{s}{k+1}}_{k-1\text{个}})$ 应用归纳假设有

$$\left(\frac{1}{\sqrt{x_{k+1}}}-\sqrt{x_{k+1}}\right)\underbrace{\left(\sqrt{\frac{k+1}{s}}-\sqrt{\frac{s}{k+1}}\right)\cdots\left(\sqrt{\frac{k+1}{s}}-\sqrt{\frac{s}{k+1}}\right)}_{(k-1)\text{个}}\geqslant$$

$$\left(\sqrt{\frac{k}{B}}-\sqrt{\frac{B}{k}}\right)^k\Rightarrow$$

$$\left(\frac{1}{\sqrt{x_{k+1}}}-\sqrt{x_{k+1}}\right)\geqslant\left(\sqrt{\frac{k}{B}}-\sqrt{\frac{B}{k}}\right)^k\left(\sqrt{\frac{k+1}{s}}-\sqrt{\frac{s}{k+1}}\right)^{-(k-1)} \tag{11}$$

由式(10),式(11) 得

$$\prod_{i=1}^{k+1}\left(\frac{1}{\sqrt{x_i}}-\sqrt{x_i}\right)\geqslant\left(\sqrt{\frac{k}{A}}-\sqrt{\frac{A}{k}}\right)^k\cdot\left(\sqrt{\frac{k}{B}}-\sqrt{\frac{B}{k}}\right)^k\cdot$$

$$\left(\sqrt{\frac{k+1}{s}}-\sqrt{\frac{s}{k+1}}\right)^{-(k-1)} \tag{12}$$

又

$$\frac{A}{k}+\frac{B}{k}+\frac{s}{k+1}=\frac{s-x_{k+1}}{k}+\frac{1}{k}\left(x_{k+1}+\frac{k-1}{k+1}s\right)+\frac{s}{k+1}=$$

$$\frac{3s}{k+1}<s\leqslant 1$$

对数组$\left(\dfrac{A}{k},\dfrac{B}{k},\dfrac{s}{k+1}\right)$ 应用式(9) 有

$$\left(\sqrt{\frac{k}{A}}-\sqrt{\frac{A}{k}}\right)\left(\sqrt{\frac{k}{B}}-\sqrt{\frac{B}{k}}\right)\left(\sqrt{\frac{k+1}{s}}-\sqrt{\frac{s}{k+1}}\right)\geqslant$$

$$\left(\sqrt{\frac{3}{\frac{3s}{k+1}}}-\sqrt{\frac{\frac{3s}{k+1}}{3}}\right)^3=\left(\sqrt{\frac{k+1}{s}}-\sqrt{\frac{s}{k+1}}\right)^3\Rightarrow$$

$$\left(\sqrt{\frac{k}{A}} - \sqrt{\frac{A}{k}}\right)\left(\sqrt{\frac{k}{B}} - \sqrt{\frac{B}{k}}\right) \geq \left(\sqrt{\frac{k+1}{s}} - \sqrt{\frac{s}{k+1}}\right)^2 \quad (13)$$

由式(11),式(13) 得

$$\prod_{i=1}^{k+1}\left(\frac{1}{\sqrt{x_i}} - \sqrt{x_i}\right) \geq \left(\sqrt{\frac{k+1}{s}} - \sqrt{\frac{s}{k+1}}\right)^{2k} \cdot \left(\sqrt{\frac{k+1}{s}} - \sqrt{\frac{s}{k+1}}\right)^{-(k-1)} =$$

$$\left(\sqrt{\frac{k+1}{s}} - \sqrt{\frac{s}{k+1}}\right)^{k+1}$$

这表明,当 $n = k + 1$ 时,式(8) 也成立.

综合 ①,②,知式(8) 成立.

2) 当 $k, m \in \mathbf{N}, k = m, k \geq 2$ 时,有:

若 $k$ 为奇数,应用引理及式(8) 有

$$\prod_{i=1}^{n}\left(\frac{1}{(\sqrt{x_i})^k} - (\sqrt{x_i})^k\right) =$$

$$\left[\prod_{i=1}^{n}\left(\frac{1}{\sqrt{x_i}} - \sqrt{x_i}\right)\right]\prod_{i=1}^{n}\left[\frac{1}{(\sqrt{x_i})^{k-1}} + \frac{1}{(\sqrt{x_i})^{k-3}} + \cdots + \frac{1}{(\sqrt{x_i})^4} + \right.$$

$$\left.\frac{1}{(\sqrt{x_i})^2} + 1 + (\sqrt{x_i})^2 + (\sqrt{x_i})^4 + \cdots + (\sqrt{x_i})^{k-3} + (\sqrt{x_i})^{k-1}\right] =$$

$$\left[\prod_{i=1}^{n}\left(\frac{1}{\sqrt{x_i}} - \sqrt{x_i}\right)\right] \cdot \prod_{i=1}^{n}\left[\sum_{j=1}^{\frac{k-1}{2}}\left((\sqrt{x_i})^{2j} + \frac{1}{(\sqrt{x_i})^{2j}}\right) + 1\right] \geq$$

$$\left(\sqrt{\frac{n}{s}} - \sqrt{\frac{s}{n}}\right)^n \left\{\sum_{j=1}^{\frac{k-1}{2}}\left[\left(\prod_{i=1}^{n}\sqrt{x_i}\right)^{\frac{2j}{n}} + \left(\prod_{i=1}^{n}\sqrt{x_i}\right)^{-\frac{2j}{n}}\right] + 1\right\}^n$$

而 $f(x) = x + \dfrac{1}{x}$ 在 $(0,1]$ 上都是减函数,且

$$0 < \left(\prod_{i=1}^{n}\sqrt{x_i}\right)^{\frac{2j}{n}} \leq \left(\frac{1}{n}\sum_{i=1}^{n}x_i\right)^{\frac{2j}{2}} = \left(\sqrt{\frac{s}{n}}\right)^{2j} \leq 1$$

所以

$$f\left(\left(\prod_{i=1}^{n}\sqrt{x_i}\right)^{\frac{2j}{n}}\right) \geq f\left(\left(\sqrt{\frac{s}{n}}\right)^{2j}\right) \Rightarrow$$

$$\left(\prod_{i=1}^{n}\sqrt{x_i}\right)^{\frac{2j}{n}} + \left(\prod_{i=1}^{n}\sqrt{x_i}\right)^{-\frac{2j}{n}} \geq \left(\sqrt{\frac{s}{n}}\right)^{2j} + \left(\sqrt{\frac{s}{n}}\right)^{-2j} \quad (j \in \mathbf{N})$$

因此

$$\prod_{i=1}^{n}\left(\frac{1}{(\sqrt{x_i})^k} - (\sqrt{x_i})^k\right) \geq$$

$$\left(\sqrt{\frac{n}{s}}-\sqrt{\frac{s}{n}}\right)^n\left\{\sum_{j=1}^{\frac{k-1}{2}}\left[\left(\sqrt{\frac{s}{n}}\right)^{2j}+\left(\sqrt{\frac{s}{n}}\right)^{-2j}\right]+1\right\}^n=$$

$$\left[\left(\sqrt{\frac{n}{s}}\right)^k-\left(\sqrt{\frac{s}{n}}\right)^k\right]^n$$

若 $k$ 为偶数,应用引理及式(8)有

$$\prod_{i=1}^{n}\left(\frac{1}{(\sqrt{x_i})^k}-(\sqrt{x_i})^k\right)=$$

$$\left[\prod_{i=1}^{n}\left(\frac{1}{\sqrt{x_i}}-\sqrt{x_i}\right)\right]\prod_{i=1}^{n}\left[\frac{1}{(\sqrt{x_i})^{k-1}}+\frac{1}{(\sqrt{x_i})^{k-3}}+\cdots+\frac{1}{(\sqrt{x_i})^3}+\right.$$

$$\left.\frac{1}{\sqrt{x_i}}+\sqrt{x_i}+(\sqrt{x_i})^3+\cdots+(\sqrt{x_i})^{k-3}+(\sqrt{x_i})^{k-1}\right]=$$

$$\left[\prod_{i=1}^{n}\left(\frac{1}{\sqrt{x_i}}-\sqrt{x_i}\right)\right]\prod_{i=1}^{n}\left[\sum_{j=1}^{\frac{k}{2}}\left((\sqrt{x_i})^{2j-1}+(\sqrt{x_i})^{-(2j-1)}\right)\right]\geqslant$$

$$\left(\sqrt{\frac{n}{s}}-\sqrt{\frac{s}{n}}\right)^n\left\{\sum_{j=1}^{\frac{k}{2}}\left[\left(\prod_{i=1}^{n}\sqrt{x_i}\right)^{\frac{2j-1}{n}}+\left(\prod_{i=1}^{n}\sqrt{x_i}\right)^{-\frac{2j-1}{n}}\right]\right\}^n$$

应用 $f(x)=x+\dfrac{1}{x}$ 在 $(0,1]$ 上都是减函数,且 $0<\left(\prod_{i=1}^{n}\sqrt{x_i}\right)^{\frac{2j-1}{n}}\leqslant\left(\sqrt{\frac{s}{n}}\right)^{2j-1}\leqslant$

$1$,易得

$$\left(\prod_{i=1}^{n}\sqrt{x_i}\right)^{\frac{2j-1}{n}}+\left(\prod_{i=1}^{n}\sqrt{x_i}\right)^{-\frac{2j-1}{n}}\geqslant\left(\sqrt{\frac{s}{n}}\right)^{2j-1}+\left(\sqrt{\frac{s}{n}}\right)^{-(2j-1)}\quad(j\in\mathbf{N})$$

因此

$$\prod_{i=1}^{n}\left(\frac{1}{(\sqrt{x_i})^k}-(\sqrt{x_i})^k\right)\geqslant$$

$$\left(\sqrt{\frac{n}{s}}-\sqrt{\frac{s}{n}}\right)^n\left\{\sum_{j=1}^{\frac{k}{2}}\left[\left(\sqrt{\frac{n}{s}}\right)^{2j-1}+\left(\sqrt{\frac{n}{s}}\right)^{2j-1}\right]\right\}^n=$$

$$\left[\left(\sqrt{\frac{n}{s}}\right)^k-\left(\sqrt{\frac{s}{n}}\right)^k\right]^n$$

3) 当 $k,m\in\mathbf{N},k>m\geqslant1$ 时,则 $k\geqslant m+1$

$$\prod_{i=1}^{n}\left(\frac{1}{(\sqrt{x_i})^k}-(\sqrt{x_i})^m\right)=\prod_{i=1}^{n}\frac{1-(\sqrt{x_i})^{m+k}}{(\sqrt{x_i})^k}=$$

$$\prod_{i=1}^{n}\left\{\frac{(1-\sqrt{x_i})}{\sqrt{x_i}}\left[\frac{1+\sqrt{x_i}+(\sqrt{x_i})^2+\cdots+(\sqrt{x_i})^{m+k-1}}{(\sqrt{x_i})^{k-1}}\right]\right\}=$$

$$\left(\prod_{i=1}^{n} \frac{1-x_i}{\sqrt{x_i}}\right)\left(\prod_{i=1}^{n} \frac{1}{1+\sqrt{x_i}}\right)\prod_{i=1}^{n}\left[\sum_{j=1}^{m+k}\left(\sqrt{x_i}\right)^{m+1-j}\right]$$

注意到 $k \geq m+1$,由引理有

$$\prod_{i=1}^{n}\left[\sum_{j=1}^{m+k}\left(\sqrt{x_i}\right)^{m+1-j}\right] = \prod_{i=1}^{n}\left\{\sum_{j=1}^{m}\left[\left(\sqrt{x_i}\right)^{j}+\left(\sqrt{x_i}\right)^{-j}\right]+\sum_{j=m+1}^{k-1}\left(\sqrt{x_i}\right)^{-j}+1\right\} \geq$$

$$\left\{\sum_{j=1}^{m}\left[\left(\prod_{i=1}^{n}\sqrt{x_i}\right)^{\frac{j}{n}}+\left(\prod_{i=1}^{n}\sqrt{x_i}\right)^{-\frac{j}{n}}\right]+\right.$$

$$\left.\sum_{j=m+1}^{k-1}\left(\prod_{i=1}^{n}\sqrt{x_i}\right)^{-\frac{j}{n}}+1\right\}^{n}$$

而 $f(x)=x+x^{-1}$, $g(x)=x^{-1}$ 在 $(0,1]$ 上都是减函数,且

$$0 < \left(\prod_{i=1}^{n}\sqrt{x_i}\right)^{\frac{j}{n}} \leq \left(\frac{1}{n}\sum_{i=1}^{n}x_i\right)^{\frac{j}{2}}=\left(\sqrt{\frac{s}{n}}\right)^{j} \leq 1$$

所以

$$\left(\prod_{i=1}^{n}\sqrt{x_i}\right)^{\frac{j}{n}}+\left(\prod_{i=1}^{n}\sqrt{x_i}\right)^{-\frac{j}{n}}=f\left(\prod_{i=1}^{n}\left(\sqrt{x_i}\right)^{\frac{j}{n}}\right) \geq f\left(\left(\sqrt{\frac{s}{n}}\right)^{j}\right) =$$

$$\left(\sqrt{\frac{s}{n}}\right)^{j}+\left(\sqrt{\frac{s}{n}}\right)^{-j}(j\in \mathbf{N})$$

$$\left(\prod_{i=1}^{n}\sqrt{x_i}\right)^{-\frac{j}{n}}=g\left(\left(\prod_{i=1}^{n}\sqrt{x_i}\right)^{\frac{j}{n}}\right) \geq g\left(\left(\sqrt{\frac{s}{n}}\right)^{j}\right)=\left(\sqrt{\frac{s}{n}}\right)^{-j}(j=m+1,\cdots,k-1)$$

于是

$$\sum_{j=1}^{m}\left[\left(\prod_{i=1}^{n}\sqrt{x_i}\right)^{\frac{j}{n}}+\left(\prod_{i=1}^{n}\sqrt{x_i}\right)^{-\frac{j}{n}}\right]+\sum_{j=m+1}^{k-1}\left(\prod_{i=1}^{n}\sqrt{x_i}\right)^{-\frac{j}{n}}+1 \geq$$

$$\sum_{j=1}^{m}\left[\left(\sqrt{\frac{s}{n}}\right)^{j}+\left(\sqrt{\frac{s}{n}}\right)^{-j}\right]+\sum_{j=m+1}^{k-1}\left(\sqrt{\frac{s}{n}}\right)^{-j}+1 =$$

$$\sum_{j=1}^{m}\left(\sqrt{\frac{s}{n}}\right)^{j}+\sum_{j=0}^{k-1}\left(\sqrt{\frac{s}{n}}\right)^{-j}=\sum_{j=1}^{k+m}\left(\sqrt{\frac{s}{n}}\right)^{m+1-j}=$$

$$\frac{\left(\sqrt{\frac{s}{n}}\right)^{m}\left[\left(\sqrt{\frac{s}{n}}\right)^{k+m}-1\right]}{\sqrt{\frac{n}{s}}-1}=\frac{\left(\sqrt{\frac{s}{n}}\right)^{k}-\left(\sqrt{\frac{s}{n}}\right)^{m}}{\sqrt{\frac{n}{s}}-1}=$$

$$\sqrt{s}\cdot\frac{\left(\sqrt{\frac{s}{n}}\right)^{k}-\left(\sqrt{\frac{s}{n}}\right)^{m}}{\sqrt{n}-\sqrt{s}}$$

所以

$$\prod_{i=1}^{n}\left[\sum_{j=1}^{m+k}\left(\sqrt{x_i}\right)^{m+1-j}\right] \geqslant \left[\sqrt{s}\cdot\frac{\left(\sqrt{\dfrac{s}{n}}\right)^{k}-\left(\sqrt{\dfrac{s}{n}}\right)^{m}}{\sqrt{n}-\sqrt{s}}\right]^{n} \tag{14}$$

又由

$$\prod_{i=1}^{n}\left(1+\sqrt{x_i}\right) \leqslant \left(\frac{n+\displaystyle\sum_{i=1}^{n}\sqrt{x_i}}{n}\right)^{n} = \left(\frac{n+\sqrt{n\displaystyle\sum_{i=1}^{n}x_i}}{n}\right)^{n} = \left(\frac{\sqrt{n}+\sqrt{s}}{\sqrt{n}}\right)^{n}$$

有

$$\prod_{i=1}^{n}\frac{1}{1+\sqrt{x_i}} \geqslant \left(\frac{\sqrt{n}}{\sqrt{n}+\sqrt{s}}\right)^{n} \tag{15}$$

由前面已证结果式(15)有

$$\left(\prod_{i=1}^{n}\frac{1-x_i}{\sqrt{x_i}}\right) = \prod_{i=1}^{n}\left(\frac{1}{\sqrt{x_i}}-\sqrt{x_i}\right) \geqslant \left(\sqrt{\frac{n}{s}}-\sqrt{\frac{s}{n}}\right)^{n} = \left(\frac{n-s}{\sqrt{sn}}\right)^{n} \tag{16}$$

将式(14),式(15),式(16)两边相乘,得

$$\prod_{i=1}^{n}\left[\frac{1}{\left(\sqrt{x_i}\right)^{k}}-\left(\sqrt{x_i}\right)^{m}\right] = \left(\prod_{i=1}^{n}\frac{1-x_i}{\sqrt{x_i}}\right)\left(\prod_{i=1}^{n}\frac{1}{1+\sqrt{x_i}}\right)\prod_{i=1}^{n}\left[\sum_{j=1}^{m+k}\left(\sqrt{x_i}\right)^{m+1-j}\right] \geqslant$$

$$\left(\frac{n-s}{\sqrt{sn}}\right)^{n}\left(\frac{\sqrt{n}}{\sqrt{n}+\sqrt{s}}\right)^{n}\left[\sqrt{s}\cdot\frac{\left(\sqrt{\dfrac{s}{n}}\right)^{k}-\left(\sqrt{\dfrac{s}{n}}\right)^{m}}{\sqrt{n}-\sqrt{s}}\right]^{n} =$$

$$\left[\left(\sqrt{\frac{n}{s}}\right)^{k}-\left(\sqrt{\frac{n}{s}}\right)^{m}\right]^{n}$$

(2) 当$(y_1,y_2,\cdots,y_n)$是$(x_1,x_2,\cdots,x_n)$的一个排列时,注意到$x_1+x_2+\cdots+x_n=y_1+y_2+\cdots+y_n$,及$x_1x_2\cdots x_n=y_1y_2\cdots y_n$,记$z_i=\sqrt[k+m]{x_i^{k}y_i^{m}}$,$z_1+z_2+\cdots+z_n=t$($>0$),则由引理有

$$k^{k+m} = (z_1+z_2+\cdots+z_n)^{k+m} = \left(\sqrt[k+m]{x_1^{k}y_1^{m}}+\sqrt[k+m]{x_2^{k}y_2^{m}}+\cdots+\sqrt[k+m]{x_2^{k}y_2^{m}}\right)^{k+m} \leqslant$$

$$(x_1+x_2+\cdots+x_n)^{k}(y_1+y_2+\cdots+y_n)^{m} =$$

$$(x_1+x_2+\cdots+x_n)^{k+m} = s^{k+m}$$

即

$$k\leqslant s\leqslant 1, \text{又} z_1z_2\cdots z_n=\sqrt[k+m]{(x_1x_2\cdots x_n)^{k}(y_1y_2\cdots y_n)^{m}}=x_1x_2\cdots x_n$$

由前面(1)中所证的结论有

$$\prod_{i=1}^{n}\left[\frac{1}{\left(\sqrt{x_i}\right)^{k}}-\left(\sqrt{y_i}\right)^{m}\right] = \prod_{i=1}^{n}\left[\frac{1-\left(\sqrt{x_i}\right)^{k}\left(\sqrt{y_i}\right)^{m}}{\left(\sqrt{x_i}\right)^{k}}\right] =$$

$$\frac{\prod\limits_{i=1}^{n}\left[1-\left(\sqrt{x_i}\right)^k\left(\sqrt{y_i}\right)^m\right]}{\prod\limits_{i=1}^{n}\left(\sqrt{x_i}\right)^k}=\frac{\prod\limits_{i=1}^{n}\left[1-\left(\sqrt{z_i}\right)^{k+m}\right]}{\prod\limits_{i=1}^{n}\left(\sqrt{z_i}\right)^k}=$$

$$\prod\limits_{i=1}^{n}\left[\frac{1}{\left(\sqrt{z_i}\right)^k}-\left(\sqrt{z_i}\right)^m\right]\geq\left[\left(\sqrt{\frac{n}{t}}\right)^k-\left(\sqrt{\frac{t}{n}}\right)^m\right]^n$$

而 $f(x)=\dfrac{1}{x^k}-x^m$ 在 $(0,+\infty)$ 是减函数,由 $t\leq s\leq1$,有 $\sqrt{\dfrac{t}{n}}\leq\sqrt{\dfrac{s}{n}}<1$,所以

$$f\left(\sqrt{\frac{t}{n}}\right)\geq f\left(\sqrt{\frac{s}{n}}\right)>f(1)\Rightarrow\left(\sqrt{\frac{n}{t}}\right)^k-\left(\sqrt{\frac{t}{n}}\right)^m\geq\left(\sqrt{\frac{n}{s}}\right)^k-\left(\sqrt{\frac{s}{n}}\right)^m>0$$

故 
$$\prod\limits_{i=1}^{n}\left[\frac{1}{\left(\sqrt{x_i}\right)^k}-\left(\sqrt{y_i}\right)^m\right]\geq\left[\left(\sqrt{\frac{n}{s}}\right)^k-\left(\sqrt{\frac{s}{n}}\right)^m\right]^n$$

**注记 1** 当 $k,m\in\mathbf{R}$ 且 $k\geq m\geq1$ 时,不等式(6)是否成立是一个值得研究的问题.

**注记 2** 当 $n=2$ 时,对一定范围内的 $k,m$,式(6)有可能成立,我们猜测:对 $k,m\in\mathbf{N}$,当 $k>m\geq1$ 且 $k\geq3$,或 $k=m\geq3$ 时,不等式(5)成立,但未能给出证明. 对于 $k=m$ 的情形,笔者在文[9]证明了当 $s=1,k=2m,\dfrac{3m}{2},\dfrac{5m}{2},\dfrac{7m}{2},\dfrac{11m}{2}(m\in\mathbf{N}),m\geq1$ 时 式(6)成立.

**注记 3** 当 $k,m\in\mathbf{N}$ 且 $k<m$ 时,不等式(6)有可能成立,对于一般情形,定理1的证法失效,下面证明,当 $k=2,m=4$ 时,式(6)成立,即有:

**定理 2** 设 $x_1,x_2,\cdots,x_n>0,y_1,y_2,\cdots,y_n$ 是 $x_1,x_2,\cdots,x_n$ 的一个排列,且 $x_1+x_2+\cdots+x_n=s$,则

$$\left(\frac{1}{x_1}-y_1^2\right)\left(\frac{1}{x_2}-y_2^2\right)\cdots\left(\frac{1}{x_n}-y_n^2\right)\geq\left[\frac{n}{s}-\left(\frac{s}{n}\right)^2\right]^n \tag{17}$$

**证明** (1) 当 $(y_1,y_2,\cdots,y_n)=(x_1,x_2,\cdots,x_n)$ 时

$$\left(\frac{1}{x_1}-x_1^2\right)\left(\frac{1}{x_2}-x_2^2\right)\cdots\left(\frac{1}{x_n}-x_n^2\right)=$$

$$\prod\limits_{i=1}^{n}\frac{1-x_i^3}{x_i}=\prod\limits_{i=1}^{n}\left(\frac{1-x_i}{\sqrt{x_i}}\cdot\frac{1+x_i+x_i^2}{\sqrt{x_i}}\right)=$$

$$\prod\limits_{i=1}^{n}\left(\frac{1}{\sqrt{x_i}}-\sqrt{x_i}\right)\prod\limits_{i=1}^{n}\left[\frac{1}{\sqrt{x_i}}+\sqrt{x_i}+\left(\sqrt{x_i}\right)^3\right]$$

由引理,有

$$\prod_{i=1}^{n}\left(\frac{1}{\sqrt{x_i}}+\sqrt{x_i}+(\sqrt{x_i})^3\right)\geqslant\left[\frac{1}{\sqrt[2n]{x_1x_2\cdots x_n}}+\sqrt[2n]{x_1x_2\cdots x_n}+(\sqrt[2n]{x_1x_2\cdots x_n})^3\right]^n$$

设

$$f(x)=\frac{1}{x}+x+x^3(x\in(0,+\infty))$$

$$f'(x)=-\frac{1}{x^2}+1+3x^2=\frac{1}{x^2}(3x^4+x^2-1)$$

$$f'(x)=0,x=\sqrt{\frac{\sqrt{13}-1}{6}}$$

当 $0<x<\sqrt{\dfrac{\sqrt{13}-1}{6}}$ 时,$f'(x)<0$,所以 $f(x)$ 在 $\left(0,\sqrt{\dfrac{\sqrt{13}-1}{6}}\right)$ 是减

函数,而

$$0<\sqrt[n]{\sqrt{x_1x_2\cdots x_n}}\leqslant\sqrt{\frac{x_1+x_2+\cdots+x_n}{n}}=\sqrt{\frac{s}{n}}\leqslant\sqrt{\frac{1}{3}}<\sqrt{\frac{\sqrt{13}-1}{6}}$$

所以

$$f\left(\sqrt[n]{\sqrt{x_1x_2\cdots x_n}}\right)\geqslant f\left(\sqrt{\frac{s}{n}}\right)\Leftrightarrow$$

$$\frac{1}{\sqrt[2n]{x_1x_2\cdots x_n}}+\sqrt[2n]{x_1x_2\cdots x_n}+(\sqrt[2n]{x_1x_2\cdots x_n})^3\geqslant\sqrt{\frac{n}{s}}+\sqrt{\frac{s}{n}}+\left(\sqrt{\frac{s}{n}}\right)^3$$

即

$$\prod_{i=1}^{n}\left(\frac{1}{\sqrt{x_i}}+\sqrt{x_i}+(\sqrt{x_i})^3\right)\geqslant\left[\sqrt{\frac{n}{s}}+\sqrt{\frac{s}{n}}+\left(\sqrt{\frac{s}{n}}\right)^3\right]^n$$

又

$$\prod_{i=1}^{n}\left(\frac{1}{\sqrt{x_i}}-\sqrt{x_i}\right)\geqslant\left[\sqrt{\frac{n}{s}}-\sqrt{\frac{s}{n}}\right]^n$$

故

$$\left(\frac{1}{x_1}-x_1^2\right)\left(\frac{1}{x_2}-x_2^2\right)\cdots\left(\frac{1}{x_n}-x_n^2\right)\geqslant$$

$$\left[\sqrt{\frac{n}{s}}-\sqrt{\frac{s}{n}}\right]^n\cdot\left[\sqrt{\frac{n}{s}}+\sqrt{\frac{s}{n}}+\left(\sqrt{\frac{s}{n}}\right)^3\right]^n=$$

$$\left[\frac{n}{s}-\left(\frac{s}{n}\right)^2\right]^n$$

(2) 当 $y_1,y_2,\cdots,y_n$ 是 $x_1,x_2,\cdots,x_n$ 的一个排列时,注意到 $x_1+x_2+\cdots+x_n=y_1+y_2+\cdots+y_n$,及 $x_1x_2\cdots x_n=y_1y_2\cdots y_n$,记 $z_i=\sqrt[3]{x_iy_i^2}$,记 $z_1+z_2+\cdots+z_n=k(>0)$,则由引理有

$$k^3=(z_1+z_2+\cdots+z_n)^3=(\sqrt[3]{x_1y_1^2}+\sqrt[3]{x_2y_2^2}+\cdots+\sqrt[3]{x_ny_n^2})^3\leqslant$$

$$(x_1 + x_2 + \cdots + x_n)(y_1 + y_2 + \cdots + y_n)^2 =$$
$$(x_1 + x_2 + \cdots + x_n)^3 = s^3$$

即 $k \le s \le 1$，又

$$z_1 z_2 \cdots z_n = \sqrt[3]{x_1 x_2 \cdots x_n (y_1 y_2 \cdots y_n)^2} = x_1 x_2 \cdots x_n$$

应用(1)中所证结论，有

$$\left(\frac{1}{x_1} - y_1^2\right)\left(\frac{1}{x_2} - y_2^2\right) \cdots \left(\frac{1}{x_n} - y_n^2\right) = \prod_{i=1}^{n} \frac{1 - x_i y_i^2}{x_i} = \frac{\prod\limits_{i=1}^{n}(1 - z_i^3)}{\prod\limits_{i=1}^{n} x_i} =$$

$$\frac{\prod\limits_{i=1}^{n}(1 - z_i^3)}{\prod\limits_{i=1}^{n} z_i} = \prod_{i=1}^{n}\left(\frac{1}{z_i} - z_i^2\right) \ge \left[\frac{n}{k} - \left(\frac{k}{n}\right)^2\right]^n \ge \left[\frac{n}{s} - \left(\frac{s}{n}\right)^2\right]^n$$

最后一步应用了 $g(x) = \dfrac{1}{x} - x^2$ 在 $(0, +\infty)$ 内是减函数，及 $0 < \dfrac{k}{n} \le \dfrac{s}{n}$，有

$$g\left(\frac{k}{n}\right) \ge g\left(\frac{s}{n}\right) \Rightarrow \frac{n}{k} - \left(\frac{k}{n}\right)^2 \ge \frac{n}{s} - \left(\frac{s}{n}\right)^2 > 0$$

### 3  几个相关不等式的推广

文[10] 给出了如下一些不等式的证明：设 $x_i > 0 (i = 1,2,\cdots,n)$，$n \ge 3$，$k \in \mathbf{N}^*$，$\sum\limits_{i=1}^{n} x_i \le 1$，则

$$\left(\frac{1}{x_1} + x_1\right)\left(\frac{1}{x_2} + x_2\right) \cdots \left(\frac{1}{x_n} + x_n\right) \ge \left(n - \frac{1}{n}\right)^n \tag{18}$$

$$\left(\frac{1}{x_1^k} + 1\right)\left(\frac{1}{x_2^k} + 1\right) \cdots \left(\frac{1}{x_n^k} + 1\right) \ge (n^k + 1)^n \tag{19}$$

$$\left(\frac{1}{x_1^k} + x_1^k\right)\left(\frac{1}{x_2^k} + x_2^k\right) \cdots \left(\frac{1}{x_n^k} + x_n^k\right) \ge \left(n^k + \frac{1}{n^k}\right)^n \tag{20}$$

$$\left(\frac{1}{x_1^k} - 1\right)\left(\frac{1}{x_2^k} - 1\right) \cdots \left(\frac{1}{x_n^k} - 1\right) \ge (n^k - 1)^n \tag{21}$$

下面来推广这几个不等式.

**定理 3**  设 $x_1, x_2, \cdots, x_n > 0$，且 $x_1 + x_2 + \cdots + x_n = s$.

(1) 若 $y_1, y_2, \cdots, y_n$ 是 $x_1, x_2, \cdots, x_n$ 的一个排列，$\alpha, \beta > 0$，$\lambda, \mu \ge 0$，当 $s \le n\left(\dfrac{\alpha}{\lambda\beta}\right)^{\frac{1}{\alpha+\beta}}$ 时，有

$$\left(\frac{1}{x_1^\alpha} + \lambda y_1^\beta + \mu\right)\left(\frac{1}{x_2^\alpha} + \lambda y_2^\beta + \mu\right) \cdots \left(\frac{1}{x_n^\alpha} + \lambda y_n^\beta + \mu\right) \ge$$

$$\left[ \left( \frac{n}{s} \right)^\alpha + \lambda \left( \frac{s}{n} \right)^\beta + \mu \right]^n \tag{22}$$

(2) 当 $k \in \mathbf{N}^*, n \geq 3, s \leq 1$ 时,有

$$\left( \frac{1}{x_1^k} - 1 \right) \left( \frac{1}{x_2^k} - 1 \right) \cdots \left( \frac{1}{x_n^k} - 1 \right) \geq \left[ \left( \frac{n}{s} \right)^k - 1 \right]^n \tag{23}$$

**注** 在定理 3(1) 中取 $(y_1, y_2, \cdots, y_n) = (x_2, x_3, \cdots, x_1), s = 1$, 当 $\alpha = \beta = 1, \lambda = 1, \mu = 0$ 时,由式(22)即得式(18);当 $\alpha = k \in \mathbf{N}^*, \lambda = 0, \mu = 1$ 时,由式 (22)即得式(19);当 $\alpha = \beta = k \in \mathbf{N}^*, \lambda = 1, \mu = 0$ 时,由式(22)即得式(20), 即式(22)是式(18)~(20)的统一推广. 在定理 3(2) 中,取 $s = 1$ 由式(23)即 得式(21).

**证明** (1) 注意到 $y_1 y_2 \cdots y_n = x_1 x_2 \cdots x_n$, 由引理有

$$\left( \frac{1}{x_1^\alpha} + \lambda y_1^\beta + \mu \right) \left( \frac{1}{x_2^\alpha} + \lambda y_2^\beta + \mu \right) \cdots \left( \frac{1}{x_n^\alpha} + \lambda y_n^\beta + \mu \right) \geq$$

$$\left[ \frac{1}{(\sqrt[n]{x_1 x_2 \cdots x_n})^\alpha} + \lambda \left( \sqrt[n]{x_1 x_2 \cdots x_n} \right)^\beta + \mu \right]^n$$

令

$$f(x) = \frac{1}{x^\alpha} + \lambda x^\beta + \mu$$

$$f'(x) = -\frac{\alpha}{x^{\alpha+1}} + \lambda \beta x^{\beta-1} = \frac{\lambda \beta}{x^{\alpha+1}} \left( x^{\alpha+\beta} - \frac{\alpha}{\lambda \beta} \right)$$

当 $0 < x < \left( \frac{\alpha}{\lambda \beta} \right)^{\frac{1}{\alpha+\beta}}$ 时,$f'(x) < 0$,所以 $f(x)$ 在 $\left( 0, \left( \frac{\alpha}{\lambda \beta} \right)^{\frac{1}{\alpha+\beta}} \right]$ 上是减函数, 而当 $s \leq n \left( \frac{\alpha}{\lambda \beta} \right)^{\frac{1}{\alpha+\beta}}$ 时,有

$$0 < \sqrt[n]{x_1 x_2 \cdots x_n} \leq \frac{x_1 + x_2 + \cdots + x_n}{n} = \frac{s}{n} \leq \left( \frac{\alpha}{\lambda \beta} \right)^{\frac{1}{\alpha+\beta}}$$

则

$$f(\sqrt[n]{x_1 x_2 \cdots x_n}) \geq f\left( \frac{s}{n} \right) \Leftrightarrow$$

$$\frac{1}{(\sqrt[n]{x_1 x_2 \cdots x_n})^\alpha} + \lambda \left( \sqrt[n]{x_1 x_2 \cdots x_n} \right)^\beta + \mu \geq \frac{1}{\left( \frac{s}{n} \right)^\alpha} + \lambda \left( \frac{s}{n} \right)^\beta + \mu$$

故

$$\left( \frac{1}{x_1^\alpha} + \lambda y_1^\beta + \mu \right) \left( \frac{1}{x_2^\alpha} + \lambda y_2^\beta + \mu \right) \cdots \left( \frac{1}{x_n^\alpha} + \lambda y_n^\beta + \mu \right) \geq$$

$$\left[ \left( \frac{n}{s} \right)^\alpha + \lambda \left( \frac{s}{n} \right)^\beta + \mu \right]^n$$

即式(22)成立.

(2) 当 $k \in \mathbf{N}^*, n \geqslant 3, s \leqslant 1$ 时

$$\left(\frac{1}{x_1^k} - 1\right)\left(\frac{1}{x_2^k} - 1\right)\cdots\left(\frac{1}{x_n^k} - 1\right) = \frac{1 - x_1^k}{\sqrt{x_1^k}}\frac{1 - x_2^k}{\sqrt{x_2^k}}\cdots\frac{1 - x_n^k}{\sqrt{x_n^k}}\frac{1}{(\sqrt{x_1 x_2 \cdots x_n})^k} =$$

$$\left[\frac{1}{(\sqrt{x_1})^k} - (\sqrt{x_1})^k\right]\left[\frac{1}{(\sqrt{x_2})^k} - (\sqrt{x_2})^k\right]\cdots\left[\frac{1}{(\sqrt{x_n})^k} - (\sqrt{x_n})^k\right] \cdot$$

$$\frac{1}{(\sqrt{x_1 x_2 \cdots x_n})^k}$$

由定理 1, 有

$$\left[\frac{1}{(\sqrt{x_1})^k} - (\sqrt{x_1})^k\right]\left[\frac{1}{(\sqrt{x_2})^k} - (\sqrt{x_2})^k\right]\cdots\left[\frac{1}{(\sqrt{x_n})^k} - (\sqrt{x_n})^k\right] \geqslant$$

$$\left[\left(\sqrt{\frac{n}{s}}\right)^k - \left(\sqrt{\frac{s}{n}}\right)^k\right]^n$$

又

$$(\sqrt{x_1 x_2 \cdots x_n})^k \leqslant \left(\sqrt{\frac{x_1 + x_2 + \cdots + x_n}{n}}\right)^{nk} = \left(\sqrt{\frac{s}{n}}\right)^{nk} \Rightarrow$$

$$\frac{1}{(\sqrt{x_1 x_2 \cdots x_n})^k} \geqslant \left(\sqrt{\frac{n}{s}}\right)^{nk}$$

所以

$$\left(\frac{1}{x_1^k} - 1\right)\left(\frac{1}{x_2^k} - 1\right)\cdots\left(\frac{1}{x_n^k} - 1\right) \geqslant \left[\left(\sqrt{\frac{n}{s}}\right)^k - \left(\sqrt{\frac{s}{n}}\right)^k\right]^n \left(\sqrt{\frac{n}{s}}\right)^{nk} =$$

$$\left[\left(\frac{n}{s}\right)^k - 1\right]^n$$

## 4　一对姊妹不等式的推广

文[11] 给出了一对优雅的姊妹不等式:

设 $a, b, c > 0$ 且 $a + b + c = 1$, 则

$$\sqrt{\frac{1}{a^2} + a} + \sqrt{\frac{1}{b^2} + b} + \sqrt{\frac{1}{c^2} + c} \geqslant 2\sqrt{21} \tag{24}$$

$$\sqrt{\frac{1}{a^2} - a} + \sqrt{\frac{1}{b^2} - b} + \sqrt{\frac{1}{c^2} - c} \geqslant \sqrt{78} \tag{25}$$

文[12] 给出了式(1),(2) 的另证并给出了其推广:

设 $x_1, x_2, \cdots, x_n > 0, x_1 + x_2 + \cdots + x_n = 1$, 则

$$\sqrt{\frac{1}{x_1^2} + x_2} + \sqrt{\frac{1}{x_2^2} + x_3} + \cdots + \sqrt{\frac{1}{x_n^2} + x_1} \geqslant n\sqrt{n^2 + \frac{1}{n}} \tag{26}$$

$$\sqrt{\frac{1}{x_1^2} - x_2} + \sqrt{\frac{1}{x_2^2} - x_3} + \cdots + \sqrt{\frac{1}{x_n^2} - x_1} \geqslant n\sqrt{n^2 - \frac{1}{n}} \tag{27}$$

文[13] 给出了式(1) 的类似:

设 $a,b,c > 0$ 且 $a + b + c = 1$,则

$$\sqrt{\frac{1}{a} + b^2} + \sqrt{\frac{1}{b} + c^2} + \sqrt{\frac{1}{c} + a^2} \geqslant 2\sqrt{7} \tag{28}$$

并在文末提出三个猜想(即与式(2),式(3),式(4) 的类似不等式,因猜想 1 是猜想 3 的特例,实际上是两个猜想):

**猜想**　设 $x_1, x_2, \cdots, x_n > 0$, $x_1 + x_2 + \cdots + x_n = 1$,则

$$\sqrt{\frac{1}{x_1} + x_2^2} + \sqrt{\frac{1}{x_2} + x_3^2} + \cdots + \sqrt{\frac{1}{x_n} + x_1^2} \geqslant n\sqrt{n + \frac{1}{n^2}} \tag{29}$$

$$\sqrt{\frac{1}{x_1} - x_2^2} + \sqrt{\frac{1}{x_2} - x_3^2} + \cdots + \sqrt{\frac{1}{x_n} - x_1^2} \geqslant n\sqrt{n - \frac{1}{n^2}} \tag{30}$$

不等式(29),(30) 是成立的,这几个不等式可以推广为:

**定理 4**　设 $x_1, x_2, \cdots, x_n > 0, y_1, y_2, \cdots, y_n$ 是 $x_1, x_2, \cdots, x_n$ 的一个排列,且 $x_1 + x_2 + \cdots + x_n = s, \gamma > 0$.

(1) 若 $\alpha, \beta > 0, \lambda, \mu \geqslant 0$,当 $s \leqslant n\left(\dfrac{\alpha}{\lambda\beta}\right)^{\frac{1}{\alpha+\beta}}$ 时,有

$$\left(\frac{1}{x_1^\alpha} + \lambda y_1^\beta + \mu\right)^\gamma + \left(\frac{1}{x_2^\alpha} + \lambda y_2^\beta + \mu\right)^\gamma + \cdots + \left(\frac{1}{x_n^\alpha} + \lambda y_n^\beta + \mu\right)^\gamma \geqslant$$
$$n\left[\left(\frac{n}{s}\right)^\alpha + \lambda\left(\frac{s}{n}\right)^\beta + \mu\right]^\gamma \tag{31}$$

(2) 若 $k, m$ 为自然数,且 $k \geqslant m \geqslant 1$,当 $n \geqslant 3, s \leqslant 1$ 时,有

$$\left[\frac{1}{(\sqrt{x_1})^k} - (\sqrt{y_1})^m\right]^\gamma + \left[\frac{1}{(\sqrt{x_2})^k} - (\sqrt{y_2})^m\right]^\gamma + \cdots +$$
$$\left[\frac{1}{(\sqrt{x_n})^k} - (\sqrt{y_n})^m\right]^\gamma \geqslant n\left(\sqrt{\frac{n}{s}}\right)^k - \left(\sqrt{\frac{s}{n}}\right)^{m\gamma} \tag{32}$$

(3) 当 $n \geqslant 3, s \leqslant 1$ 时,有

$$\sqrt{\frac{1}{x_1} - y_1^2} + \sqrt{\frac{1}{x_2} - y_2^2} + \cdots + \sqrt{\frac{1}{x_n} - y_n^2} \geqslant n\sqrt{\frac{n}{s} - \left(\frac{s}{n}\right)^2} \tag{33}$$

**注**　在定理 4 中取 $(y_1, y_2, \cdots, y_n) = (x_2, x_3, \cdots, x_1), \gamma = \dfrac{1}{2}, \lambda = s = 1, \mu = 0$.

① 当 $\alpha = 2, \beta = 1$ 时,显然满足 $s \leqslant n\left(\dfrac{\alpha}{\lambda\beta}\right)^{\frac{1}{\alpha+\beta}}$. 由式(31) 即得式(26);当

$\alpha =1,\beta = 2$ 时,显然满足 $s \leqslant n\left(\dfrac{\alpha}{\lambda\beta}\right)^{\frac{1}{\alpha+\beta}}$ ,由式(31) 即得式(29). 可见式(31) 是式(24),式(26),式(28),式(29) 的推广.

② 当 $k = 4 , m = 2$ 时,由式(32) 即得式(27). 可见式(32) 是式(25),式(27) 的推广.

③ 由式(33) 即得式(30). 可见式(33) 是(30) 的推广.

**证明** 由算术 – 几何平均值不等式及式(22),式(17),式(6) 分别可得式(31),式(32),式(33).

## 参考文献

[1] 杨先义. 一个不等式的推广[J]. 数学通讯,2002(19).

[2] 戴承鸿,刘天兵. 一个猜想的证明[J]. 数学通讯,2002(23).

[3] 吴善和. 一个猜想不等式的加细与推广[J]. 中学数学,2003(10).

[4] 宋庆. 一个猜想不等式的推广及其简证[J]. 数学通报,2006(2).

[5] 蒋明斌. 用"零件不等式"证明一类积式不等式[J]. 数学通讯,2004(17).

[6] 蒋明斌. 一个不等式的推广及应用[J]. 数学通讯,2005(5)

[7] 蒋明斌. 一个猜想不等式的推广[J]. 中学数学,2005(5).

[8] 张郚. 一个"猜想"不等式的证明及其他[M]. 数学奥林匹克与数学,第三辑(竞赛卷). 哈尔滨:哈尔滨工业大学出版社,2010.

[9] 蒋明斌. 一个猜想不等式的二元情形[J]. 不等式研究通讯,2005(1).

[10] 张郚. 关于几个不等式的证明[M]. 数学奥林匹克与数学,第三辑(竞赛卷). 哈尔滨:哈尔滨工业大学出版社,2010.

[11] 夏开平. 一对优雅的姊妹不等式[J]. 数学通讯,2008(19).

[12] 有名辉. 一对不等式的另证及推广[J]. 数学通讯,2009(9)(下半月).

[13] 李永利,刘真真. 一对姊妹不等式的联想[J]. 数学通讯,2010(3)(下半月).

# 一个积型不等式猜想的二元情形

文[1] 提出了一个对称不等式：

已知 $x,y \in \mathbf{R}^+$ 且 $x + y = 1$，则

$$2 < \left(\frac{1}{x} - x\right)\left(\frac{1}{y} - y\right) \leqslant \frac{9}{4} \tag{1}$$

文[2] 考虑了其三元情形，得到：

设 $x,y,z \in \mathbf{R}^+$ 且 $x + y + z = 1$，则

$$\left(\frac{1}{x} - x\right)\left(\frac{1}{y} - y\right)\left(\frac{1}{z} - z\right) \geqslant \left(\frac{8}{3}\right)^3 \tag{2}$$

并在文末提出了如下猜想不等式：

设 $x_i \in \mathbf{R}^+ (i = 1,2,\cdots,n)$，$n \geqslant 3$，$\sum\limits_{i=1}^{n} x_i = 1$，则

$$\left(\frac{1}{x_1} - x_1\right)\left(\frac{1}{x_2} - x_2\right)\cdots\left(\frac{1}{x_n} - x_n\right) \geqslant \left(n - \frac{1}{n}\right)^n \tag{3}$$

文[3] 用逐步调整法证明了式(3) 是成立的，作者在文[4] 中给出式(3) 的另一证明，并在文末提出了式(3) 的一个推广（猜想）：

设 $a_i > 0 (i = 1,2,\cdots,n)$，$\sum\limits_{i=1}^{n} a_i = 1$，$k \in \mathbf{N}, n \geqslant 3$，则有

$$\prod_{i=1}^{n}\left(\frac{1}{a_i^k} - a_i^k\right) \geqslant \left(n^k - \frac{1}{n^k}\right)^n \tag{4}$$

最近，作者在文[5] 中证明了式(4) 的推广：

设 $x_i \in \mathbf{R}^+ (i = 1,2,\cdots,n)$，$n \geqslant 3$，$\sum\limits_{i=1}^{n} x_i = s \leqslant 1, k \in \mathbf{N}$，则

$$\prod_{i=1}^{n}\left(\frac{1}{x_i^k} - x_i^k\right) \geqslant \left[\left(\frac{n}{s}\right)^k - \left(\frac{s}{n}\right)^k\right]^n \tag{5}$$

考虑到不等式(3) 对 $n = 2$ 不成立，最初笔者想当然地认为不等式(4) 对 $n = 2$ 也不成立，最近经研究发现不等式(4) 当 $n = 2, k > 1$ 时，有可能成立. 即有：

**猜想** 设 $x,y \in \mathbf{R}^+$ 且 $x + y = 1, k \in \mathbf{R}, k > 1$，则

$$\left(x^k - \frac{1}{x^k}\right)\left(y^k - \frac{1}{y^k}\right) \geqslant \left(2^k - \frac{1}{2^k}\right)^2 \tag{6}$$

下面将证明：$k = 2m, \dfrac{3m}{2}, \dfrac{5m}{2}, \dfrac{7m}{2}, \dfrac{11m}{2} (m \in \mathbf{N}, m \geqslant 1)$ 时，不等式(6) 成立.

**引理**[5]    设 $x_i \in \mathbf{R}^+ (i = 1,2,\cdots,n)$, $n \geq 3$, $\sum\limits_{i=1}^{n} x_i = s \leq 1$, $\alpha_i \in \mathbf{R}^+ (i = 1,2,\cdots,l)$, $\lambda \geq 0$, 则

$$\prod_{i=1}^{n}\left[\sum_{j=1}^{l}\left(x_i^{\alpha_j} + \frac{1}{x_i^{\alpha_j}}\right) + \lambda\right] \geq \left\{\sum_{j=1}^{l}\left[\left(\frac{n}{s}\right)^{\alpha_j} + \left(\frac{s}{n}\right)^{\alpha_j}\right] + \lambda\right\}^{n} \tag{7}$$

**证明**    (1) 当 $k = 2m(m \in \mathbf{N}, m \geq 1)$, $m = 1$ 时, 有

$$\left(x^2 - \frac{1}{x^2}\right)\left(y^2 - \frac{1}{y^2}\right) = x^2y^2 + \frac{1-(x^4+y^4)}{x^2y^2} =$$

$$x^2y^2 + \frac{1-(x^2+y^2)^2}{x^2y^2} + 2 =$$

$$x^2y^2 + \frac{1-[(x+y)^2-2xy]^2}{x^2y^2} + 2 =$$

$$x^2y^2 + \frac{1-(1-2xy)^2}{x^2y^2} + 2 =$$

$$x^2y^2 + \frac{4}{xy} - 2 =$$

$$x^2y^2 + \frac{2}{64xy} + \frac{2}{64xy} + \frac{254}{64xy} - 2 \geq$$

$$3\sqrt[3]{x^2y^2 \cdot \frac{2}{64xy} \cdot \frac{2}{64xy}} + \frac{254}{64} \cdot \frac{1}{\left(\frac{x+y}{2}\right)^2} - 2 =$$

$$\frac{3}{16} + \frac{254}{64} \times 4 - 2 = \frac{225}{16} = \left(2^2 - \frac{1}{2^2}\right)^2$$

即

$$\left(x^2 - \frac{1}{x^2}\right)\left(y^2 - \frac{1}{y^2}\right) \geq \left(2^2 - \frac{1}{2^2}\right)^2 \tag{8}$$

当 $m \in \mathbf{N}, m \geq 2$ 时, 若 $m$ 为奇数, 由引理及式(8)有

$$\left(x^k - \frac{1}{x^k}\right)\left(y^k - \frac{1}{y^k}\right) = \left(x^{2m} - \frac{1}{x^{2m}}\right)\left(y^{2m} - \frac{1}{y^{2m}}\right) =$$

$$\left[(x^2)^m - \left(\frac{1}{x^2}\right)^m\right]\left[(y^2)^m - \left(\frac{1}{y^2}\right)^m\right] =$$

$$\left(x^2 - \frac{1}{x^2}\right)\left[(x^2)^{m-1} + (x^2)^{m-3} + \cdots + (x^2)^2 + \right.$$

$$1 + \frac{1}{(x^2)^2} + \cdots + \frac{1}{(x^2)^{m-3}} + \frac{1}{(x^2)^{m-1}}\right] \cdot$$

$$\left(y^2 - \frac{1}{y^2}\right)\left[(y^2)^{m-1} + (y^2)^{m-3} + \cdots + (y^2)^2 + \right.$$

179

$$1 + \frac{1}{(y^2)^2} + \cdots + \frac{1}{(y^2)^{m-3}} + \frac{1}{(y^2)^{m-1}}\Big] =$$

$$\left(x^2 - \frac{1}{x^2}\right)\left(y^2 - \frac{1}{y^2}\right)\left[\sum_{i=1}^{\frac{m-1}{2}}\left(x^{4i} + \frac{1}{x^{4i}}\right) + 1\right]\left[\sum_{i=1}^{\frac{m-1}{2}}\left(y^{4i} + \frac{1}{y^{4i}}\right) + 1\right] \geqslant$$

$$\left(\frac{1}{2^2} - 2^2\right)^2\left\{\sum_{i=1}^{\frac{m-1}{2}}\left[\left(\frac{1}{2}\right)^{4i} + 2^{4i}\right] + 1\right\}^2 = \left(2^{2m} - \frac{1}{2^{2m}}\right)^2 = \left(2^k - \frac{1}{2^k}\right)^2$$

即式(6)成立.

若 $m$ 为偶数,由引理及式(8)有

$$\left(x^k - \frac{1}{x^k}\right)\left(y^k - \frac{1}{y^k}\right) = \left(x^{2m} - \frac{1}{x^{2m}}\right)\left(y^{2m} - \frac{1}{y^{2m}}\right) =$$

$$\left[(x^2)^m - \left(\frac{1}{x^2}\right)^m\right]\left[(y^2)^m - \left(\frac{1}{y^2}\right)^m\right] =$$

$$\left(x^2 - \frac{1}{x^2}\right)\left[(x^2)^{m-1} + (x^2)^{m-3} + \cdots + (x^2)^3 + \right.$$

$$\left. x^2 + \frac{1}{x^2} + \frac{1}{(x^2)^3} + \cdots + \frac{1}{(x^2)^{m-3}} + \frac{1}{(x^2)^{m-1}}\right] \cdot$$

$$\left(y^2 - \frac{1}{y^2}\right)\left[(y^2)^{m-1} + (y^2)^{m-3} + \cdots + (y^2)^3 + \right.$$

$$\left. y^2 + \frac{1}{y^2} + \frac{1}{(y^2)^3} + \cdots + \frac{1}{(y^2)^{m-3}} + \frac{1}{(y^2)^{m-1}}\right] =$$

$$\left(x^2 - \frac{1}{x^2}\right)\left(y^2 - \frac{1}{y^2}\right)\left[\sum_{i=1}^{\frac{m}{2}}\left(x^{2(2i-1)} + \frac{1}{x^{2(2i-1)}}\right)\right]\left[\sum_{i=1}^{\frac{m}{2}}\left(y^{2(2i-1)} + \frac{1}{y^{2(2i-1)}}\right)\right] \geqslant$$

$$\left(\frac{1}{2^2} - 2^2\right)^2\left\{\sum_{i=1}^{\frac{m}{2}}\left[\left(\frac{1}{2}\right)^{2(2j-1)} + (2)^{2(2j-1)}\right]\right\}^2 = \left(2^{2m} - \frac{1}{2^{2m}}\right)^2 = \left(2^k - \frac{1}{2^k}\right)^2$$

即式(6)成立,因此,当 $k = 2m (m \in \mathbf{N}, m \geqslant 1)$ 时,不等式(6)成立.

**注** 由式(1)的证明过程可知:若式(6)对 $k = \alpha (\alpha \in \mathbf{R}^+)$ 成立,那么式(6)对 $k = m\alpha (m \in \mathbf{N}, m > 0)$ 亦成立,只需将 $\left(x^{m\alpha} - \frac{1}{x^{m\alpha}}\right)\left(y^{m\alpha} - \frac{1}{y^{m\alpha}}\right)$ 分解因式,利用引理及 $k = \alpha (\alpha \in \mathbf{R}^+)$ 的结果即可证明. 因此,下面证明 $\frac{3m}{2}, \frac{5m}{2}, \frac{7m}{2}, \frac{11m}{2} (m \in \mathbf{N}, m \geqslant 1)$ 的情形作类似处理,即只证明 $\frac{3}{2}, \frac{5}{2}, \frac{7}{2}, \frac{11}{2}$ 时,式(6)成立.

(2)当 $\frac{3}{2}, \frac{5}{2}, \frac{7}{2}, \frac{11}{2}$ 时,注意到 $x, y \in \mathbf{R}^+$, $x + y = 1$,有 $0 < xy \leqslant \left(\frac{x+y}{2}\right)^2 =$

$\dfrac{1}{4}$, 令 $t = \sqrt{\dfrac{1}{xy}}$, 则 $t \geq 2$.

设 $a_k = x^k + y^k (k \in \mathbf{N}, k \geq 1)$, 则

$$a_1 = x + y = 1$$

$$a_2 = x^2 + y^2 = (x + y)^2 - 2xy = 1 - 2xy, \quad a_n = a_{n-1} - xya_{n-2} (n \geq 3)$$

递推可得

$$x^3 + y^3 = a_3 = a_2 - xya_1 = 1 - 3xy$$

$$x^4 + y^4 = a_4 = a_3 - xya_2 = 1 - 4xy + 2(xy)^2$$

$$x^5 + y^5 = a_5 = a_4 - xya_3 = 1 - 5xy + 5(xy)^2$$

$$x^6 + y^6 = a_6 = a_5 - xya_4 = 1 - 6xy + 9(xy)^2 - 2(xy)^3$$

$$x^7 + y^7 = a_7 = a_6 - xya_5 = 1 - 7xy + 14(xy)^2 - 7(xy)^3$$

$$x^8 + y^8 = a_8 = a_7 - xya_6 = 1 - 8xy + 20(xy)^2 - 16(xy)^3 + 2(xy)^4$$

$$x^9 + y^9 = a_9 = a_8 - xya_7 = 1 - 9xy + 27(xy)^2 - 30(xy)^3 + 9(xy)^4$$

$$x^{10} + y^{10} = a_{10} = a_9 - xya_8 = 1 - 10xy + 35(xy)^2 -$$
$$50(xy)^3 + 22(xy)^4 - 2(xy)^5$$

$$x^{11} + y^{11} = a_{11} = a_{10} - xya_9 = 1 - 11xy + 44(xy)^2 -$$
$$77(xy)^3 + 55(xy)^4 - 11(xy)^5$$

① 当 $k = \dfrac{3}{2}$ 时, 有

$$\left(x^{\frac{3}{2}} - \dfrac{1}{x^{\frac{3}{2}}}\right)\left(y^{\frac{3}{2}} - \dfrac{1}{y^{\frac{3}{2}}}\right) = x^{\frac{3}{2}}y^{\frac{3}{2}} + \dfrac{1 - (x^3 + y^3)}{x^{\frac{3}{2}}y^{\frac{3}{2}}} =$$

$$x^{\frac{3}{2}}y^{\frac{3}{2}} + \dfrac{1 - (1 - 3xy)}{x^{\frac{3}{2}}y^{\frac{3}{2}}} = x^{\frac{3}{2}}y^{\frac{3}{2}} + \dfrac{3xy}{x^{\frac{3}{2}}y^{\frac{3}{2}}} =$$

$$t^3 + \dfrac{3}{t^3} = t^3 + \dfrac{1}{4^2 t} + \dfrac{1}{4^2 t} + \dfrac{1}{4^2 t} + \dfrac{45}{4^2 t} \geq$$

$$4\sqrt[4]{t^3 \cdot \dfrac{1}{4^2 t} \cdot \dfrac{1}{4^2 t} \cdot \dfrac{1}{4^2 t}} + \dfrac{45}{4^2} \times 2 = \dfrac{49}{8} = \left(2^{\frac{3}{2}} - \dfrac{1}{2^{\frac{3}{2}}}\right)^2$$

即当 $k = \dfrac{3}{2}$ 时, 不等式 (6) 成立, 仿 (1) 可证当 $k = \dfrac{3m}{2} (m \in \mathbf{N}, m \geq 1)$ 时, 不等式 (6) 成立.

② 当 $k = \dfrac{5}{2}$ 时, 有

$$\left(x^{\frac{5}{2}} - \dfrac{1}{x^{\frac{5}{2}}}\right)\left(y^{\frac{5}{2}} - \dfrac{1}{y^{\frac{5}{2}}}\right) = x^{\frac{5}{2}}y^{\frac{5}{2}} + \dfrac{1 - (x^5 + y^5)}{x^{\frac{5}{2}}y^{\frac{5}{2}}} =$$

$$x^{\frac{5}{2}}y^{\frac{5}{2}} + \frac{1-(5x^2y^2-5xy+1)}{x^{\frac{5}{2}}y^{\frac{5}{2}}} = x^{\frac{5}{2}}y^{\frac{5}{2}} + \frac{5}{x^{\frac{3}{2}}y^{\frac{3}{2}}} - \frac{5}{x^{\frac{1}{2}}y^{\frac{1}{2}}} =$$

$$\frac{1}{t^5} + 5t^3 - 5t = \frac{1}{t^5} + \frac{1}{2^8}t^3 + \frac{1}{2^6}t + \frac{1}{2^6}t + \left(5 - \frac{1}{2^8}\right)t^3 - \left(5 + \frac{2}{2^6}\right)t =$$

$$\left(\frac{1}{t^5} + \frac{1}{2^8}t^3 + \frac{1}{2^6}t + \frac{1}{2^6}t\right) + \left(\frac{161}{4\cdot2^5}t^3 - \frac{161}{2^5}t\right) + \left(5 - \frac{1}{2^8} - \frac{161}{4\cdot2^5}\right)t^3 =$$

$$\left(\frac{1}{t^5} + \frac{1}{2^8}t^3 + \frac{1}{2^6}t + \frac{1}{2^6}t\right) + \frac{161}{2^7}t(t^2-4) + \left(5 - \frac{1}{2^8} - \frac{161}{2^7}\right)t^3 \geq$$

$$4\sqrt[4]{\frac{1}{t^5}\cdot\frac{1}{2^8}t^3\cdot\frac{1}{2^6}t\cdot\frac{1}{2^6}t} + \left(5 - \frac{1}{2^8} - \frac{161}{2^7}\right)2^3 =$$

$$\frac{4}{2^5} + 40 - \frac{1}{2^5} - \frac{322}{2^5} = \frac{961}{2^5} = \left(2^{\frac{5}{2}} - \frac{1}{2^{\frac{5}{2}}}\right)^2$$

即当 $k = \frac{5}{2}$ 时,不等式(6)成立,仿(1)可证当 $k = \frac{5m}{2}(m\in\mathbf{N}, m\geq1)$ 时,不等式(6)成立.

③ 当 $k = \frac{7}{2}$ 时,有

$$\left(x^{\frac{7}{2}} - \frac{1}{x^{\frac{7}{2}}}\right)\left(y^{\frac{7}{2}} - \frac{1}{y^{\frac{7}{2}}}\right) = x^{\frac{7}{2}}y^{\frac{7}{2}} + \frac{1-(x^7+y^7)}{x^{\frac{7}{2}}y^{\frac{7}{2}}} =$$

$$x^{\frac{7}{2}}y^{\frac{7}{2}} + \frac{1-(1-7xy+14x^2y^2-7x^3y^3)}{x^{\frac{7}{2}}y^{\frac{7}{2}}} =$$

$$x^{\frac{7}{2}}y^{\frac{7}{2}} + \frac{7}{x^{\frac{5}{2}}y^{\frac{5}{2}}} - \frac{14}{x^{\frac{3}{2}}y^{\frac{3}{2}}} + \frac{7}{x^{\frac{1}{2}}y^{\frac{1}{2}}} = \frac{1}{t^7} + 7t^5 - 14t^3 + 7t =$$

$$\frac{1}{t^7} + \frac{1}{2^{12}}t^5 + \frac{1}{2^8}t + \frac{1}{2^8}t + \left(\frac{7}{2} - \frac{1}{2^{12}}\right)t^5 + \left(7 - \frac{2}{2^8}\right)t + \frac{7}{2}t^3(t^2-4) \geq$$

$$4\sqrt[4]{\frac{1}{t^7}\cdot\frac{1}{2^{12}}t^5\cdot\frac{1}{2^8}t\cdot\frac{1}{2^8}t} + \left(\frac{7}{2} - \frac{1}{2^{12}}\right)\cdot2^5 + \left(7 - \frac{2}{2^8}\right)\cdot2 =$$

$$\frac{4}{2^7} + 7\cdot2^4 - \frac{1}{2^7} + 14 - \frac{2}{2^7} = \frac{1}{2^7} + 126 = \frac{127^2}{2^7} = \left(2^{\frac{7}{2}} - \frac{1}{2^{\frac{7}{2}}}\right)^2$$

即当 $k = \frac{7}{2}$ 时,不等式(6)成立,仿(1)可证当 $k = \frac{7m}{2}(m\in\mathbf{N}, m\geq1)$ 时,不等式(6)成立.

④ 当 $k = \frac{11}{2}$ 时,有

$$\left(x^{\frac{11}{2}} - \frac{1}{x^{\frac{11}{2}}}\right)\left(y^{\frac{11}{2}} - \frac{1}{y^{\frac{11}{2}}}\right) = x^{\frac{11}{2}}y^{\frac{11}{2}} + \frac{1-(x^{11}+y^{11})}{x^{\frac{11}{2}}y^{\frac{11}{2}}} =$$

$$x^{\frac{11}{2}}y^{\frac{11}{2}} + \frac{1 - \left(1 - 11xy + 44(xy)^2 - 77(xy)^3 + 55(xy)^4 - 11(xy)^5\right)}{x^{\frac{11}{2}}y^{\frac{11}{2}}}$$

$$\frac{1}{t^{11}} + 11t^9 - 44t^7 + 77t^5 - 55t^3 + 11t =$$

$$\frac{1}{t^{11}} + \frac{1}{2^{16}}t^5 + \frac{1}{2^{16}}t^5 + \frac{1}{2^{12}}t + 11t^7(t^2 - 4) +$$

$$\frac{55}{4}t^3(t^2 - 4) + \left(77 - \frac{55}{4} - \frac{2}{2^{16}}\right)t^5 + \left(11 - \frac{1}{2^{12}}\right)t \geqslant$$

$$4\sqrt[4]{\frac{1}{t^{11}} \cdot \frac{1}{2^{16}}t^5 \cdot \frac{1}{2^{16}}t^5 \cdot \frac{1}{2^{12}}t} + \left(77 - \frac{55}{4} - \frac{2}{2^{16}}\right) \cdot 2^5 + \left(11 - \frac{1}{2^{12}}\right) \cdot 2 =$$

$$\frac{4}{2^{11}} - 77 \cdot 2^5 - 55 \cdot 8 - \frac{2}{2^{11}} + 22 - \frac{1}{2^{11}} = \frac{1}{2^{11}} + 2^{11} - 2 = \left(\frac{1}{2^{\frac{11}{2}}} - 2^{\frac{11}{2}}\right)^2$$

即当 $k = \frac{11}{2}$ 时,不等式(6)成立,仿(1)可证当 $k = \frac{11m}{2}(m \in \mathbf{N}, m \geqslant 1)$ 时,不等式(6)成立.

**注记1** 上面我们已经证明,当 $k$ 为正偶数时不等式(6)成立;而对 $k$ 为奇数($k > 1$)时,只证明了一些特殊情形式(6)成立,对一般情形未能证明,仍属猜想.

**注记2** 文[6]猜测不等式(4)对 $k$ 是一切正有理数成立,我们猜测不等式(5)对一切正实数成立.

## 参考文献

[1] 胡湘萍. 几个有趣的双边不等式[J]. 数学通讯,2001(20).
[2] 杨先义. 一个不等式的推广[J]. 数学通讯,2002(19).
[3] 戴承鸿,刘天兵. 一个猜想的证明[J]. 数学通讯,2002(23).
[4] 蒋明斌. 用零件不等式证明一类积式不等式[J]. 数学通讯,2004(19):23-25.
[5] 蒋明斌. 一个不等式的推广及应用[J]. 数学通讯,2005(3):35-37.
[6] 郭要红. 一个积型不等式猜想的证明[J]. 中学数学教学,2005(1):43-44.

# 两个分式不等式的推广

文[1] 得到两个分式不等式:设 $a,b,c > 0$,则:

(1) 当 $\lambda \geqslant \dfrac{1}{6}$ 时,有

$$\frac{a}{(1+\lambda)a + \lambda b + \lambda c} + \frac{b}{(1+\lambda)b + \lambda c + \lambda a} + \frac{c}{(1+\lambda)c + \lambda a + \lambda b} \leqslant \frac{3}{3\lambda + 1} \tag{1}$$

(2) 当 $\lambda \geqslant 0$ 时,有

$$\frac{a}{(1+\lambda)b + \lambda c + \lambda a} + \frac{b}{(1+\lambda)c + \lambda a + \lambda b} + \frac{c}{(1+\lambda)a + \lambda b + \lambda c} \geqslant \frac{3}{3\lambda + 1} \tag{2}$$

下面给出式(1),式(2) 的推广.

**命题1** 设 $a,b,c,k > 0$,则:

(1) 当 $k \geqslant 1$ 时,有

$$\frac{a}{ka + b + c} + \frac{b}{kb + c + a} + \frac{c}{kc + a + b} \leqslant \frac{3}{k+2} \tag{3}$$

(2) 当 $0 < k \leqslant 1$ 时,有

$$\frac{a}{ka + b + c} + \frac{b}{kb + c + a} + \frac{c}{kc + a + b} \geqslant \frac{3}{k+2} \tag{4}$$

**注1** 当 $\lambda \geqslant 0$ 时,取 $k = \dfrac{\lambda + 1}{\lambda}$,由式(3) 即得式(1),所以,当 $\lambda \geqslant 0$ 时,式(1) 成立. 即式(3) 为式(1) 的推广.

**注2** 当 $n = k, n \in \mathbf{N}, n \geqslant 1$ 即得《数学通报》2008 年第 6 期问题 1 740 和《数学通报》2007 年第 1 期问题 1 651.

命题1 可以推广到 $n$ 元情形,即有:

**命题2** 设 $x_i > 0, i = 1, 2, \cdots, n$,则:

(1) 当 $k \geqslant 1$ 时,有

$$\frac{x_1}{kx_1 + x_2 + \cdots + x_n} + \frac{x_2}{x_1 + kx_2 + \cdots + x_n} + \cdots + \frac{x_n}{x_1 + x_2 + \cdots + kx_n} \leqslant$$
$$\frac{n}{k + n - 1} \tag{5}$$

(2) 当 $0 < k \leqslant 1$ 时,有

$$\frac{x_1}{kx_1 + x_2 + \cdots + x_n} + \frac{x_2}{x_1 + kx_2 + \cdots + x_n} + \cdots + \frac{x_n}{x_1 + x_2 + \cdots + kx_n} \geqslant \frac{n}{k + n - 1}$$
$$(6)$$

**证明** （1）当 $k \geqslant 1$ 时，注意到式（5）左边是齐次的，不妨设 $x_1 + x_2 + \cdots + x_n = n$，则不等式（5）等价于

$$\frac{x_1}{(k-1)x_1 + n} + \frac{x_2}{(k-1)x_2 + n} + \cdots + \frac{x_n}{(k-1)x_n + n} \leqslant \frac{n}{k + n - 1} \quad (7)$$

设 $A$ 为待定常数，使

$$\frac{x_i}{(k-1)x_i + n} - \frac{1}{k + n - 1} \leqslant A(x_i - 1) \Leftrightarrow$$

$$\frac{n(x_i - 1)}{[(k-1)x_i + n](k + n - 1)} \leqslant A(x_i - 1)$$

考虑此式等号成立，约去 $x_i - 1$，并令 $x_i = 1$，得 $A = \dfrac{n}{(k + n - 1)^2}$.

注意到当 $k \geqslant 1$ 时

$$\frac{x_i}{(k-1)x_i + n} - \frac{1}{k + n - 1} \leqslant \frac{n}{(k + n - 1)^2}(x_i - 1) \Leftrightarrow (k-1)(x_i - 1)^2 \geqslant 0$$

所以

$$\frac{x_i}{(k-1)x_i + n} \leqslant \frac{1}{k + n - 1} + \frac{n}{(k + n - 1)^2}(x_i - 1) \quad (8)$$

在式（8）中取 $i = 1, 2, \cdots, n$，得 $n$ 个不等式，相加并注意到 $x_1 + x_2 + \cdots + x_n = n$，有

$$\frac{x_1}{(k-1)x_1 + n} + \frac{x_2}{(k-1)x_2 + n} + \cdots + \frac{x_n}{(k-1)x_n + n} \leqslant$$

$$\frac{n}{k + n - 1} + \frac{n}{(k + n - 1)^2}(x_1 + x_2 + \cdots + x_n - n) = \frac{n}{k + n - 1}$$

即不等式（7）成立，故不等式（5）成立.

（2）当 $0 < k \leqslant 1$ 时，式（6）等价于：设 $x_1 + x_2 + \cdots + x_n = n$，有

$$\frac{x_1}{(k-1)x_1 + n} + \frac{x_2}{(k-1)x_2 + n} + \cdots + \frac{x_n}{(k-1)x_n + n} \geqslant \frac{n}{k + n - 1} \quad (9)$$

当 $0 < k \leqslant 1$ 时，与（1）中类似可得

$$\frac{x_i}{(k-1)x_i + n} \geqslant \frac{1}{k + n - 1} + \frac{n}{(k + n - 1)^2}(x_i - 1) \quad (10)$$

在式（10）中取 $i = 1, 2, \cdots, n$，得 $n$ 个不等式，相加并注意到 $x_1 + x_2 + \cdots + x_n = n$，有

$$\frac{x_1}{(k-1)x_1 + n} + \frac{x_2}{(k-1)x_2 + n} + \cdots + \frac{x_n}{(k-1)x_n + n} \leqslant$$

$$\frac{n}{k+n-1} + \frac{n}{(k+n-1)^2}(x_1 + x_2 + \cdots + x_n - n) = \frac{n}{k+n-1}$$

即不等式(10)成立,故不等式(6)成立.

不等式(2),(4)还可以推广为:

**命题**3 设$a,b,c,u,v,w > 0$,则当$u \leqslant \frac{1}{2}(v+w)$时,有

$$\frac{a}{ua+vb+wc} + \frac{b}{ub+vc+wa} + \frac{c}{uc+va+wb} \geqslant \frac{3}{u+v+w} \qquad (11)$$

**注** 取$u = \lambda, v = 1 + \lambda, w = \lambda$,显然满足$u \leqslant \frac{1}{2}(v+w)$,由式(11)即得

式(2);取$u = k, v = w = 1, u \leqslant \frac{1}{2}(v+w) \Leftrightarrow 0 < k \leqslant 1$,由式(11)即得式(4).说

明命题3是式(2),式(4)的推广.

**证明** 由柯西不等式有

$$\frac{a}{ua+vb+wc} + \frac{b}{ub+vc+wa} + \frac{c}{uc+va+wb} =$$

$$\frac{a^2}{ua^2+vab+wac} + \frac{b^2}{ub^2+vbc+wba} + \frac{c^2}{uc^2+vca+wcb} \geqslant$$

$$\frac{(a+b+c)^2}{u(a^2+b^2+c^2)+(v+w)(ab+bc+ca)}$$

要证式(11),只需证

$$\frac{(a+b+c)^2}{u(a^2+b^2+c^2)+(v+w)(ab+bc+ca)} \geqslant \frac{3}{u+v+w} \Leftrightarrow$$

$$(u+v+w)[a^2+b^2+c^2+2(ab+bc+ca)] \geqslant$$

$$3u(a^2+b^2+c^2)+3(v+w)(ab+bc+ca) \Leftrightarrow$$

由$u \leqslant \frac{1}{2}(v+w)$及$a^2+b^2+c^2 \geqslant ab+bc+ca$知后一不等式成立,故不

等式(11)成立.

### 参考文献

[1] 李歆. 一道日本奥赛题的别证及其它[J]. 数学通讯,2010(5)(下半月).

# 一个不等式的再推广与加强

文[1] 有如下例题:设 $a,b,c > 0$,且 $abc = 1$,求函数
$$f(a,b,c) = \frac{1}{a^3(b+c)} + \frac{1}{b^3(c+a)} + \frac{1}{c^3(a+b)}$$
的最小值.

文[2] 将此例的变式:设 $a,b,c > 0$,且 $abc = 1$,则
$$\frac{1}{a^3(b+c)} + \frac{1}{b^3(c+a)} + \frac{1}{c^3(a+b)} \geq \frac{3}{2} \tag{1}$$
推广为:设 $a_i \in \mathbf{R}^+ (i = 1,2,\cdots,n), 2 \leq n \in \mathbf{N}, a_1 a_2 \cdots a_n = 1$,则
$$\sum_{i=1}^{n} \frac{1}{a_i^2 \sum_{j=1,j \neq i}^{n} \frac{1}{a_j}} \geq \frac{n}{n-1} \tag{2}$$

本文拟给出不等式(2)的一个推广与加强.

**命题 1** 设 $a_i \in \mathbf{R}^+ (i = 1,2,\cdots,n), 2 \leq n \in \mathbf{N}, a_1 a_2 \cdots a_n = 1, m,k \in \mathbf{N}, k > m \geq 1$,则
$$\sum_{i=1}^{n} \frac{1}{a_i^k \left( \sum_{j=1,j \neq i}^{n} \frac{1}{a_j} \right)^m} \geq \frac{n}{(n-1)^m} \tag{3}$$

更一般地,有:

**命题 2** 设 $a_i \in \mathbf{R}^+ (i = 1,2,\cdots,n), 2 \leq n \in \mathbf{N}, s = \sum_{i=1}^{n} a_i, m,k \in \mathbf{N}$ 且 $k > m \geq 1$,则
$$\sum_{i=1}^{n} \frac{a_i^k}{(s-a_i)^m} \geq \frac{1}{(n-1)^m} \sum_{i=1}^{n} a_i^{k-m} \tag{4}$$

在命题 1 中取 $k = 2, m = 1$,由式(3)即得式(1),可见命题 1 是式(1)的推广;在命题 2 中用 $\frac{1}{a_i}$ 置换 $a_i(i = 1,2,\cdots,n)$,得到:

**推论** 在命题 1 的条件下,有
$$\sum_{i=1}^{n} \frac{1}{a_i^k \left( \sum_{j=1,j \neq i}^{n} \frac{1}{a_j} \right)^m} \geq \frac{1}{(n-1)^m} \sum_{i=1}^{n} \frac{1}{a_i^{k-m}} \tag{5}$$

因 $a_i > 0, a_1 a_2 \cdots a_n = 1$,由均值不等式有 $\sum_{i=1}^{n} \frac{1}{a_i^{k-m}} \geq n$,于是由此及推论即得

命题 1,可见命题 2 是命题 1 的加强. 因此只证命题 2.

**证明** 对 $i = 1, 2, \cdots, n$,应用均值不等式,有

$$(k-m)\frac{a_i^k}{(s-a_i)^m} + m\frac{(s-a_i)^{k-m}}{(n-1)^k} \geqslant$$

$$\underbrace{\frac{a_i^k}{(s-a_i)^m} + \cdots + \frac{a_i^k}{(s-a_i)^m}}_{k-m\uparrow} + \underbrace{\frac{(s-a_i)^{k-m}}{(n-1)^k} + \cdots + \frac{(s-a_i)^{k-m}}{(n-1)^k}}_{m\uparrow} \geqslant$$

$$k\left\{\left[\frac{a_i^k}{(s-a_i)^m}\right]^{k-m} \cdot \left[\frac{(s-a_i)^{k-m}}{(n-1)^k}\right]^m\right\}^{\frac{1}{k}} = \frac{k}{(n-1)^m}a_i^{k-m}$$

所以

$$\frac{a_i^k}{(s-a_i)^m} \geqslant \frac{1}{(k-m)(n-1)^m}\left[ka_i^{k-m} - \frac{(s-a_i)^{k-m}}{(n-1)^{k-m}}\right] =$$

$$\frac{1}{(k-m)(n-1)^m}\left[ka_i^{k-m} - \left(\frac{s-a_i}{n-1}\right)^{k-m}\right] =$$

$$\frac{1}{(k-m)(n-1)^m}\left[ka_i^{k-m} - \left(\frac{\sum\limits_{j=1}^{n} a_j - a_i}{n-1}\right)^{k-m}\right]$$

因 $k > m \Rightarrow k - m \geqslant 1$,由幂平均不等式,有

$$\left(\frac{\sum\limits_{j=1}^{n} a_j - a_i}{n-1}\right)^{k-m} = \left(\frac{\sum\limits_{\substack{j=1\\j\neq i}}^{n} a_j}{n-1}\right)^{k-m} \leqslant \frac{\sum\limits_{\substack{j=1\\j\neq i}}^{n} a_j^{k-m}}{n-1} = \frac{\sum\limits_{j=1}^{n} a_j^{k-m} - a_i^{k-m}}{n-1}$$

所以

$$\frac{a_i^k}{(s-a_i)^m} \geqslant \frac{1}{(k-m)(n-1)^m}\left[ka_i^{k-m} - m\frac{\sum\limits_{j=1}^{n} a_j^{k-m} - a_i^{k-m}}{n-1}\right] =$$

$$\frac{1}{(k-m)(n-1)^{m+1}}\left\{[k(n-1)+m]a_i^{k-m} - k\sum\limits_{j=1}^{n} a_j^{k-m}\right\}$$

$$\sum_{i=1}^{n}\frac{a_i^k}{(s-a_i)^m} \geqslant \frac{1}{(k-m)(n-1)^{m+1}}\sum_{i=1}^{n}\left\{[k(n-1)+m]a_i^{k-m} - m\sum\limits_{j=1}^{n} a_j^{k-m}\right\} =$$

$$\frac{1}{(k-m)(n-1)^{m+1}}\left[[k(n-1)+m]\sum\limits_{i=1}^{n} a_i^{k-m} - \right.$$

$$\left. mn\sum\limits_{i=1}^{n} a_i^{k-m}\right] =$$

$$\frac{1}{(k-m)(n-1)^{m+1}}(n-1)(k-m)\sum\limits_{i=1}^{n} a_i^{k-m} =$$

$$\frac{1}{(n-1)^m} \sum_{i=1}^{n} a_i^{k-m}$$

故不等式(4) 成立.

## 参考文献

[1] 钱亦青. 某些条件极值问题的向量解法[J]. 数学通讯,2002(15).

[2] 陈强. 一个例题的变式及推广[J]. 数学通讯,2003(17).

# 一个带参数的分式不等式的推广

文[1] 给出了如下带参数的分式不等式：

设 $a, b, c, x, y, z \in \mathbf{R}^+$，若 $t > 1$，则有

$$\frac{xa^2}{tx + y + z} + \frac{yb^2}{x + ty + z} + \frac{xa^2}{x + y + tz} \leqslant \frac{1}{t-1}\left[(a^2 + b^2 + c^2) - \frac{(a+b+c)^2}{t+2}\right]$$

$$(1)$$

若 $0 \leqslant t < 1$，不等式(1)不等号反向. 当且仅当

$$\frac{a}{tx + y + z} = \frac{b}{x + ty + z} = \frac{c}{x + y + tz}$$

式(1)中等号成立.

本文给出此不等式的一个推广：

**定理** 设 $a_i, x_i \in \mathbf{R}^+$ $(i = 1, 2, \cdots, n)$，若 $t > 1$，则有

$$P = \frac{x_1 a_1^2}{tx_1 + x_2 + \cdots + x_n} + \frac{x_2 a_2^2}{x_1 + tx_2 + \cdots + x_n} + \cdots + \frac{x_n a_n^2}{x_1 + x_2 + \cdots + tx_n} \leqslant$$

$$\frac{1}{t-1}\left[\sum_{i=1}^n a_i^2 - \frac{\left(\sum_{i=1}^n a_i\right)^2}{n + t - 1}\right]$$

$$(2)$$

若 $1 - n < t < 1$，不等式(2)不等号反向. 当且仅当

$$\frac{a_1}{tx_1 + x_2 + \cdots + x_n} = \frac{a_2}{x_1 + tx_2 + \cdots + x_n} = \cdots = \frac{a_n}{x_1 + x_2 + \cdots + tx_n}$$

式(2)中等号成立.

**证明** 因为对 $i = 1, 2, \cdots, n$，有

$$\frac{x_i a_i^2}{x_1 + x_2 + \cdots + tx_i + \cdots + x_n} = \frac{\left(\sum_{i=1}^n x_i\right) a_i^2}{(1-t)(x_1 + x_2 + \cdots + tx_i + \cdots + x_n)} - \frac{a_i^2}{1-t}$$

所以

$$P = \left[\frac{1}{1-t}\left(\sum_{i=1}^n x_i\right) \cdot\right.$$

$$\left(\frac{a_1^2}{tx_1 + x_2 + \cdots + x_n} + \frac{a_2^2}{x_1 + tx_2 + \cdots + x_n} + \cdots + \frac{a_n^2}{x_1 + x_2 + \cdots + tx_n}\right) - \sum_{i=1}^n a_i^2\right]$$

注意到，$a_i, x_i, x_1 + x_2 + \cdots + tx_i + \cdots + x_n > 0$ $(i = 1, 2, \cdots, n)$，$t - n + 1 > 0$，由柯西不等式有

$$\left(\sum_{i=1}^{n} x_i\right)\left(\frac{a_1^2}{tx_1 + x_2 + \cdots + x_n} + \frac{a_2^2}{x_1 + tx_2 + \cdots + x_n} + \cdots + \frac{a_n^2}{x_1 + x_2 + \cdots + tx_n}\right) =$$

$$\frac{1}{t + n - 1}\left[(tx_1 + x_2 + \cdots + x_n) + (x_1 + tx_2 + \cdots + x_n) + \cdots + \right.$$

$$(x_1 + x_2 + \cdots + tx_n)] \cdot$$

$$\left(\frac{a_1^2}{tx_1 + x_2 + \cdots + x_n} + \frac{a_2^2}{x_1 + tx_2 + \cdots + x_n} + \cdots + \frac{a_n^2}{x_1 + x_2 + \cdots + tx_n}\right) \geqslant$$

$$\frac{\left(\sum_{i=1}^{n} a_i\right)^2}{t + n - 1}$$

所以

$$\left(\sum_{i=1}^{n} x_i\right) \cdot$$

$$\left(\frac{a_1^2}{tx_1 + x_2 + \cdots + x_n} + \frac{a_2^2}{x_1 + tx_2 + \cdots + x_n} + \cdots + \frac{a_n^2}{x_1 + x_2 + \cdots + tx_n}\right) - \sum_{i=1}^{n} a_i^2 \geqslant$$

$$\frac{\left(\sum_{i=1}^{n} a_i\right)^2}{t + n - 1} - \sum_{i=1}^{n} a_i^2$$

因此,当 $t > 1$ 时,$1 - t < 0$

$$P =$$

$$\frac{\sum_{i=1}^{n} x_i}{1 - t}\left(\frac{a_1^2}{tx_1 + x_2 + \cdots + x_n} + \frac{a_2^2}{x_1 + tx_2 + \cdots + x_n} + \cdots + \frac{a_n^2}{x_1 + x_2 + \cdots + tx_n}\right) -$$

$$\frac{1}{1 - t}\sum_{i=1}^{n} a_i^2 \leqslant \frac{1}{1 - t}\left[\frac{\left(\sum_{i=1}^{n} a_i\right)^2}{t + n - 1} - \sum_{i=1}^{n} a_i^2\right]$$

即不等式(2) 成立.

当 $1 - n < t < 1$ 时,$1 - t > 0$

$$P =$$

$$\frac{\sum_{i=1}^{n} x_i}{1 - t}\left(\frac{a_1^2}{tx_1 + x_2 + \cdots + x_n} + \frac{a_2^2}{x_1 + tx_2 + \cdots + x_n} + \cdots + \frac{a_n^2}{x_1 + x_2 + \cdots + tx_n}\right) -$$

$$\frac{1}{1 - t}\sum_{i=1}^{n} a_i^2 \geqslant \frac{1}{1 - t}\left[\frac{\left(\sum_{i=1}^{n} a_i\right)^2}{t + n - 1} - \sum_{i=1}^{n} a_i^2\right]$$

即不等式(2) 的不等号反向.

191

由柯西不等式等号成立的条件,知当且仅当

$$\frac{a_1}{tx_1 + x_2 + \cdots + x_n} = \frac{a_2}{x_1 + tx_2 + \cdots + x_n} = \cdots = \frac{a_n}{x_1 + x_2 + \cdots + tx_n}$$

时以上各不等式取等号,因而,此时不等式(2)取等号.证毕.

**注记** 在式(2)中取 $a_i = 1, i = 1, 2, \cdots, n$,可得:

**推论** 设 $x_i \in \mathbf{R}^+, i = 1, 2, \cdots, n$,则当 $t > 1$,有

$$\frac{x_1}{tx_1 + x_2 + \cdots + x_n} + \frac{x_2}{x_1 + tx_2 + \cdots + x_n} + \cdots + \frac{x_n}{x_1 + x_2 + \cdots + tx_n} \leqslant \frac{n}{n + t - 1}$$

$$\tag{3}$$

当 $1 - n < t < 1$ 时,有

$$\frac{x_1}{tx_1 + x_2 + \cdots + x_n} + \frac{x_2}{x_1 + tx_2 + \cdots + x_n} + \cdots + \frac{x_n}{x_1 + x_2 + \cdots + tx_n} \leqslant \frac{n}{n + t - 1}$$

$$\tag{4}$$

其中式(4)为《数学通报》2004 年 1 月号问题第 1 471 题.

## 参考文献

[1] 杨克昌. 一个带参数的分式不等式及其应用[J]. 数学通报,2004(1).

# 一个不等式猜想的推广与简证

文[1]提出了如下不等式猜想：

设 $x,y \in \mathbf{R}^+$ 且 $x+y=1$，$n$ 为不小于 3 的整数，则

$$\frac{y^n}{x^2+y^3}+\frac{x^n}{x^3+y^2} \leqslant 2\left(\frac{x^{n+1}}{x^2+y^3}+\frac{y^{n+1}}{x^3+y^2}\right) \leqslant 2\left(\frac{y^{n+1}}{x^2+y^3}+\frac{x^{n+1}}{x^3+y^2}\right) \quad (*)$$

最近文[2]证明了这个猜想是成立，但证明十分繁琐，用了两个版面的篇幅。本文将证明当 $n$ 为不小于 3 的实数时，不等式($*$)成立，且证明十分简捷。

**证明** 式(1)左边不等式等价于

$$\frac{2x^{n+1}-(x+y)y^n}{x^2+y^3}+\frac{2y^{n+1}-(x+y)x^n}{x^3+y^2} \geqslant 0 \Leftrightarrow$$

$$[(x^{n+1}-y^{n+1})+x(x^n-y^n)](x^3+y^2)+$$

$$[(y^{n+1}-x^{n+1})+y(y^n-x^n)](x^2+y^3) \geqslant 0 \Leftrightarrow$$

$$(x^{n+1}-y^{n+1})[(x^3-y^3)-(x^2-y^2)]+$$

$$(x^n-y^n)[(x^4-y^4)-xy(x-y)] \geqslant 0 \Leftrightarrow$$

$$(x^{n+1}-y^{n+1})(x-y)[(x^2+xy+y^2)-(x+y)]+$$

$$(x^n-y^n)(x-y)[x^3+x^2y+xy^2+y^3-xy] \geqslant 0 \Leftrightarrow$$

$$(x^{n+1}-y^{n+1})(x-y)[(x+y)^2-xy-1]+$$

$$(x^n-y^n)(x-y)[x^3+y^3+xy(x+y)-xy] \geqslant 0 \Leftrightarrow$$

$$(x-y)(-x^{n+2}y+xy^{n+2}+x^{n+3}+x^ny^3-y^nx^3-y^{n+3}) \geqslant 0 \Leftrightarrow$$

$$(x-y)[x^{n+2}(x-y)+y^{n+2}(x-y)+x^3y^3(x^{n-3}-y^{n-3})] \geqslant 0 \Leftrightarrow$$

$$(x-y)^2(x^{n+2}+y^{n+2})+x^3y^3(x-y)(x^{n-3}-y^{n-3}) \geqslant 0$$

后一不等式显然(因为 $n \geqslant 3$ 时，$n-3 \geqslant 0$，所以，当 $x,y \in \mathbf{R}^+$ 时，$x-y$ 与 $x^{n-3}-y^{n-3}$ 同号)，故式($*$)左边不等式成立。

式($*$)右边不等式等价于

$$\frac{y^{n+1}-x^{n+1}}{x^2+y^3}+\frac{x^{n+1}-y^{n+1}}{x^3+y^2} \geqslant 0 \Leftrightarrow$$

$$(x^{n+1}-y^{n+1})[x^2+y^3-(x^3+y^2)] \geqslant 0 \Leftrightarrow$$

$$(x^{n+1}-y^{n+1})[x^2-y^2-(x^3-y^3)] \geqslant 0 \Leftrightarrow$$

$$(x^{n+1}-y^{n+1})(x-y)[x+y-(x^2+xy+y^2)] \geqslant 0 \Leftrightarrow$$

$$(x^{n+1}-y^{n+1})(x-y)[1-(x+y)^2+xy] \geqslant 0 \Leftrightarrow$$

$$(x^{n+1}-y^{n+1})(x-y)xy \geqslant 0$$

193

后一不等式显然(因为 $n \geqslant 3$,所以,当 $x, y \in \mathbf{R}^+$ 时,$x - y$ 与 $x^{n+1} - y^{n+1}$ 同号),故式(1) 右边不等式成立.

  **注** 由证明过程可知,当 $n$ 为不小于 $-1$ 的实数时,式(1) 右边不等式成立.

## 参考文献

[1] 宋庆. 一个有趣的不等式链[J]. 中学数学,2005(1).

[2] 沈家书,王慎战. 关于一个猜想的不等式的证明[J]. 中学数学月刊,2005(10).

# 一个三角不等式的证明

杨乐先生在研究函数值分布理论中,曾建立了下面的一个三角不等式:

"若 $A > 0, B > 0, A + B \leqslant \pi, 0 \leqslant \mu \leqslant 1$,则

$$\cos^2 \mu A + \cos^2 \mu B - 2\cos \mu A \cos \mu B \cos \mu \pi \geqslant \sin^2 \mu \pi"$$

(参见华东师范大学《数学教学》1985 年第四期限封二).

下面给出它的一个证明

$$\cos^2 \mu A + \cos^2 \mu B - 2\cos \mu A \cos \mu B \cos \mu \pi - \sin^2 \mu \pi =$$

$$\frac{1}{2}(\cos 2\mu A + \cos 2\mu B) - 2\cos \mu A \cos \mu B \cos \mu \pi + 1 - \sin^2 \mu \pi =$$

$$\cos \mu(A + B)\cos \mu(A - B) - [\cos \mu(A + B) +$$

$$\cos \mu(A - B)]\cos \mu \pi + \cos^2 \mu \pi =$$

$$[\cos \mu(A + B) - \cos \mu \pi][\cos \mu(A - B) - \cos \mu \pi]$$

由

$$A > 0, B > 0, A + B \leqslant \pi, 0 \leqslant \mu \leqslant 1 \Rightarrow$$

$$0 \leqslant \mu(A + B) \leqslant \mu \pi \leqslant \pi; 0 \leqslant \mu \mid A - B \mid \leqslant \mu \pi \leqslant \pi$$

及 $y = \cos x$ 在 $[0, \pi]$ 上为减函数,有

$$\cos \mu(A + B) \geqslant \cos \mu \pi; \cos \mu \mid A - B \mid \geqslant \cos \mu \pi$$

于是上式非负,即得

$$\cos^2 \mu A + \cos^2 \mu B - 2\cos \mu A \cos \mu B \cos \mu \pi \geqslant \sin^2 \mu \pi$$

# $\log_{n+1}(n+2) < \log_n(n+1)$ 的推广

《中学理科教学》84 年 10 期 P13 刊登了有趣不等式

$$\log_{n+1}(n+2) < \log_n(n+1)(n = 2,3,\cdots) \tag{1}$$

本文给出不等式(1)的另一证法并加以推广.

**证明** 由

$$n > 1 \Rightarrow \lg(n+1) > \lg n > 0, 1 + \frac{1}{n} > 1 + \frac{1}{n+1}$$

有

$$\lg\left(1 + \frac{1}{n}\right) > \lg\left(1 + \frac{1}{n+1}\right) \Leftrightarrow \lg\frac{n+1}{n} > \lg\frac{n+2}{n+1} \Leftrightarrow$$

$$\lg(n+1) - \lg n > \lg(n+2) - \lg(n+1) \Leftrightarrow$$

$$\frac{\lg(n+1) - \lg n}{\lg n} > \frac{\lg(n+2) - \lg(n+1)}{\lg(n+1)} \Leftrightarrow$$

$$\frac{\lg(n+1)}{\lg n} - 1 > \frac{\lg(n+2)}{\lg(n+1)} - 1 \Leftrightarrow$$

$$\log_n(n+1) > \log_{n+1}(n+2)$$

式(1)推广如下:

**命题** 若 $a \geq b > 0, x > y > 1$,则

$$\log_x(x+b) < \log_y(y+a) \tag{2}$$

**证明** 由 $a \geq b > 0, x > y > 1$,有 $\lg x > \lg y > 0, 1 + \frac{b}{x} > 1 + \frac{a}{y}$,则

$$\lg\left(1 + \frac{b}{x}\right) > \lg\left(1 + \frac{a}{y}\right) \Leftrightarrow \lg\frac{x+b}{x} > \lg\frac{y+a}{y} \Leftrightarrow$$

$$\lg(x+b) - \lg x > \lg(y+a) - \lg y \Leftrightarrow$$

$$\frac{\lg(x+b) - \lg x}{\lg x} > \frac{\lg(y+a) - \lg y}{\lg y} \Leftrightarrow$$

$$\frac{\lg(x+b)}{\lg x} - 1 > \frac{\lg(y+a)}{\lg y} - 1 \Leftrightarrow$$

$$\log_x(x+b) > \log_y(y+a)$$

显然,不等式(2)中令 $x = n+1, y = n, a = b = 1$,即可得式(1).

# 用初等方法解决一个猜想

文[1]末的猜想 1 为:若 $a^n + b^n = 2$, $a$, $b \in \mathbf{R}$, $n \in \mathbf{N}$, $n \geqslant 2$,则 $a + b \leqslant 2$, $ab \leqslant 1$.

最近,文[2]用导数证明了此猜想成立,并给出了 $a + b$ 及 $ab$ 的下界,得到:

**命题** 若 $a^n + b^n = 2$, $a$, $b \in \mathbf{R}$, $n \in \mathbf{N}$, $n \geqslant 2$.

(1)若 $n$ 为奇数,则 $0 < a + b \leqslant 2$, $ab \leqslant 1$;

(2)若 $n$ 为偶数,则 $-2 \leqslant a + b \leqslant 2$, $-1 \leqslant ab \leqslant 1$.

实际上,文[2]的证明过程并不简单,本文用初等方法给出一个较简证明.

**证明** (1)若 $n$ 为奇数($n > 1$),由 $a^n + b^n = 2$ 知: $a \geqslant 0$ 且 $b \geqslant 0$ 或者 $ab < 0$.

当 $a \geqslant 0$ 且 $b \geqslant 0$ 时,有

$$\left(\frac{a + b}{2}\right)^n \leqslant \frac{a^n + b^n}{2} = 1$$

注意到 $a = 0$, $b = 0$ 不能同时成立,所以

$$0 < a + b \leqslant 2 \Rightarrow ab \leqslant \frac{a + b}{2} \leqslant 1$$

当 $ab < 0$ 时,不妨设 $a > 0$, $b < 0$,则

$$a^n = 2 + (-b)^n, a^n > (-b)^n \Rightarrow a > -b \Rightarrow a + b > 0$$

假设 $a + b > 2$,则

$$a > 2 - b > 0 \Rightarrow a^n > [2 + (-b)]^n = 2^n + (-b)^n + \sum_{i=1}^{n-1} C_n^i 2^{n-i} (-b)^i$$

由 $-b > 0$,有

$$\sum_{i=1}^{n-1} C_n^i 2^{n-i} (-b)^i > 0 \Rightarrow a^n > 2 + (-b)^n$$

这与 $a^n = 2 + (-b)^n$ 矛盾,所以 $a + b \leqslant 2$,于是 $0 < a + b \leqslant 2$,而 $ab < 0 < 1$.

故当 $n$ 为奇数时,$0 < a + b \leqslant 2$, $ab \leqslant 1$ 成立.

(2)若 $n$ 为偶数($n \geqslant 2$),则

$$a^n \geqslant 0, b^n \geqslant 0 \Rightarrow a^n b^n \leqslant \left(\frac{a^n + b^n}{2}\right)^2 = 1 \Rightarrow -1 \leqslant ab \leqslant 1$$

当 $ab \geqslant 0$ 时,有

$$\left(\frac{|a + b|}{2}\right)^n = \left(\frac{|a| + |b|}{2}\right)^n \leqslant \frac{|a|^n + |b|^n}{2} = \frac{a^n + b^n}{2} = 1 \Leftrightarrow$$

$$|a+b| \leqslant 2 \Leftrightarrow -2 \leqslant a+b \leqslant 2$$

当 $ab < 0$ 时,不妨设 $a > 0, b < 0$,由 $a^n + b^n = 2$ 及 $a^n > 0$, $b^n > 0$ 知

$$a^n \leqslant 2,\ b^n \leqslant 2 \Rightarrow 0 < a \leqslant \sqrt[n]{2},\ -\sqrt[n]{2} \leqslant b < 0 \Rightarrow -\sqrt[n]{2} \leqslant a+b \leqslant \sqrt[n]{2}$$

由

$$n \geqslant 2 \Rightarrow \sqrt[n]{2} < 2 \Rightarrow -2 \leqslant a+b \leqslant 2$$

故当 $n$ 为偶数时,$-2 \leqslant a+b \leqslant 2$,$-1 \leqslant ab \leqslant 1$ 成立.

## 参考文献

[1] 崔应宏. 对一道不等式的习题的再思考[J]. 数学通报,2004(3)

[2] 甘志国. 用导数研究一个猜想[J]. 数学通讯,2004(17).

# 对三个课本习题解答的看法

六年制重点中学课本《解析几何(平面)》(人民教育出版社 1982 年第 1 版,84 年重庆印)有如下三个习题:

**题 1**　第 71 页第 8 题:两杆分别绕定点 $A$ 和 $B(AB = 2a)$ 在平面内转动,并且转动时两杆保持垂直,求杆的交点的轨迹.

**题 2**　第 127 页第 29 题:点 $P$ 与 $F_1(-a,0)$,$F_2(a,0)$ 连线斜率的乘积为常数 $K$,求点 $P$ 的轨迹方程.

**题 3**　第 126 页第 25 题:已知两定点 $A(-1,0)$,$B(2,0)$,求使得 $\angle MBA = 2\angle MAB$ 的点 $M$ 的轨迹.

人民教育出版社 1984 年出版的《高中解析几何教学参考书》(以下简称《教参》)第 85 页,给出题 1 的答案为 $x^2 + y^2 = a^2(x \neq \pm a)$. 第 116 页给出了题 2 的解答:设 $P(x,y)$ 是适合题意的任意一点,则

$$K_{PF_1} = \frac{y}{x+a}, K_{PF_2} = \frac{y}{x-a}$$

因

$$K_{PF_1} \cdot K_{PF_2} = K$$

即

$$\frac{y}{x+a} \cdot \frac{y}{x-a} = K \tag{1}$$

整理得

$$kx^2 - y^2 = Ka^2 \tag{2}$$

所以,当 $K > 0$ 时,轨迹为双曲线,当 $K < 0$ 时,轨迹是椭圆或圆,当 $K = 0$ 时,轨迹为 $x$ 轴.

第 114 页给出了题 3 的解答:设 $\angle MBA = \alpha$,$\angle MAB = \beta$(只考虑 $\alpha > 0$,$\beta > 0$ 的情形),点 $M$ 的坐标是 $(x,y)$,那么

$$\alpha = 2\beta \Leftrightarrow \tan \alpha = \tan 2\beta \Leftrightarrow \tan \alpha = \frac{2\tan \beta}{(1 - \tan^2 \beta)}$$

点 $M$ 在 $x$ 轴上方时

$$\tan \alpha = \frac{-y}{x-2}, \tan \beta = \frac{y}{x+1} \Rightarrow \frac{-y}{x-2} = \frac{2y}{x+1} \bigg/ \left[1 - \left(\frac{y}{x+1}\right)^2\right] \tag{3}$$

即

$$3x^2 - y^2 = 3 \tag{4}$$

点 $M$ 在 $x$ 轴下方时,$\tan \alpha = \dfrac{y}{x-2}$,$\tan \beta = \dfrac{-y}{x+1}$ 仍可得上式.

因 $\alpha = 2\beta$,有 $|MA| > |MB|$,所以 $M$ 只能在 $AB$ 垂直平分线之右边,这就是说所求的轨迹只是双曲线的右支,并且不包括 $x$ 轴上的点.

这三个解答都有点问题,题 1 中,当一杆与 $AB$ 垂直,另一杆在 $AB$ 上时,此两点仍垂直,此时两点 $(a,0)$ 或 $(-a,0)$ 仍在轨迹上. 因此《教参》答案不符合轨迹的"完备性",估计是利用 $K_{PA} \cdot K_{PB} = -1$ 而得. 请注意,那只是 $PA \perp PB$ 的充分而非必要条件. 正确答案为 $x^2 + y^2 = a^2$.

题 2 中,当 $x = \pm a$ 时,$K_{PF_1}$ 或 $K_{PF_2}$ 不存在. 因此,$(a,0)$,$(-a,0)$ 不在轨迹上,但《教参》求得的方程为 $kx^2 - y^2 = ka^2$,显然它的曲线包含了 $(a,0)$,$(-a,0)$. 因此所求轨迹"不纯",造成"不纯"的原因是方程(1) 变形为方程(2) 不是同解变形,本题的正确答案是 $kx^2 - y^2 = ka^2 (x \neq \pm a)$.

题 3 解答中,兼有题 1,题 2 两题的错误. 其一:只考虑 $\alpha > 0, \beta > 0$ 不符合原题的要求;其二,方程(3) 变形为方程(4) 不是同解变形:① 满足方程(4) 的点 $(2,3)$,$(2,-3)$ 不满足方程(3),这两点虽在轨迹上,但因 $\alpha = 90°, \beta = 45°$,显然不用 $\tan \alpha = \tan 2\beta$;② 方程(3) 中不该约去 $y$. 本题的正确解答如下:

(1) $\alpha \neq 90°$ 时,由 $\alpha = 2\beta$,$\tan \alpha = \tan 2\beta$.

设点 $M$ 在 $x$ 轴上方时或 $x$ 轴上,则

$$\tan \alpha = \frac{-y}{x-2}, \quad \tan \beta = \frac{y}{x+1}$$

$$\frac{-y}{x-2} = \frac{\dfrac{2y}{x+1}}{1 - \left(\dfrac{y}{x+1}\right)^2} \Leftrightarrow \tag{5}$$

$$y(3x^2 - y^2 - 3) = 0 \,(x \neq 2, y \geq 0) \tag{6}$$

即

$$3x^2 - y^2 - 3 = 0 \,\left(x \neq 2, x > \frac{1}{2}, y > 0\right) \tag{7}$$

或

$$y = 0 \,(-1 < x < 2) \tag{8}$$

设点 $M$ 在 $x$ 轴下方时,同理可得

$$3x^2 - y^2 - 3 = 0 \,\left(x \neq 2, x > \frac{1}{2}, y < 0\right) \tag{9}$$

(2) 当 $\alpha = 90°$ 时,$\triangle MBA$ 为等腰直角三角形,得 $M$ 为 $(2,3)$ 或 $(2,-3)$ 满足(7) 或(9).

综合,式(7),(8),(9) 知所求轨迹为 $3x^2 - y^2 - 3 = 0$ $\left(x > \dfrac{1}{2}\right)$ 或 $y = 0$ (-

$1 < x < 2$).

以上三例的错误是求轨迹问题的典型错误,特别是关于轨迹的"纯粹性"问题,因教材不要求证明,一般认为无关紧要,笔者认为虽不要求证明轨迹的"纯粹性".但要求方程变形保持同解则是必需的,况且这也不是难事.

# 当前数学教学中要处理好几对关系

随着教育改革的不断深入,更新数学教育思想和观念问题已引起了广泛的重视,这就要求我们中学数学教师不断清除陈腐的教育思想观念,树立现代的教育思想和观念. 在当前处理好以下几对关系尤为重要.

## 1 教与学的关系

"教学过程是教和学两个方面的有机统一"[1] 只有充分发挥教和学两个方面的积极性才能有效提高教学质量. 但是,在当前的数学教学中重教轻学仍十分普遍,教学的重心还停留在只研究教材和教法上,没有注意研究学生,研究指导学法,习惯于满堂灌、注入式,教师讲、学生听,以教师为中心的教学活动方式. 这种"只问教师教了多少,不问学生学了多少"从根本上颠倒了教与学的关系. 事实上,教的目的正是为 了使学生学到更多的知识和本领. 因此,在重教的同时,必须更重视学,要从学生学习效果上判定教的优劣,决定教法的取舍.

现代学习心理学认为,以学生为主体,在教师指导下和辅导学生自主地学习."学主教从"是数学教学的一条新的教学原则[1],这就要求在数学教学中废弃教师中心论,树立学生是学习主体的新观念. 当然,在学生学习活动中,也要充分发挥教师的主导作用. 教师必须从实际出发充分估计学生的阅读能力,基础知识和思维水平,指导学生过好阅读关,学会阅读数学课本,掌握科学的学习数学的方法;引导学生学会思考、学会探索,掌握正确的科学思维方法,引导学生学会自己检查学习效果等. 强调学生是学习主体的同时,应防止只追求形式,不管学生实际情况,不论教材内容的难易,一味让学生自学的放鸭式教学.

## 2 知识与能力

随着社会政治经济的发展,社会对人口素质和人才规格提出了新要求. 对世界经济作出贡献的职业要求工作人员在智力上能适应工作 —— 他们应当准备吸收新思想、适应变革、应付模棱两可的情况,感知事物的来脉和解决非传统问题,正是这种需要,使得数学成为很多行业必备的知识."…… 从来没有像现在这样,他们需要进行数学式的思考"[3]. 这就要求数学就为不同的人提供不同的数学素养,重视解决问题能力的培养. 而在当前数学教学中,常常单纯着眼于增长学生的书本知识,而根本忽视了对学生能力的培养. 不少人持"知识多了能力就一定高"的片面观点. 事实上,知识是能力的基础,但不能代替能力.

爱因斯坦说过"知识是死的而学校却要为活人服务,…… 学校的目标应当是培养独立行动和独立思考的人".学校不应只给学生提供"黄金",而主要是给学生以"点金术".因此,在数学教学中重视知识的同时,必须更重视能力,树立"立足于知识教学,着眼于能力培养"的新观念.

在培养能力上要特别注意培养学生自己获取知识的能力和创造性解决问题的能力.为此,必须注意:

① 培养学生的自学能力.一个很好的方法是引导学生预习,在预习时摘出要点,标明难点,提出疑点,理清知识的前后联系,这样学生的自习能力将会逐步提高.

② 教给学生分析、思考的方法.

③ 适当组织课堂讨论,让学生就某些问题充分发表自己的见解,充分调动学生的积极性和创造性.

## 3 结果与过程的关系

对数学教学有两种不同的理解.一种是在"重知识轻能力"的思想指导下,把数学教学理解为数学知识(理论)即数学活动结果的教学;另一种是在现代教育思想指导下,把数学教学理解为数学活动(思维活动)的教学.前者着眼于活动的结果,而后者着眼于活动的过程.当前数学教学中重结果轻过程的现象较突出,根本忽视概念的形成过程;定理、公式的探求过程;解题思路的探索过程.这对培养学生的能力十分不利.事实上,从培养学生的能力的要求看,形成概念、发现定理的过程比概念、定理本身更为重要.因此,我们必须在重视结果的同时,更应重视导致结果的过程,树立"充分暴露思维过程"的新观念.当前在教学中应特别注意知识结构的建立、推广、发展过程;定理法则的提出过程;解题思路的探索过程;解题方法的概括、发展过程;在过程中展开学生的思维并加以指导.

① 在概念教学中,重视对概念的形成过程的分析;

② 在定理、公式教学中,重视对结论和证明思路的探求;

③ 例题教学中,重视解题思路的分析;

④ 加强基本数学思想方法的教学.

## 4 智力因素与非智力因素的关系

当前数学教学也和其他行业一样,面临着一个时间和效益问题.前苏联教育家巴班斯基提出了教学过程最优化的思想,贯彻这一思想,就是要采取最优的教学方法和途径,实行数学教学的最优效果.在促进教学效果方面,智力因素固然起着重要作用,但是,学生的理想、学习态度、自尊心、兴趣、爱好、意志力、荣誉感、纪律性等非智力因素也起着重要作用,有时甚至起着决定性作用. 当前数学教学中比较重视智力因素和非智力因素的作用,这是当前大学生差生涌现、数学教学质量徘徊不前的一个重要性因素. 因此应当树立智力因素与非智力因素并重的新观念. 当前要特别注意发展学生的非智力因素:① 激发学生的学习动机和学习兴趣;② 培养学生学习数学家的情感;③ 培养学生学习数学的坚强意志;④ 培养良好的学习习惯.

## 5 德育与智育的关系

我国的社会主义教育思想的主要矛盾特点之一,就是德育与智育并举,主张通过教学进行思想教育. 当前学校德育工作比较薄弱致使在数学教学中很少顾及思想教育,故要树立"教书与育人相统一"的新观念. 要充分发掘教材的思想性,把思想教育和数学教学内容有机结合起来,有计划、有意识、有针对性地进行,做到亲切感人潜移默化、生动具体、恰到好处,不搞标语口号式的说教.

根据数学教材的特点,在数学教学中实施思想教育,可以从如下几个方面进行:

① 以数学在社会主义建设中的地位和作用对学生进行远大理想教育;

② 以我国古今数学的辉煌成就培养爱国主义思想和民族自豪感、自尊心;

③ 培养学生的辩证唯物主义观点;

④ 培养学生优良的个性品质;

⑤ 展示数学美,实现美育的双重功能.

### 参考文献

[1] 奥加涅相. 中小学数学教学法[M]. 北京:测绘出版社,1983.

[2] 卢促衡. 自觉辅导心理学[M].

[3] 王而治."人人有份"及其启示[J]. 中学数学,1990(7 ~ 8).

# 谈谈如何撰写数学教研论文

撰写教研论文的基础是先开展教学研究,作为中学教师开展的教学研究主要是随机研究(即从教学中自己找问题进行研究),研究结果积累到一定时候加以总结就成为教研论文. 我们天天在课堂,天天和学生打交道,可供研究的问题很多,只要我们处处留心,多思善想,定会发现问题,再想办法解决问题,这一过程就是研究. 新课程理念中有一个观点就是教师要做研究者,把教学过程作为研究过程. 下面就如何撰写教研论文谈一些粗浅的认识.

## 1 选好题

选好研究课题是撰写教研论文的关键,研究课题主要来自教学实践,从教学中、学生中、教材中、习题中、高考题中、竞赛题中都可以找到可供研究的问题,要从这些问题中找出有研究价值的问题,然后开展研究,对于选题这里略举几个方面.

### 1.1 数学教育教学问题

(1) 涉及教育思想、教育观念、教学方法、课业评价、课程改革、信息技术与数学课程的整合等问题,主要思考如何把新的教育思想、教育观念、教学方法、教育技术应用于数学教学实践.

**案例1** 当前数学教学中要处理好几对关系,发表于《教育与管理》1992年第3期,中国人民大学书报资料中心报刊复印资料《中学数学教学》1992年第7期转载.

此文是当年我为参加南充中学数学研究会年会而写的. 当时正推行素质教育,一些教育观念面临更新,文中就当时数学教学中对教与学、知识与能力、过程与结果、智力因素与非智力因素、德育与智育等关系方面认识上存在的问题和应该树立的新观念作了探讨.

(2) 数学教学问题. 主要是研究数学教学中的有关问题,比如,如何培养学生的能力问题、如何培养学生的良好学习习惯、某类教学内容如何处理、某章某节教学内容如何处理、某节课如何上等等都可以加以研究.

**案例2** 良好学习习惯及其培养,发表于《四川心理科学通讯》1994年3期. 文中论述了学好数学需要哪些良好习惯和如何培养学生良好的学习习惯.

**案例3** 数形结合及其教学. 此文写于1986年也是参加研究会年会而写的而写的. 文中阐述了数形结合思想在中学数学教材中的体现,数形结合思想在概念教学、能力培养等方面的重要作用,以及在中学数学教学中如何贯穿数形结合思想,培养学生用"数形结合思想"解决问题的能力等. 当时,我对这篇文章不太满意,年会后准备修改后再投稿,后来放在那里一直没工夫去做,也就没发表. 不过到现在我仍认为这个课题是有意义的,只是当时选这个课题有些大,再加上又缺少研究资料,缺乏经验,做起来有力不从心的感觉.

**案例 4** 线性规划问题中求整点问题,这个问题是学生学习此节的一个难点. 如果我们把这个问题研究透彻,找出一种简单实用,学生容易掌握的求法,写出来就是一篇好文章,就容易发表. 这方面可供研究的问题很多,再举几例:

① 点到直线的距离公式的教学;② 正弦定理、余弦定理的教学;③ 递推数列问题的教学处理;④ 某些典型习题的教学,如有这样一个问题:已知 $|\overrightarrow{OP_1}| = |\overrightarrow{OP_2}| = |\overrightarrow{OP_3}|$,$\overrightarrow{OP_1} + \overrightarrow{OP_2} + \overrightarrow{OP_3} = \vec{0}$,求证:$\triangle P_1P_2P_3$ 为正三角形. 有位老师把他在教学中如何引导学生从多个方面探究此题的解法加以总结,写成文章发表在《数学通讯》上. 老师们若注意一下,目前的中学数学杂志上,这类文章较多,一般都挂上研究性学习,探究性学习等,只要有新意就容易发表.

**1.2 数学解题研究**

（1）一般解题方法研究. 主要是研究解题思想、解题方法、解题规律等,这方面老师们可以看看波利的《怎样解题》、罗增儒的《数学解题引论》和他的有关解题的文章.

（2）解题方法、解题技巧的归纳总结一是某类问题的解法总结,如求最值的方法、证明不等式的方法、求轨迹方程的方法等;二是某种解题方法的应用,如换元法的应用、参数方法的应用、配方法的应用等;三是某类问题的新解法,包括用现代数学的思想方法解决传统问题等. 当然前面所提到的这些是大家都比较熟悉的,若要写这些内容,必须有新意,否则难以发表,下面举几个具体例子.

**案例 5** 递推数列中不等式问题的解法. 涉及递推数列的不等式问题首先在 1984 年高考试题中出现,后来又多次出现在高考题中并且往往是压轴题. 2002 年高考后,我注意到当年的全国高考、北京高考题都出现了这类问题,就觉得研究这类问题的解法很有价值,就对这类问题及其解法进行分析归类,最后总结出四种常用解法:构造递推不等式、数学归纳法、利用证明不等式的一般方法、先求通项再证明. 写成"递推数列中不等式问题的解法"一文发表于扬州大学《高中数学教与学》2004 年第 2 期.

**案例 6** 求使不等式恒成立的参数范围问题. 这类问题先在各类竞赛中出现,后来在 1987 年、1990 年的高考中相继出现这类问题,1990 年上海高考中的一道涉及集合包含的题也可以转化为不等式恒成立问题,注意到这一情况后,我觉得对这一类问题加以研究有一定的意义,通过总结写成"解含数不等式的常用方法"一文,发表于扬州大学《中学数学教与学》1992 年第 12 期. 后来这类问题反复出现在全国高中联赛和各地高考题中,通过研究发现解这类问题的一种简便方法是利用最值. 特别是 2002 年江苏高考最后一题是公认的一道难题,一般学生根本不知道如何下手,若用最值法解却很简单,就写成"用最值法解参数不等式恒成立问题"发表于江苏教育出版《新高考》2004 年第 4 期.

**案例 7** 二次曲线弦中点问题的解法. 这类问题的传统解法是联立方程,消元后用根与系数的关系加以处理,一次我见到一例的解法是不解方程,而是先设弦端点坐标,代入方程后两式相减并分解因式,再利用中点坐标公式、斜率公式等进行代换,通过研究发现涉及弦中点的问题一般都可以用此法解,于是写成"加减与代换"一文,发表于扬州大学《中学数学教与学》1994 年第 6 期.

(3) 高考题、竞赛题研究,研究高考题和竞赛题的背景、解法、推广、解法归类与问题分类解析,以及高考复习研究等.

**案例 8** 数列高考题研究. 2003 年高考后,我就把近五年的高考数列题作了归纳研究,写成"近几年高考数列试题解析"一文,发表于哈尔滨师大《理科考试研究》2004 年第 9 期.

**案例 9** 2003 年全国高考最后一题的研究. 对这一问题作了两方面的研究:

① 背景及推广. 写成"一道高考题的背景及推广",发表于浙江师大《中学教研》2004 年第 3 期;

② 由例及类,研究分组数列问题. 当然促使我研究这一问题还有当年的全国高中联赛题 1,这两题表面上看根本不相干,仔细分析发现本质上却是一样的,都是数列分组或群数列问题,同时发现,在各类竞赛题中还有一些问题可用数列分组加以解决,于是从辅导竞赛的角度写成"分组数列及其应用"一文,发表于《中等数学》2004 年第 6 期.

**案例 10** 几道高考题的背景研究. 研究 2002 年北京高考第 19 题、1984 年全国高考第 8 题、1986 年全国高考第 8 题的背景,并作了统一的推广,写成"几道高考题的背景及其它"一文,发表于《中学生理科应试》2002 年第 10 期.

(4) 对其他典型问题的研究. 从教材上、期刊上、书上发现发某些问题有研究价值的问题也可以进行研究.

**案例 11** 一个二元不等式的推广.《数学通报》上一个问题:设 $a, b > 0$,求证:$\sqrt{\dfrac{a}{a+3b} + \dfrac{b}{b+3a}} \geq 1$.

对其推广得到:"若 $a, b, \lambda > 0$,则当 $\lambda \geq 3$,$\sqrt{\dfrac{a}{a+\lambda b} + \dfrac{b}{b+\lambda a}} \geq \dfrac{2}{\sqrt{1+\lambda}}$,

考虑其上界得到:若 $a,b,\lambda > 0$,则当 $0 < \lambda \leq 2$,$\sqrt{\dfrac{a}{a + \lambda b} + \dfrac{b}{b + \lambda a}} \leq \dfrac{2}{\sqrt{1 + \lambda}}$",写成"一个数学问题的解法、推广及其它"一文发表于《数学通报》2004 年第 9 期.

## 2　如何发现研究课题

选题就是发现问题,数学教育问题,一般来自两个方面:其一,是教育实践,其二,是前人或他人已公开发表的研究中.对于第二个方面必须查阅有关资料,如教材、专著、期刊等,要特别注意近一两年的期刊.对于资料要仔细阅读并进行一些分析、比较等,不能抱完全崇拜的态度,这样你对资料的看法就会出现下面一些情况:(1) 完全同意;(2) 不全面、有漏洞;(3) 不深入、没说透;(4) 有疑点;(5) 有错误、有偏差;(6) 某一方面尚无人研究.对其中的(2) ～ (6) 都有可以进行研究.具体说来,又有如下一些方面.

### 2.1　从教材的疑点或难点中发现研究课题

教材我们天天接触,往往以为没有多大的研究价值,如果我们认真研究教材,特别是钻研教材的难点内容,不难发现教材中有许多问题值得研究. 20 世纪 80 年代,我刚参加工作不久,在教解析几何时候,对于求轨迹方程,不要求证明轨迹的纯粹性,我就思考,我们求出来的轨迹方程是否一定满足纯粹性呢?再看教学参考书对这部分习题的解答,发现其中有三个题目的解答都存在问题,求出来的轨迹方程不符合纯粹性或完备性,为此写成"对三个课本习题解答的看法",发表于华南师大《中学数学研究》1986 年第 5 期.

### 2.2　从学生方面的反馈信息中寻找研究课题

学生感到某些内容难学,有的学生做某些题感到困难,学生在解题中出现某些错误,我们就要去分析其原因是什么,思考怎样去解决这些问题,对其中有意义、有价值的问题就可以整理成文.

### 2.3　归纳

从一些特殊的情形找出一般规律,提出猜测,再对猜测进行证明或证伪.

**案例 12**　一类周期函数.在研究函数方程的周期解的问题,有如下几个例子:

(1) 若 $f(x)$ 满足 $f(x + 1) = f(x) - f(x - 1)$,则 $f(x)$ 为周期函数,且周期为 6;

(2) 若 $f(x)$ 满足 $f(x + 1) = \sqrt{2}f(x) - f(x - 1)$,则 $f(x)$ 为周期函数,且周期为 8;

(3) 若 $f(x)$ 满足 $f(x + 1) = \sqrt{3}f(x) - f(x - 1)$,则 $f(x)$ 为周期函数,且周

期为 12;

(4) 若 $f(x)$ 满足 $f(x + 1) = \dfrac{\sqrt{5} - 1}{2} f(x) - f(x - 1)$，则 $f(x)$ 为周期函数，且周期为 10.

这就启发我们探讨满足 $f(x + 1) = af(x) + bf(x - 1)$ 的 $f(x)$ 为周期函数的充要条件. 注意到 (1) ~ (4) 中的函数周期分别为 $6, 8, 12, 10$，而相应的函数方程中 $f(x)$ 的系数分别为：$1 = 2\cos\dfrac{2\pi}{6}$，$\sqrt{2} = 2\cos\dfrac{2\pi}{8}$，$\sqrt{3} = 2\cos\dfrac{2\pi}{12}$，

$\dfrac{\sqrt{5} + 1}{2} = 2\cos\dfrac{2\pi}{10}$，这样就提出了：

**猜想**   设 $f(x)$ 满足 $f(x + 1) = af(x) + bf(x - 1)$（$a, b$ 为常数，$b \neq 0$），则 $f(x)$ 为周期函数的充要条件为 $a = 2\cos\dfrac{2k\pi}{m}$（$k < m, (k, m) = 1, k, m \in \mathbf{N}^*$）且 $b = -1$，此时周期为 $m$.

先得出的猜想有不完善的地方，后来经过完善，并给出了证明和推广，写成"关于函数周期性的一个猜想的完善、推广及应用"一文，发表于湖北大学《中学数学》1995 年第 6 期.

### 2.4　类比

类比是我们发现问题的一种有效方法. 比如在平面几何中，有用面积法解题，类比地，在立体几何中，就有用体积法解题；又如某篇文章谈了初中数学教学中如何培养学生运算能力问题，类比地，就可以研究高中数学教学中如何培养学生运算能力问题，还可以研究数学教学中如何培养其他诸如逻辑思维能力、空间想象能力等其他能力. 不同学科之间也可以类比，可以从其他学科的研究课题中类比得到研究课题.

**案例** 13　用零件不等式证明一类积式不等式. 2004 年第 5 期《数学通讯》上有一篇文章谈用零件不等式证明一类涉及和式的不等式，类比思考，既然涉及和式的不等式可以证，可否平行移植到积式，通过研究发现是可以的，于是写成"用零件不等式证明一类积式不等式"发表于《数学通讯》2004 年第 17 期.

### 2.5　推广、加强及引申

推广是学习和研究数学的一种重要方法，对于教材、专著、期刊中的有些结论有推广价值的，可以进行推广、加强及引申研究.

推广通常可从三个方面推广：系数推广，指数推广、个数推广. 当然也可以将三个方面综合起来作推广.

**案例** 14　（系数推广）一个数学问题的证明、推广及其它，《数学通报》2004 年第 9 期；

**案例** 15　（指数推广）用权方和不等式证明分式不等式，《数学通报》2006

年第 2 期;

　　**案例** 16　（个数推广）一个不等式的推广及应用,《数学通讯》2005 年第 5 期.

### 2.6　逆向思维

　　在研究某些问题时,有时仅考虑到其中一个方面,若从相反的方面去思考,则可以发现研究课题.

# 3　资料的收集

　　研究课题确定以后,就要围绕课题收集资料,如有关专著、教材、期刊等. 要特别注意近年的期刊.

　　收集资料时一般采用略读的方法,在通篇阅读完了解全文之后,再回到这时才认识到其意义的那些段落重新阅读,并作笔记,摘录原文或浓缩期大意. 对准备引用的资料,要原文抄录.

# 4　写作步骤与成文格式

### 4.1　拟初稿

　　这实际上是组织材料论证观点的过程,大致有这样几步:(1) 正确理解资料,分析、挖掘资料,以便充分利用;(2) 构思结构列出提纲,提纲要详细,并分出大小标题和段落,反映出文章的骨架的内在联系与逻辑,将引用的资料以代号形式纳入提纲;(3) 按提纲写出初稿.

### 4.2　修改

　　首先从大处着眼,检查观点是否正确,推理是否严密,结论是否正确,中心是否突出等,其次从写作的检查如论述的顺序、各部分的比例、语言方面等问题. 语言方面,数学论文要求准确、简洁. 若自己看不出问题,可找其他老师帮你看看,提出意见,若意见可取,可吸收意见,再行修改,修改到自己满意为止.

### 4.3　成文格式

　　文章写成后的一般格式为:

**标　　题**

**作者姓名**

**(工作单位,邮编)**

引言(叙述问题的来由,已有结果,本文要解决的问题)

正文(主要结论及论证过程,文末还可以指出未解决的问题、需研究的问题等)

## 参考文献

［编号］作者. 篇名[J]. 刊物名,年(期). 或［编号］作者. 书名[M]. 出版地:出版社,年.

## 5 撰写教研论文的几点注意

(1) 选题方面:题目宜小不宜大,论题宜重不宜轻,观点宜高不宜低,见地宜新不宜旧,内容宜熟不宜生,角度宜宽不宜窄.

(2) 要拟好标题. 标题一定要与文章内容贴切,同时要注意简洁.

(3) 文章的内容要充实. 要言之有物,要围绕主题组织材料,选择的例题要典型,尽量选用近几年的高考题或各类竞赛题,同时要注意取舍,突出重点.

(4) 关于投稿. 目前国内中学数学刊物有 10 多种(其中数学通报、数学通讯、中学数学教学参考、数学教育学报这四种为核心刊物),辅导学生学习的刊物(如中学生数理化、数理化学习、中学生理科应试、理科考试研究、新高考、考试、中学理科、中学理科月刊等)和报纸(如中学生学习报等)有几十种,可供投稿的地方很多,我们投稿时,一定要弄清该刊需要什么文章,读者对象是老师还是学生,再决定投给谁. 同一篇文章在这家刊物发不了,在另一刊物就有可能发得了. 老师们初写时,可以先写一点研究解题方面、辅导学生学习方面的文章,向上述辅导学生学习的刊物投稿,至于这类文章如何写,大家可以先看看这刊物上的文章,先模仿别人的,通过一段时间的努力,写作水平会逐步提高. 另外,写一篇稿没发表,不能气馁,如确有价值可以另投一刊试试. 写教研文章和做其他事情一样,贵在坚持.

# 哈尔滨工业大学出版社刘培杰数学工作室
# 已出版(即将出版)图书目录

| 书　　名 | 出版时间 | 定价 | 编号 |
|---|---|---|---|
| 新编中学数学解题方法全书(高中版)上卷 | 2007—09 | 38.00 | 7 |
| 新编中学数学解题方法全书(高中版)中卷 | 2007—09 | 48.00 | 8 |
| 新编中学数学解题方法全书(高中版)下卷(一) | 2007—09 | 42.00 | 17 |
| 新编中学数学解题方法全书(高中版)下卷(二) | 2007—09 | 38.00 | 18 |
| 新编中学数学解题方法全书(高中版)下卷(三) | 2010—06 | 58.00 | 73 |
| 新编中学数学解题方法全书(初中版)上卷 | 2008—01 | 28.00 | 29 |
| 新编中学数学解题方法全书(初中版)中卷 | 2010—07 | 38.00 | 75 |
| 新编中学数学解题方法全书(高考复习卷) | 2010—01 | 48.00 | 67 |
| 新编中学数学解题方法全书(高考真题卷) | 2010—01 | 38.00 | 62 |
| 新编中学数学解题方法全书(高考精华卷) | 2011—03 | 68.00 | 118 |
| 新编平面解析几何解题方法全书(专题讲座卷) | 2010—01 | 18.00 | 61 |
| 新编中学数学解题方法全书(自主招生卷) | 2013—08 | 88.00 | 261 |

| 书　　名 | 出版时间 | 定价 | 编号 |
|---|---|---|---|
| 数学眼光透视 | 2008—01 | 38.00 | 24 |
| 数学思想领悟 | 2008—01 | 38.00 | 25 |
| 数学应用展观 | 2008—01 | 38.00 | 26 |
| 数学建模导引 | 2008—01 | 28.00 | 23 |
| 数学方法溯源 | 2008—01 | 38.00 | 27 |
| 数学史话览胜 | 2008—01 | 28.00 | 28 |
| 数学思维技术 | 2013—09 | 38.00 | 260 |

| 书　　名 | 出版时间 | 定价 | 编号 |
|---|---|---|---|
| 从毕达哥拉斯到怀尔斯 | 2007—10 | 48.00 | 9 |
| 从迪利克雷到维斯卡尔迪 | 2008—01 | 48.00 | 21 |
| 从哥德巴赫到陈景润 | 2008—05 | 98.00 | 35 |
| 从庞加莱到佩雷尔曼 | 2011—08 | 138.00 | 136 |

| 书　　名 | 出版时间 | 定价 | 编号 |
|---|---|---|---|
| 数学解题中的物理方法 | 2011—06 | 28.00 | 114 |
| 数学解题的特殊方法 | 2011—06 | 48.00 | 115 |
| 中学数学计算技巧 | 2012—01 | 48.00 | 116 |
| 中学数学证明方法 | 2012—01 | 58.00 | 117 |
| 数学趣题巧解 | 2012—03 | 28.00 | 128 |
| 三角形中的角格点问题 | 2013—01 | 88.00 | 207 |
| 含参数的方程和不等式 | 2012—09 | 28.00 | 213 |

# 哈尔滨工业大学出版社刘培杰数学工作室
## 已出版(即将出版)图书目录

| 书　名 | 出版时间 | 定　价 | 编号 |
|---|---|---|---|
| 数学奥林匹克与数学文化(第一辑) | 2006—05 | 48.00 | 4 |
| 数学奥林匹克与数学文化(第二辑)(竞赛卷) | 2008—01 | 48.00 | 19 |
| 数学奥林匹克与数学文化(第二辑)(文化卷) | 2008—07 | 58.00 | 36 |
| 数学奥林匹克与数学文化(第三辑)(竞赛卷) | 2010—01 | 48.00 | 59 |
| 数学奥林匹克与数学文化(第四辑)(竞赛卷) | 2011—08 | 58.00 | 87 |
| 发展空间想象力 | 2010—01 | 38.00 | 57 |
| 走向国际数学奥林匹克的平面几何试题诠释(上、下)(第1版) | 2007—01 | 68.00 | 11,12 |
| 走向国际数学奥林匹克的平面几何试题诠释(上、下)(第2版) | 2010—02 | 98.00 | 63,64 |
| 平面几何证明方法全书 | 2007—08 | 35.00 | 1 |
| 平面几何证明方法全书习题解答(第1版) | 2005—10 | 18.00 | 2 |
| 平面几何证明方法全书习题解答(第2版) | 2006—12 | 18.00 | 10 |
| 平面几何天天练上卷·基础篇(直线型) | 2013—01 | 58.00 | 208 |
| 平面几何天天练中卷·基础篇(涉及圆) | 2013—01 | 28.00 | 234 |
| 平面几何天天练下卷·提高篇 | 2013—01 | 58.00 | 237 |
| 平面几何专题研究 | 2013—07 | 98.00 | 258 |
| 最新世界各国数学奥林匹克中的平面几何试题 | 2007—09 | 38.00 | 14 |
| 数学竞赛平面几何典型题及新颖解 | 2010—07 | 48.00 | 74 |
| 初等数学复习及研究(平面几何) | 2008—09 | 58.00 | 38 |
| 初等数学复习及研究(立体几何) | 2010—06 | 38.00 | 71 |
| 初等数学复习及研究(平面几何)习题解答 | 2009—01 | 48.00 | 42 |
| 世界著名平面几何经典著作钩沉——几何作图专题卷(上) | 2009—06 | 48.00 | 49 |
| 世界著名平面几何经典著作钩沉——几何作图专题卷(下) | 2011—01 | 88.00 | 80 |
| 世界著名平面几何经典著作钩沉(民国平面几何老课本) | 2011—03 | 38.00 | 113 |
| 世界著名解析几何经典著作钩沉——平面解析几何卷 | 2014—01 | 38.00 | 273 |
| 世界著名数论经典著作钩沉(算术卷) | 2012—01 | 28.00 | 125 |
| 世界著名数学经典著作钩沉——立体几何卷 | 2011—02 | 28.00 | 88 |
| 世界著名三角学经典著作钩沉(平面三角卷Ⅰ) | 2010—06 | 28.00 | 69 |
| 世界著名三角学经典著作钩沉(平面三角卷Ⅱ) | 2011—01 | 38.00 | 78 |
| 世界著名初等数论经典著作钩沉(理论和实用算术卷) | 2011—07 | 38.00 | 126 |
| 几何学教程(平面几何卷) | 2011—03 | 68.00 | 90 |
| 几何学教程(立体几何卷) | 2011—07 | 68.00 | 130 |
| 几何变换与几何证题 | 2010—06 | 88.00 | 70 |
| 计算方法与几何证题 | 2011—06 | 28.00 | 129 |
| 立体几何技巧与方法 | 2014—05 |  | 293 |
| 几何瑰宝——平面几何500名题暨1000条定理(上、下) | 2010—07 | 138.00 | 76,77 |
| 三角形的解法与应用 | 2012—07 | 18.00 | 183 |
| 近代的三角形几何学 | 2012—07 | 48.00 | 184 |
| 一般折线几何学 | 即将出版 | 58.00 | 203 |
| 三角形的五心 | 2009—06 | 28.00 | 51 |
| 三角形趣谈 | 2012—08 | 28.00 | 212 |
| 解三角形 | 2014—01 | 28.00 | 265 |
| 圆锥曲线习题集(上) | 2013—06 | 68.00 | 255 |

# 哈尔滨工业大学出版社刘培杰数学工作室
## 已出版(即将出版)图书目录

| 书 名 | 出版时间 | 定 价 | 编号 |
|---|---|---|---|
| 俄罗斯平面几何问题集 | 2009—08 | 88.00 | 55 |
| 俄罗斯立体几何问题集 | 2014—03 | 58.00 | 283 |
| 俄罗斯几何大师——沙雷金论数学及其他 | 2014—01 | 48.00 | 271 |
| 来自俄罗斯的 5000 道几何习题及解答 | 2011—03 | 58.00 | 89 |
| 俄罗斯初等数学问题集 | 2012—05 | 38.00 | 177 |
| 俄罗斯函数问题集 | 2011—03 | 38.00 | 103 |
| 俄罗斯组合分析问题集 | 2011—01 | 48.00 | 79 |
| 俄罗斯初等数学万题选——三角卷 | 2012—11 | 38.00 | 222 |
| 俄罗斯初等数学万题选——代数卷 | 2013—08 | 68.00 | 225 |
| 俄罗斯初等数学万题选——几何卷 | 2014—01 | 68.00 | 226 |
| 463 个俄罗斯几何老问题 | 2012—01 | 28.00 | 152 |
| 近代欧氏几何学 | 2012—03 | 48.00 | 162 |
| 罗巴切夫斯基几何学及几何基础概要 | 2012—07 | 28.00 | 188 |
| 超越吉米多维奇——数列的极限 | 2009—11 | 48.00 | 58 |
| Barban Davenport Halberstam 均值和 | 2009—01 | 40.00 | 33 |
| 初等数论难题集(第一卷) | 2009—05 | 68.00 | 44 |
| 初等数论难题集(第二卷)(上、下) | 2011—02 | 128.00 | 82,83 |
| 谈谈素数 | 2011—03 | 18.00 | 91 |
| 平方和 | 2011—03 | 18.00 | 92 |
| 数论概貌 | 2011—03 | 18.00 | 93 |
| 代数数论(第二版) | 2013—08 | 58.00 | 94 |
| 代数多项式 | 2014—05 | | 289 |
| 初等数论的知识与问题 | 2011—02 | 28.00 | 95 |
| 超越数论基础 | 2011—03 | 28.00 | 96 |
| 数论初等教程 | 2011—03 | 28.00 | 97 |
| 数论基础 | 2011—03 | 18.00 | 98 |
| 数论基础与维诺格拉多夫 | 2014—03 | 18.00 | 292 |
| 解析数论基础 | 2012—08 | 28.00 | 216 |
| 解析数论基础(第二版) | 2014—01 | 48.00 | 287 |
| 数论入门 | 2011—03 | 38.00 | 99 |
| 数论开篇 | 2012—07 | 28.00 | 194 |
| 解析数论引论 | 2011—03 | 48.00 | 100 |
| 复变函数引论 | 2013—10 | 68.00 | 269 |
| 无穷分析引论(上) | 2013—04 | 88.00 | 247 |
| 无穷分析引论(下) | 2013—04 | 98.00 | 245 |

# 哈尔滨工业大学出版社刘培杰数学工作室
# 已出版（即将出版）图书目录

| 书　名 | 出版时间 | 定　价 | 编号 |
|---|---|---|---|
| 数学分析中的一个新方法及其应用 | 2013—01 | 38.00 | 231 |
| 数学分析例选：通过范例学技巧 | 2013—01 | 88.00 | 243 |
| 三角级数论(上册)(陈建功) | 2013—01 | 38.00 | 232 |
| 三角级数论(下册)(陈建功) | 2013—01 | 48.00 | 233 |
| 三角级数论(哈代) | 2013—06 | 48.00 | 254 |
| 基础数论 | 2011—03 | 28.00 | 101 |
| 超越数 | 2011—03 | 18.00 | 109 |
| 三角和方法 | 2011—03 | 18.00 | 112 |
| 谈谈不定方程 | 2011—05 | 28.00 | 119 |
| 整数论 | 2011—05 | 38.00 | 120 |
| 随机过程(Ⅰ) | 2014—01 | 78.00 | 224 |
| 随机过程(Ⅱ) | 2014—01 | 68.00 | 235 |
| 整数的性质 | 2012—11 | 38.00 | 192 |
| 初等数论100例 | 2011—05 | 18.00 | 122 |
| 初等数论经典例题 | 2012—07 | 18.00 | 204 |
| 最新世界各国数学奥林匹克中的初等数论试题(上、下) | 2012—01 | 138.00 | 144,145 |
| 算术探索 | 2011—12 | 158.00 | 148 |
| 初等数论(Ⅰ) | 2012—01 | 18.00 | 156 |
| 初等数论(Ⅱ) | 2012—01 | 18.00 | 157 |
| 初等数论(Ⅲ) | 2012—01 | 28.00 | 158 |
| 组合数学 | 2012—04 | 28.00 | 178 |
| 组合数学浅谈 | 2012—03 | 28.00 | 159 |
| 同余理论 | 2012—05 | 38.00 | 163 |
| 丢番图方程引论 | 2012—03 | 48.00 | 172 |
| 平面几何与数论中未解决的新老问题 | 2013—01 | 68.00 | 229 |
| 历届美国中学生数学竞赛试题及解答(第一卷)1950—1954 | 2014—05 | | 277 |
| 历届美国中学生数学竞赛试题及解答(第二卷)1955—1959 | 2014—05 | | 278 |
| 历届美国中学生数学竞赛试题及解答(第三卷)1960—1964 | 2014—05 | | 279 |
| 历届美国中学生数学竞赛试题及解答(第四卷)1965—1969 | 2014—05 | | 280 |
| 历届美国中学生数学竞赛试题及解答(第五卷)1970—1972 | 2014—05 | | 281 |

# 哈尔滨工业大学出版社刘培杰数学工作室
# 已出版（即将出版）图书目录

| 书 名 | 出版时间 | 定 价 | 编号 |
|---|---|---|---|
| 历届 IMO 试题集(1959—2005) | 2006－05 | 58.00 | 5 |
| 历届 CMO 试题集 | 2008－09 | 28.00 | 40 |
| 历届加拿大数学奥林匹克试题集 | 2012－08 | 38.00 | 215 |
| 历届美国数学奥林匹克试题集：多解推广加强 | 2012－08 | 38.00 | 209 |
| 历届国际大学生数学竞赛试题集(1994－2010) | 2012－01 | 28.00 | 143 |
| 全国大学生数学夏令营数学竞赛试题及解答 | 2007－03 | 28.00 | 15 |
| 全国大学生数学竞赛辅导教程 | 2012－07 | 28.00 | 189 |
| 历届美国大学生数学竞赛试题集 | 2009－03 | 88.00 | 43 |
| 前苏联大学生数学奥林匹克竞赛题解(上编) | 2012－04 | 28.00 | 169 |
| 前苏联大学生数学奥林匹克竞赛题解(下编) | 2012－04 | 38.00 | 170 |
| 历届美国数学邀请赛试题集 | 2014－01 | 48.00 | 270 |

| 书 名 | 出版时间 | 定 价 | 编号 |
|---|---|---|---|
| 整函数 | 2012－08 | 18.00 | 161 |
| 多项式和无理数 | 2008－01 | 68.00 | 22 |
| 模糊数据统计学 | 2008－03 | 48.00 | 31 |
| 模糊分析学与特殊泛函空间 | 2013－01 | 68.00 | 241 |
| 受控理论与解析不等式 | 2012－05 | 78.00 | 165 |
| 解析不等式新论 | 2009－06 | 68.00 | 48 |
| 反问题的计算方法及应用 | 2011－11 | 28.00 | 147 |
| 建立不等式的方法 | 2011－03 | 98.00 | 104 |
| 数学奥林匹克不等式研究 | 2009－08 | 68.00 | 56 |
| 不等式研究(第二辑) | 2012－02 | 68.00 | 153 |
| 初等数学研究(Ⅰ) | 2008－09 | 68.00 | 37 |
| 初等数学研究(Ⅱ)(上、下) | 2009－05 | 118.00 | 46,47 |
| 中国初等数学研究　2009卷(第1辑) | 2009－05 | 20.00 | 45 |
| 中国初等数学研究　2010卷(第2辑) | 2010－05 | 30.00 | 68 |
| 中国初等数学研究　2011卷(第3辑) | 2011－07 | 60.00 | 127 |
| 中国初等数学研究　2012卷(第4辑) | 2012－07 | 48.00 | 190 |
| 中国初等数学研究　2014卷(第5辑) | 2014－02 | 48.00 | 288 |
| 数阵及其应用 | 2012－02 | 28.00 | 164 |
| 绝对值方程—折边与组合图形的解析研究 | 2012－07 | 48.00 | 186 |
| 不等式的秘密(第一卷) | 2012－02 | 28.00 | 154 |
| 不等式的秘密(第一卷)(第2版) | 2014－02 | 38.00 | 286 |
| 不等式的秘密(第二卷) | 2014－01 | 38.00 | 268 |

# 哈尔滨工业大学出版社刘培杰数学工作室
# 已出版(即将出版)图书目录

| 书　　名 | 出版时间 | 定　价 | 编号 |
|---|---|---|---|
| 初等不等式的证明方法 | 2010—06 | 38.00 | 123 |
| 数学奥林匹克问题集 | 2014—01 | 38.00 | 267 |
| 数学奥林匹克不等式散论 | 2010—06 | 38.00 | 124 |
| 数学奥林匹克不等式欣赏 | 2011—09 | 38.00 | 138 |
| 数学奥林匹克超级题库(初中卷上) | 2010—01 | 58.00 | 66 |
| 数学奥林匹克不等式证明方法和技巧(上、下) | 2011—08 | 158.00 | 134,135 |
| 近代拓扑学研究 | 2013—04 | 38.00 | 239 |
| 新编 640 个世界著名数学智力趣题 | 2014—01 | 88.00 | 242 |
| 500 个最新世界著名数学智力趣题 | 2008—06 | 48.00 | 3 |
| 400 个最新世界著名数学最值问题 | 2008—09 | 48.00 | 36 |
| 500 个世界著名数学征解问题 | 2009—06 | 48.00 | 52 |
| 400 个中国最佳初等数学征解老问题 | 2010—01 | 48.00 | 60 |
| 500 个俄罗斯数学经典老题 | 2011—01 | 28.00 | 81 |
| 1000 个国外中学物理好题 | 2012—04 | 48.00 | 174 |
| 300 个日本高考数学题 | 2012—05 | 38.00 | 142 |
| 500 个前苏联早期高考数学试题及解答 | 2012—05 | 28.00 | 185 |
| 546 个早期俄罗斯大学生数学竞赛题 | 2014—03 | 38.00 | 285 |
| 博弈论精粹 | 2008—03 | 58.00 | 30 |
| 数学 我爱你 | 2008—01 | 28.00 | 20 |
| 精神的圣徒 别样的人生——60 位中国数学家成长的历程 | 2008—09 | 48.00 | 39 |
| 数学史概论 | 2009—06 | 78.00 | 50 |
| 数学史概论(精装) | 2013—03 | 158.00 | 272 |
| 斐波那契数列 | 2010—02 | 28.00 | 65 |
| 数学拼盘和斐波那契魔方 | 2010—07 | 38.00 | 72 |
| 斐波那契数列欣赏 | 2011—01 | 28.00 | 160 |
| 数学的创造 | 2011—02 | 48.00 | 85 |
| 数学中的美 | 2011—02 | 38.00 | 84 |
| 王连笑教你怎样学数学——高考选择题解题策略与客观题实用训练 | 2014—01 | 48.00 | 262 |
| 最新全国及各省市高考数学试卷解法研究及点拨评析 | 2009—02 | 38.00 | 41 |
| 高考数学的理论与实践 | 2009—08 | 38.00 | 53 |
| 中考数学专题总复习 | 2007—04 | 28.00 | 6 |
| 向量法巧解数学高考题 | 2009—08 | 28.00 | 54 |
| 高考数学核心题型解题方法与技巧 | 2010—01 | 28.00 | 86 |
| 高考思维新平台 | 2014—03 | 38.00 | 259 |
| 数学解题——靠数学思想给力(上) | 2011—07 | 38.00 | 131 |
| 数学解题——靠数学思想给力(中) | 2011—07 | 48.00 | 132 |
| 数学解题——靠数学思想给力(下) | 2011—07 | 38.00 | 133 |
| 我怎样解题 | 2013—01 | 48.00 | 227 |

# 哈尔滨工业大学出版社刘培杰数学工作室
## 已出版(即将出版)图书目录

| 书　名 | 出版时间 | 定　价 | 编号 |
|---|---|---|---|
| 2011年全国及各省市高考数学试题审题要津与解法研究 | 2011—10 | 48.00 | 139 |
| 2013年全国及各省市高考数学试题解析与点评 | 2014—01 | 48.00 | 282 |
| 新课标高考数学——五年试题分章详解(2007～2011)(上、下) | 2011—10 | 78.00 | 140,141 |
| 30分钟拿下高考数学选择题、填空题 | 2012—01 | 48.00 | 146 |
| 全国中考数学压轴题审题要津与解法研究 | 2013—04 | 78.00 | 248 |
| 高考数学压轴题解题诀窍(上) | 2012—02 | 78.00 | 166 |
| 高考数学压轴题解题诀窍(下) | 2012—03 | 28.00 | 167 |
| 格点和面积 | 2012—07 | 18.00 | 191 |
| 射影几何趣谈 | 2012—04 | 28.00 | 175 |
| 斯潘纳尔引理——从一道加拿大数学奥林匹克试题谈起 | 2014—01 | 18.00 | 228 |
| 李普希兹条件——从几道近年高考数学试题谈起 | 2012—10 | 18.00 | 221 |
| 拉格朗日中值定理——从一道北京高考试题的解法谈起 | 2012—10 | 18.00 | 197 |
| 闵科夫斯基定理——从一道清华大学自主招生试题谈起 | 2014—01 | 28.00 | 198 |
| 哈尔测度——从一道冬令营试题的背景谈起 | 2012—08 | 28.00 | 202 |
| 切比雪夫逼近问题——从一道中国台北数学奥林匹克试题谈起 | 2013—04 | 38.00 | 238 |
| 伯恩斯坦多项式与贝齐尔曲面——从一道全国高中数学联赛试题谈起 | 2013—03 | 38.00 | 236 |
| 卡塔兰猜想——从一道普特南竞赛试题谈起 | 2013—06 | 18.00 | 256 |
| 麦卡锡函数和阿克曼函数——从一道前南斯拉夫数学奥林匹克试题谈起 | 2012—08 | 18.00 | 201 |
| 贝蒂定理与拉姆贝克莫斯尔定理——从一个拣石子游戏谈起 | 2012—08 | 18.00 | 217 |
| 皮亚诺曲线和豪斯道夫分球定理——从无限集谈起 | 2012—08 | 18.00 | 211 |
| 平面凸图形与凸多面体 | 2012—10 | 28.00 | 218 |
| 斯坦因豪斯问题——从一道二十五省市自治区中学数学竞赛试题谈起 | 2012—07 | 18.00 | 196 |
| 纽结理论中的亚历山大多项式与琼斯多项式——从一道北京市高一数学竞赛试题谈起 | 2012—07 | 28.00 | 195 |
| 原则与策略——从波利亚"解题表"谈起 | 2013—04 | 38.00 | 244 |
| 转化与化归——从三大尺规作图不能问题谈起 | 2012—08 | 28.00 | 214 |
| 代数几何中的贝祖定理(第一版)——从一道IMO试题的解法谈起 | 2013—08 | 38.00 | 193 |
| 成功连贯理论与约当块理论——从一道比利时数学竞赛试题谈起 | 2012—04 | 18.00 | 180 |
| 磨光变换与范·德·瓦尔登猜想——从一道环球城市竞赛试题谈起 | 即将出版 | | |
| 素数判定与大数分解 | 即将出版 | 18.00 | 199 |
| 置换多项式及其应用 | 2012—10 | 18.00 | 220 |
| 椭圆函数与模函数——从一道美国加州大学洛杉矶分校(UCLA)博士资格考题谈起 | 2012—10 | 38.00 | 219 |
| 差分方程的拉格朗日方法——从一道2011年全国高考理科试题的解法谈起 | 2012—08 | 28.00 | 200 |

# 哈尔滨工业大学出版社刘培杰数学工作室
# 已出版(即将出版)图书目录

| 书　名 | 出版时间 | 定　价 | 编号 |
|---|---|---|---|
| 力学在几何中的一些应用 | 2013—01 | 38.00 | 240 |
| 高斯散度定理、斯托克斯定理和平面格林定理——从一道国际大学生数学竞赛试题谈起 | 即将出版 | | |
| 康托洛维奇不等式——从一道全国高中联赛试题谈起 | 2013—03 | 28.00 | 337 |
| 西格尔引理——从一道第18届IMO试题的解法谈起 | 即将出版 | | |
| 罗斯定理——从一道前苏联数学竞赛试题谈起 | 即将出版 | | |
| 拉克斯定理和阿廷定理——从一道IMO试题的解法谈起 | 2014—01 | 58.00 | 246 |
| 毕卡大定理——从一道美国大学数学竞赛试题谈起 | 即将出版 | | |
| 贝齐尔曲线——从一道全国高中联赛试题谈起 | 即将出版 | | |
| 拉格朗日乘子定理——从一道2005年全国高中联赛试题谈起 | 即将出版 | | |
| 雅可比定理——从一道日本数学奥林匹克试题谈起 | 2013—04 | 48.00 | 249 |
| 李天岩—约克定理——从一道波兰数学竞赛试题谈起 | 即将出版 | | |
| 整系数多项式因式分解的一般方法——从克朗耐克算法谈起 | 即将出版 | | |
| 布劳维不动点定理——从一道前苏联数学奥林匹克试题谈起 | 2014—01 | 38.00 | 273 |
| 压缩不动点定理——从一道高考数学试题的解法谈起 | 即将出版 | | |
| 伯恩赛德定理——从一道英国数学奥林匹克试题谈起 | 即将出版 | | |
| 布查特—莫斯特定理——从一道上海市初中竞赛试题谈起 | 即将出版 | | |
| 数论中的同余数问题——从一道普特南竞赛试题谈起 | 即将出版 | | |
| 范·德蒙行列式——从一道美国数学奥林匹克试题谈起 | 即将出版 | | |
| 中国剩余定理——从一道美国数学奥林匹克试题的解法谈起 | 即将出版 | | |
| 牛顿程序与方程求根——从一道全国高考试题解法谈起 | 即将出版 | | |
| 库默尔定理——从一道IMO预选试题谈起 | 即将出版 | | |
| 卢丁定理——从一道冬令营试题的解法谈起 | 即将出版 | | |
| 沃斯滕霍姆定理——从一道IMO预选试题谈起 | 即将出版 | | |
| 卡尔松不等式——从一道莫斯科数学奥林匹克试题谈起 | 即将出版 | | |
| 信息论中的香农熵——从一道近年高考压轴题谈起 | 即将出版 | | |
| 约当不等式——从一道希望杯竞赛试题谈起 | 即将出版 | | |
| 拉比诺维奇定理 | 即将出版 | | |
| 刘维尔定理——从一道《美国数学月刊》征解问题的解法谈起 | 即将出版 | | |
| 卡塔兰恒等式与级数求和——从一道IMO试题的解法谈起 | 即将出版 | | |
| 勒让德猜想与素数分布——从一道爱尔兰竞赛试题谈起 | 即将出版 | | |
| 天平称重与信息论——从一道基辅市数学奥林匹克试题谈起 | 即将出版 | | |

# 哈尔滨工业大学出版社刘培杰数学工作室
# 已出版(即将出版)图书目录

| 书　　名 | 出版时间 | 定　价 | 编号 |
|---|---|---|---|
| 艾思特曼定理——从一道 CMO 试题的解法谈起 | 即将出版 | | |
| 一个爱尔特希问题——从一道西德数学奥林匹克试题谈起 | 即将出版 | | |
| 有限群中的爱丁格尔问题——从一道北京市初中二年级数学竞赛试题谈起 | 即将出版 | | |
| 贝克码与编码理论——从一道全国高中联赛试题谈起 | 即将出版 | | |
| 帕斯卡三角形 | 2014—01 | 18.00 | 294 |
| 蒲丰投针问题——从 2009 年清华大学的一道自主招生试题谈起 | 2014—01 | 38.00 | 295 |
| 斯图姆定理——从一道"华约"自主招生试题的解法谈起 | 2014—01 | | 296 |
| 许瓦兹引理——从一道加利福尼亚大学伯克利分校数学系博士生试题谈起 | 2014—01 | | 297 |
| 拉格朗日中值定理——从一道北京高考试题的解法谈起 | 2014—01 | | 298 |
| 拉姆塞定理——从王诗宬院士的一个问题谈起 | 2014—01 | | 299 |

| 书　　名 | 出版时间 | 定　价 | 编号 |
|---|---|---|---|
| 中等数学英语阅读文选 | 2006—12 | 38.00 | 13 |
| 统计学专业英语 | 2007—03 | 28.00 | 16 |
| 统计学专业英语(第二版) | 2012—07 | 48.00 | 176 |
| 幻方和魔方(第一卷) | 2012—05 | 68.00 | 173 |
| 尘封的经典——初等数学经典文献选读(第一卷) | 2012—07 | 48.00 | 205 |
| 尘封的经典——初等数学经典文献选读(第二卷) | 2012—07 | 38.00 | 206 |

| 书　　名 | 出版时间 | 定　价 | 编号 |
|---|---|---|---|
| 实变函数论 | 2012—06 | 78.00 | 181 |
| 非光滑优化及其变分分析 | 2014—01 | 48.00 | 230 |
| 疏散的马尔科夫链 | 2014—01 | 58.00 | 266 |
| 初等微分拓扑学 | 2012—07 | 18.00 | 182 |
| 方程式论 | 2011—03 | 38.00 | 105 |
| 初级方程式论 | 2011—03 | 28.00 | 106 |
| Galois 理论 | 2011—03 | 18.00 | 107 |
| 古典数学难题与伽罗瓦理论 | 2012—11 | 58.00 | 223 |
| 伽罗华与群论 | 2014—01 | 28.00 | 290 |
| 代数方程的根式解及伽罗瓦理论 | 2011—03 | 28.00 | 108 |
| 线性偏微分方程讲义 | 2011—03 | 18.00 | 110 |
| N 体问题的周期解 | 2011—03 | 28.00 | 111 |
| 代数方程式论 | 2011—05 | 18.00 | 121 |
| 动力系统的不变量与函数方程 | 2011—07 | 48.00 | 137 |
| 基于短语评价的翻译知识获取 | 2012—02 | 48.00 | 168 |
| 应用随机过程 | 2012—04 | 48.00 | 187 |
| 概率论导引 | 2012—04 | 18.00 | 179 |
| 矩阵论(上) | 2013—06 | 58.00 | 250 |
| 矩阵论(下) | 2013—06 | 48.00 | 251 |

# 哈尔滨工业大学出版社刘培杰数学工作室

# 已出版(即将出版)图书目录

| 书 名 | 出 版 时 间 | 定 价 | 编号 |
|---|---|---|---|
| 抽象代数:方法导引 | 2013－06 | 38.00 | 257 |
| 闵嗣鹤文集 | 2011－03 | 98.00 | 102 |
| 吴从炘数学活动三十年(1951~1980) | 2010－07 | 99.00 | 32 |
| 吴振奎高等数学解题真经(概率统计卷) | 2012－01 | 38.00 | 149 |
| 吴振奎高等数学解题真经(微积分卷) | 2012－01 | 68.00 | 150 |
| 吴振奎高等数学解题真经(线性代数卷) | 2012－01 | 58.00 | 151 |
| 高等数学解题全攻略(上卷) | 2013－06 | 58.00 | 252 |
| 高等数学解题全攻略(下卷) | 2013－06 | 58.00 | 253 |
| 高等数学复习纲要 | 2014－01 | 18.00 | 384 |
| 钱昌本教你快乐学数学(上) | 2011－12 | 48.00 | 155 |
| 钱昌本教你快乐学数学(下) | 2012－03 | 58.00 | 171 |
| 数贝偶拾——高考数学题研究 | 2014－01 | 28.00 | 274 |
| 数贝偶拾——初等数学研究 | 2014－01 | 38.00 | 275 |
| 数贝偶拾——奥数题研究 | 2014－01 | 48.00 | 276 |
| 集合、函数与方程 | 2014－01 | 28.00 | 300 |
| 数列与不等式 | 2014－01 | 38.00 | 301 |
| 三角与平面向量 | 2014－01 | 28.00 | 302 |
| 平面解析几何 | 2014－01 | 38.00 | 303 |
| 立体几何与组合 | 2014－01 | 28.00 | 304 |
| 极限与导数、数学归纳法 | 2014－01 | 38.00 | 305 |
| 趣味数学 | 即将出版 | | 306 |
| 教材教法 | 即将出版 | | 307 |
| 自主招生 | 即将出版 | | 308 |
| 高考压轴题(上) | 即将出版 | | 309 |
| 高考压轴题(下) | 即将出版 | | 310 |
| 从费马到怀尔斯——费马大定理的历史 | 2013－10 | 198.00 | I |
| 从庞加莱到佩雷尔曼——庞加莱猜想的历史 | 2013－10 | 298.00 | II |
| 从切比雪夫到爱尔特希(上)——素数定理的初等证明 | 2013－07 | 48.00 | III |
| 从切比雪夫到爱尔特希(下)——素数定理100年 | 2012－12 | 98.00 | III |
| 从高斯到盖尔方特——虚二次域的高斯猜想 | 2013－10 | 198.00 | IV |
| 从库默尔到朗兰兹——朗兰兹猜想的历史 | 2014－01 | 98.00 | V |
| 从比勃巴赫到德布朗斯——比勃巴赫猜想的历史 | 2014－02 | 298.00 | VI |
| 从麦比乌斯到陈省身——麦比乌斯变换与麦比乌斯带 | 2014－02 | 298.00 | VII |
| 从布尔到豪斯道夫——布尔方程与格论漫谈 | 2013－10 | 198.00 | VIII |
| 从开普勒到阿诺德——三体问题的历史 | 2014－05 | 298.00 | IX |
| 从华林到华罗庚——华林问题的历史 | 2013－10 | 298.00 | X |

# 哈尔滨工业大学出版社刘培杰数学工作室
# 已出版(即将出版)图书目录

| 书　　名 | 出版时间 | 定　价 | 编号 |
|---|---|---|---|
| 三角函数 | 2014—01 | 38.00 | 311 |
| 不等式 | 2014—01 | 28.00 | 312 |
| 方程 | 2014—01 | 28.00 | 314 |
| 数列 | 2014—01 | 38.00 | 313 |
| 排列和组合 | 2014—01 | 28.00 | 315 |
| 极限与导数 | 2014—01 | 28.00 | 316 |
| 向量 | 2014—01 | 38.00 | 317 |
| 复数及其应用 | 2014—01 | 28.00 | 318 |
| 函数 | 2014—01 | 38.00 | 319 |
| 集合 | 即将出版 | | 320 |
| 直线与平面 | 2014—01 | 28.00 | 321 |
| 立体几何 | 2014—01 | 28.00 | 322 |
| 解三角形 | 即将出版 | | 323 |
| 直线与圆 | 2014—01 | 18.00 | 324 |
| 圆锥曲线 | 2014—01 | 38.00 | 325 |
| 解题通法(一) | 2014—01 | 38.00 | 326 |
| 解题通法(二) | 2014—01 | 38.00 | 327 |
| 解题通法(三) | 2014—01 | 38.00 | 328 |
| 概率与统计 | 2014—01 | 28.00 | 329 |
| 信息迁移与算法 | 即将出版 | | 330 |

| | | |
|---|---|---|
| 第19～23届"希望杯"全国数学邀请赛试题审题要津详细评注(初一版) | 2014—03 | 28.00 |
| 第19～23届"希望杯"全国数学邀请赛试题审题要津详细评注(初二、初三版) | 2014—03 | 38.00 |
| 第19～23届"希望杯"全国数学邀请赛试题审题要津详细评注(高一版) | 2014—03 | 28.00 |
| 第19～23届"希望杯"全国数学邀请赛试题审题要津详细评注(高二版) | 2014—03 | 38.00 |

**联系地址:**哈尔滨市南岗区复华四道街 10 号　哈尔滨工业大学出版社刘培杰数学工作室
**网　　址:**http://lpj.hit.edu.cn/
**邮　　编:**150006
**联系电话:**0451—86281378　　13904613167
E-mail:lpj1378@163.com